幼兒情緒及行為問題手冊：
學齡前有效介入方案

Emotional and Behavioral Problems of Young Children: Effective Interventions in the Preschool and Kindergarten Years

Melissa L. Holland、Jessica Malmberg、
Gretchen Gimpel Peacock　著

吳侑達、孟瑛如　譯

Emotional and Behavioral Problems of Young Children

Effective Interventions
in the Preschool and Kindergarten Years

SECOND EDITION

MELISSA L. HOLLAND
JESSICA MALMBERG
GRETCHEN GIMPEL PEACOCK

目次 Contents

表單目次

作者簡介

　　梅麗莎・霍蘭德（Melissa L. Holland）博士目前為加州州立大學沙加緬度分校（California State University, Sacramento）學校心理學學程助理教授，且開設私人診所，提供兒童、青少年及家庭方面的治療服務。她曾任職於心理健康診所，社區、兒童與家庭相關機構，以及醫療中心，也曾為參與「啟蒙方案」（Head Start Program）的孩子及家庭提供評估與介入服務。她的出版著作多側重孩童的情緒健康。不僅如此，霍蘭德博士亦於各大區域及全國研討會舉辦講座，闡釋孩子的心理健康議題，並於不少學校提供社交情緒學習、正念、認知及行為教學策略的諮詢服務。

　　潔西卡・曼伯格（Jessica Malmberg）博士為科羅拉多大學醫學院（University of Colorado School of Medicine）精神病學系及小兒科學系助理教授，目前在科羅拉多兒童醫院的兒童心理健康所（Pediatric Mental Health Institute）提供門診服務，對象包括兒童、青少年，以及受不同行為健康障礙症狀所擾的家庭。曼伯格博士的研究、臨床工作及著作多聚焦於侵擾性行為障礙症（disruptive behavior disorder）、親職介入方案、兒科心理學（pediatric psychology，尤其側重慢性疼痛症狀和功能性疾病），以及如何制定兒童的行為健康預防及轉診方案。

　　葛蕾琴・金佩爾・皮考克（Gretchen Gimpel Peacock）博士目前為猶他州立大學（Utah State University）心理學系系主任暨教授。她曾於 1997 至 2009 年間擔任學校心理學學程的主任，其研究、著作及專業講座多聚焦於兒童行為問題和伴隨而來的家庭議題，另外也涵蓋學校心理學領域的專業議題。不僅如此，她也擔任數份學校心理學或相關領域期刊的編輯顧問。她的共同著作包括《21 世紀的學校心理學（第二版）》（*School Psychology for the Twenty-First Century, Second Edition*），而共同編纂的著作則有《學校心理學實用手冊》（*Practical Handbook of School Psychology*）等。

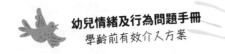

幼兒情緒及行為問題手冊
學齡前有效介入方案

譯者簡介

吳侑達

國立臺灣大學翻譯碩士學位學程就讀中

孟瑛如

美國匹茲堡大學特殊教育博士

國立清華大學特殊教育學系教授

序言

　　本書目的在於提供必要資訊，讓兒童心理健康領域的從業人員，了解如何因應學齡前及幼兒園年紀孩童（三至六歲）常見的情緒及行為問題，其中重點之最，便是列舉出實用且有效的介入方案，不管是教育現場的醫療從業人員，抑或是在外執業的臨床心理師和心理健康領域的其他專業人員，皆能輕鬆上手、方便執行。不僅如此，我們也一再強調要跟父母合作，一同面對孩子的行為。儘管本書提到了不少「專家學者可跟孩子單獨進行」的因應策略，但我們深信，如果想要解決孩子所面對的問題，父母的角色至關重要。畢竟，學齡前的孩子絕大多數的時間，都還是與父母共同度過。

　　有時候，學齡前及幼兒園年紀的孩子雖然沒有診斷出特定的疾病，也沒有被歸類到任何特殊教育的範疇，但還是會展現出不少行為和情緒上的問題，引起師長擔心。除此之外，研究也一再證實，許多學齡前的問題會一直跟著孩子到小學時期，甚至是更久以後都有可能。有鑑於此，為免孩子受到長期影響，我們必須要及早介入、及早祭出預防措施，而本書提供的介入方案皆經研究實證，對孩童頗具效果。

　　首先，本書的第一章會概述兒童時期的情緒及行為問題，並講解這些問題會以何種方式出現。除此之外，第一章也會談談這些問題的因果關

係，還有這些困難及挑戰會如何影響孩子接下來的人生。第二章談的則是評估方法，舉凡有常模參照的評量，例如評定量表（rating scale），以及其他類型的評估方式，如訪談、觀察法等，都會有所討論。此章會特別講解這些方法及技巧該如何應用於兒童身上，也會提到相關的診斷方法，並且介紹一些篩選及進展監督的工具。接下來連續三章，我們會針對特定類型的問題，提出相對應的介入方案。第三章便是談如何治療孩童的外顯問題，例如注意力不足過動症和其他規範障礙問題，另外也會深入討論親職訓練。到了第四章，談的則是內隱的問題，例如焦慮症和憂鬱症。當然，針對學齡前孩童最容易出現的焦慮症狀，像是對於特定事物的恐懼症和分離焦慮症，此章也會提及治療之道。第五章我們會討論所謂的「日常生活問題」，也就是大小便失禁的如廁議題、半夜頻頻醒來的睡眠問題，還有挑食的進食問題等等，並回顧這些問題的治療方法。另外，考量到上述問題的本質，第五章所提到的介入方案多半得跟父母合作。第六章我們會概述在多層次支持系統（multi-tiered system of support）下，可以提供哪些早期的學業、情緒及行為支持給需要的學生，譬如針對早期讀寫能力及學業問題的介入反應模式（response-to-intervention model）、學前教育單位（preschool）[1]及幼兒園班級內的正向行為介入與支持方案，還有針對學齡前及幼兒園年紀孩童所設計的社交情緒學習課程等。最後一章，也就是第七章，我們會討論在哪些情況下應考慮給孩子更多協助，並且整理這些步驟以供參考。

　　書中每一章除了有供家長參考的講義，還有相關評估工具，以及其他

1　譯註：在美國教育體制中，學前教育單位（preschool）多半是辦在托育機構裡頭，孩子的年紀最小可能二歲半，最大則是五歲。一旦孩子五歲了以後，便會進入幼兒園（kindergarten）。

可重複利用的教材。當然，讀者在其他地方應該也看過類似的教材，但根據我們的實證結果而言，本書所收錄的教材版本對孩童最助益良多。

　　總而言之，要是你平時需要接觸、協助有情緒與行為問題的學齡前和幼兒園兒童，這本書會是極其有用的一本參考讀物。書中提到的某些介入方案，乍看之下可能直截了當、沒什麼大不了的，但還是應由受過專業訓練、了解兒童發展，且有治療介入方案基礎知識的專家進行。不論是學前教育單位及幼兒園的學校心理工作者、私人執業的心理師及碩士級心理健康專業人員，還是精通行為介入策略的小兒科醫師或任何受過相關訓練的專家，都很可能在這本書中大有收穫。不但如此，若要講授研究所等級的兒童治療教學及實習課程，本書也很適合作為課堂閱讀。

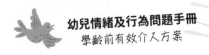

致謝辭

　　我們深切感謝每位在本書撰寫期間提供寶貴支持與協助的朋友，也感謝吉爾福德出版社（The Guilford Press）傑出的編輯團隊，包括 Natalie Graham、Laura Specht Patchkofsky、Katherine Sommer、Robert Sebastiano，以及其他許多協助此書付梓的朋友。我們也感謝同事及學生的支持，有人實際以本書（按：此指原文版）的初版作為教學之用，並給了我們不少意見，幫助本書精益求精。除此之外，一路走來，家人也是不遺餘力地支持我們，即便我們鎮日熬夜埋頭苦寫，他們也從未感到不耐，謝謝 Sophie、Colette Lonchar，謝謝 Hamilton、Spencer 及 Holley Peacock，也謝謝 Brianna Hawks。最後，我們想感謝已故的 Kenneth W. Merrell 博士，他不但推動了「吉爾福德學校實務介入方案」（The Guilford Practical Intervention in the Schools）系列叢書，也鼓勵我們醞釀這本書的初版。對於他的諄諄教誨與指引，我們永遠感激不盡。

譯者序

　　《幼兒情緒及行為問題手冊：學齡前有效介入方案》終於問世了，感謝心理出版社林敬堯總編輯及林汝穎編輯的努力校正與包容。

　　這不是我們第一次翻譯特殊教育領域的相關書籍，但翻譯期間仍接觸不少新鮮的概念，顯然這塊領域不只博大精深，許多思維也是與時俱進。事實上，根據本書所言，幼兒常會碰上許多問題，有時即便狀況沒有嚴重到確診為特定疾病，但要是沒有及時治療跟處理，未來很可能會演變成長期的嚴重問題。針對這些幼兒會遇到的問題，這本書提供了很詳盡的資源與策略，可以輔助臨床專業人員執行評估及診療，並且跟家長攜手合作，一同為孩子努力。

　　翻譯過程遇到書中的專有名詞時，我們多是參考臺灣精神醫學會所譯的《DSM-5 精神疾病診斷準則手冊》於國內現行特殊教育法規之規定，部分名詞則依照臺灣學界常見的說法調整，譬如 selective mutism 譯為選擇性緘默症，而非選擇性不語症。

　　常見的翻譯問題不談，這本書行文嚴謹，資訊也很密集，有時候短短幾句話就會引用數個資料來源，但彼此關係並不一定顯而易見。有鑑於此，有時還得要按圖索驥，去看看作者引用的文獻究竟在講些什麼，以求了解他們引用文獻的意義何在。

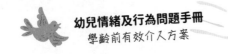

　　當然，我們雖然花了不少心思，但恐怕仍難防疏漏，若有這種情況的話，還請讀者不吝賜教。最後，幼兒成長期間會碰上不少困難與挑戰，但只要我們及早察覺，並搭配相應的治療方式，就可以防止這些問題進一步惡化。希望每位讀者都能從這本書中得到所需要的資訊與知識，也能實際給予孩子協助與支持。

吳侑達、孟瑛如謹識

Chapter 1

幼兒有哪些行為、社交及情緒上的問題？

　　近年來，大眾除了益發關注孩童的心理健康，並且深入探討可能的預防及介入措施，也漸漸注意起了學齡前和幼兒園兒童的社交能力及情緒發展。要是兒童的社交能力、情緒及行為有所困難，或是有這樣的可能，那麼不論是專家、學者，抑或是家長、老師，都一致認為幼兒期（early childhood）是極其關鍵的介入及預防時期。不少研究（如 Fergusson, Horwood, & Ridder, 2005; Hofstra, van der Ende, & Verhulst, 2002）皆指出，許多童年時期的情緒及行為問題，可能會一直延續至青春期，甚至成年以後依然如此。有鑑於此，早期介入及預防措施的重要程度不言可喻。學齡前及幼兒園的這一段時光，可說是兒童大幅成長、劇烈改變的時期，行為上免不了有些不穩定，因此，專家學者評斷診療時，最好要小心謹慎，別輕易斷言他們的不當行為就是某種病症。但話說回來，面對這些行為，預防措施及早期介入仍是極為有效。若有必要的話，應該要採行這些策略，一方面是改善他們自己的生活，另一方面也是讓周遭的大人過得舒服一些。

　　本書會介紹一系列具實證研究基礎且適合幼兒的介入方案，換句話說，就是經實驗證實有效，或者至少就目前的研究結果而言，看起來效果頗佳的策略。我們會在第一章快速回顧一下兒童在學齡前學校和幼兒園會出現哪些情緒和行為的問題，並且談談這些症狀發生的盛行率、未來有何影響，以及相關的預測因素及風險因素。第二章則會提到評估方法，看看幼兒是否真有情緒或行為上的問題。接下來的四個章節，更是會針對學齡前及幼兒園時期常見的「疑慮之處」，深入介紹一些具實證研究基礎的介入方案。例如第三章便會提及一連串的外顯行為，像是行為規範問題、對立反抗行為和注意力不足過動症等。第四章談的則是內隱問題，例如恐懼、焦慮和憂鬱等等。另一方面，第五章會討論學齡前和幼兒園時期常見的「日常生活問題」，像是如廁、餵食和睡眠等議題，並回顧這些問題該如何治療。而第六章則會探討一系列可應用於課堂上的預防／介入策略，

特別是正向行為支持和介入反應模型等方案策略，以便讓學齡前和幼兒園年紀的兒童，得以發展出適宜的社會行為技巧及早期的讀寫能力。

常見症狀及問題

　　兒童的情緒和行為問題一般分為兩種：外顯問題和內隱問題。**外顯問題**（externalizing problem）便是顯露在外的問題，包含大哭大鬧、反抗及不合作等行為。**內隱問題**（internalizing problem）則是隱藏於內的問題，例如畏畏縮縮、憂鬱和焦慮等。除此之外，幼兒不但可能出現神經發展障礙症（neurodevelopmental disorder），譬如自閉症類群障礙症（autism spectrum disorder），也常常出現無法歸類於上述兩類的問題，例如睡眠作息紊亂、餵食問題及如廁困難等。接下來，我們會簡短講述一些幼兒期的情緒及行為問題。不過，這裡僅列舉臨床專業人員（clinician）所常見的症狀，並非幼兒會遇上的所有問題，這點還請注意。我們將這些症狀整理為表 1.1。

表 1.1　常見之情緒及行為問題

外顯問題	內隱問題	其他問題
注意力不足過動症	焦慮症	排泄障礙症
不專注主顯型	特定畏懼症	遺尿症
過動—衝動主顯型	分離焦慮症	遺尿症
混合表現型	廣泛性焦慮症	餵食及飲食障礙症
對立反抗症	社交焦慮症	異食症
行為規範障礙症	選擇性緘默症	反芻症
	創傷後壓力症	迴避／節制型攝食症
	身體症狀及相關障礙症	睡眠問題
	憂鬱症	自閉症類群障礙症
	重鬱症	
	持續性憂鬱症（輕鬱症）	

✿ 外顯問題

一般來說，外顯症狀分為三種：（1）**注意力不足過動症**（attention-deficit/hyperactivity disorder, ADHD）；（2）**對立反抗症**（oppositional defiant disorder, ODD）；（3）**行為規範障礙症**（conduct disorder, CD）。上述任一項症狀都可能出現在幼兒身上，但由於行為規範障礙症的性質較為嚴重，這個年紀的孩子較少獲此診斷。不過，對立反抗症（咸認為這是行為規範障礙症的前兆）倒是挺常見於學齡前及幼兒園年紀的兒童身上。這幾項症狀接下來都會有較為深入的討論。

注意力不足過動症

過去數十年來，不論是大眾文學還是學術研究，注意力不足過動症（以下簡稱過動症）都是越來越受到關注。雖然這些關心的重點多在已屆學齡的兒童身上，但越來越多研究者也著手探究學齡前和幼兒園年紀的孩子是否也可能診斷出過動症。所謂「過動症」便是「持續表現出注意力不足或過動—衝動的狀態，以至於干擾自身功能和發展」（American Psychiatric Association, 2013, p. 61）。《精神疾病診斷與統計手冊》第五版（DSM-5; American Psychiatric Association, 2013）特別指出，過動症是一種神經發展障礙症，起始於兒童期，且必須在十二歲以前出現「好幾種」症狀，才算是滿足診斷標準。不僅如此，這些症狀還需要在兩種以上的情境出現，且有證據顯示這些症狀確實影響孩子的生活功能。只是話說回來，學齡前和幼兒園年紀的兒童本來就比年長些的大哥哥、大姊姊，還來得飛揚活潑，還容易分散注意力。DSM-5 也提到，對於四歲以前的兒童來說，要去判別他們究竟只是「活潑」，還是當真出現了過動症的症狀，有時並不容易。因此，絕大多數的過動症都是小學時期才確診。然而，學齡前的幼兒當然也可能診斷出過動症。事實上，越來越多研究將目光投向了

學齡前的孩子，例如由美國國立衛生研究院（National Institutes of Health）贊助的「學齡前過動症治療研究」（Preschool ADHD Treatment Study, PATS），便是著力於評估利他能藥物對於該年齡層孩子的效果為何（如 Greenhill et al., 2006; Kollins et al., 2006）。根據針對學齡前孩童所做的研究，過動症的發生盛行率約介於 2% 至 13% 間（Bufferd, Dougherty, Carlson, & Klein, 2011; Egger et al., 2006; Lavigne, LeBailly, Hopkins, Gouze, & Binns, 2009; Wichstrøm, Berg-Nielsen, Angold, Egger, Solheim, & Sveen, 2012），而整體來說，位於該年齡區間，且確診為過動症的男孩比女孩多。

　　根據 DSM-5，過動症又分為三種亞型：（1）不專注主顯型（兒童在九項症狀中出現至少六項不專注的症狀，但少於六項過動—衝動的症狀）；（2）過動—衝動主顯型（兒童在九項症狀中出現至少六項過動—衝動的症狀，但少於六項不專注的症狀）；（3）混合表現型（兒童分別出現至少六項的不專注及過動—衝動症狀）。研究者探討過動症的因素結構（factor structure），並思考該如何區分這些亞型，已有好些年的時間。近來有些研究以學齡期的兒童為樣本，並採用階層模式取向（hierarchical modeling approach），將過動症區分為一般因素（general factor），再加上不專注和過動—衝動等特定因素（specific factor）（Dumenci, McConaughy, & Achenbach, 2004; Martel, Von Eye, & Nigg, 2010; Normand, Flora, Toplak, & Tannock, 2012; Toplak et al., 2012）。不過，至少一項以上的研究指出，過動症的一般因素雖然包含過動症狀，但這些過動症狀並不屬於任一特定因素（Ullebø, Breivik, Gillberg, Lundervold, & Posserud, 2012）。事實上，不只美國本土的樣本指出過動症有雙因素的現象，許多不同國家的樣本群體也觀察到了此番情況（Bauermeister, Canino, Polanczyk, & Rohde, 2010）。除此之外，有些研究更是限縮範圍，僅探討學齡前孩童的過動症因素結構，但目

前尚不清楚雙因素模型（two-factor model）是否適合此年齡層的孩子，也不確定是否如某些研究（如 Willoughby, Pek, & Greenberg, 2012）所言，幼童的過動症以單因素架構呈現會比較恰當。有趣的是，Hardy 等人（2007）曾指出，針對學齡前孩童所建立的過動症單因素、雙因素和三因素模型，皆有統計上的問題。舉例來說，若以父母量表來看，雙因素及三因素的模型僅是「勉強可接受」，而若以驗證式因素分析（confirmatory factor analysis）檢視教師量表，更是沒有半個模型合適。不過，他們另外進行的一些分析，倒是顯示雙因素及三因素模型的結果令人滿意，但各個因素項目會有交叉負荷（cross-loading）的情形。

目前學齡前孩童過動症症狀的因素結構還有待進一步分析，但咸認為這些症狀有其發展進程。幼童一般較常出現過動──衝動的症狀，但隨著時間推移，他們或許也會出現不專注的症狀，並因此轉入「混合表現」的範疇（如 Lahey, Pelham, Loney, Lee, & Willcutt, 2005）。

對立反抗症和行為規範障礙症

根據 DSM-5，對立反抗症（ODD）是「生氣／易怒、好爭辯／反抗行為，或具報復心的行為模式」（American Psychiatric Association, 2013, p. 462）。這三種行為分類中，至少要滿足四項症狀，且持續六個月以上，才算是符合診斷標準。據估計，學齡前的兒童出現對立反抗症的機率介於 2% 到 13% 之間（Bufferd et al., 2011; Egger et al., 2006; Lavigne et al., 2009; Wichstrøm et al., 2012），而就這些學齡前兒童的樣本來看，不同性別間並無顯著差異，雖然一般而言，年紀大一些的男孩會比女孩更容易有對立反抗症（American Psychiatiric Association, 2013）。不僅如此，對抗反抗症的症狀，通常會於學齡前的時期浮現，而且要是僅出現於單一情境的話，多半是先出現於家庭的情境中（American Psychiatric Association, 2013）。另

外，剛剛雖然提到對立反抗症可分為三種模式，但這項病症並無其他亞型。不過越來越多的研究者表示，最為恰當的分類方式，或許是視對立反抗症為具多重向度模式的疾病（如 Lavigne, Bryant, Hopkins, & Gouze, 2015），而不是三種模式。不僅如此，他們也認為，隨著時間推移，其表現型態也會影響未來遇到問題的模式。有研究指出，對於某些孩子而言，對立反抗症可說是行為規範障礙症的先行症狀，其中尤以男孩為最（如 Rowe, Costello, Angold, Copeland, & Maughan, 2010），但亦有研究表示，對立反抗症跟內隱問題也是息息相關，譬如憂鬱症和焦慮症等皆是如此（Boylan, Vaillancourt, Boyle, & Szatmari, 2007）。研究也指出，對立反抗症的「易怒」型態與內隱問題的關係尤其緊密（Loeber & Burke, 2011; Stringaris & Goodman, 2009）。通常對立反抗症的症狀可於學齡前的時期便鑑定出來，而且即便是如此年幼的孩子，也可能會出現不同模式的症狀。除此之外，學齡前的兒童若是持續顯得易怒，抑或是越發容易大發脾氣，他們未來便越容易出現問題，譬如出現內隱及外顯問題行為的風險提高等（Ezpeleta, Granero, Osa, Trepat, & Doménech, 2016）。

另一方面，行為規範障礙症（CD）便是「重複且持續地違反他人的基本權利，或是打破與年紀相稱的社會常規及規則」（American Psychiatric Association, 2013, p. 469）。DSM-5 提到，這項病症共包含十五項特定行為症狀，大致可分為攻擊他人與動物、破壞所有物、欺騙或偷竊，以及重大違規四大類別。若要符合診斷標準，需於過去十二個月中，至少出現三項特定行為症狀，或是於過去六個月中，出現至少一項特定行為症狀。DSM-5 也提到，行為規範障礙症有「兒童期初發型」（childhood-onset type），也就是兒童滿十歲之前便有相關症狀。另外也有「青少年期初發型」（adolescent-onset type），意即滿十歲前皆未曾出現相關症狀。除此之外，手冊還分出了一項「非特定的初發型」（unspecified onset），也就是雖

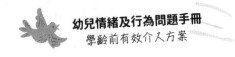

然符合行為規範障礙症的標準，但無法判斷症狀是十歲前或十歲後出現。
行為規範障礙症確實可能出現於學齡前的孩子身上，但多半還是兒童期後
段才會初發（American Psychiatric Association, 2013）。然而，有鑑於行為規
範障礙症跟對立反抗症的關係密切，專門輔導、治療學齡前及幼兒園年齡
層兒童的臨床專業人員，若是願意深入了解一下這兩種病症，必然對實務
工作有所幫助。話說回來，儘管學齡前的兒童不太可能符合行為規範障礙
症的診斷標準，但他們仍可能出現相關的症狀，而這些症狀會進一步預示
未來可能衍生的外顯問題（Rolon-Arroyo, Arnold, & Harvey, 2014），不能不
加以留意。最後，研究者和臨床專業人員常常會以「行為規範問題」
（conduct problem）一詞來指涉「一般的外顯行為問題」，但這個名詞與
「行為規範障礙症」並非同義詞，這點還要多多注意。

✲ 內隱問題

對幼兒來說，雖然特定內隱問題的發生機率，通常比特定外顯問題還
來得低，但若只看這兩類問題中的特定病症，其實「情緒」（內隱）和「行
為」（外顯）症狀的發生機率差異並不大（Egger et al., 2006; Wichstrøm et
al., 2012），甚至有一份研究指出，幼兒出現情緒相關病症（如焦慮症和憂
鬱症）的機率，比行為相關病症還要高上許多，前者是 20%，後者則是
10%（Bufferd et al., 2011）。除此之外，許多幼兒或許符合不了某些內隱病
症的診斷標準，但還是會出現如焦慮、恐懼、不愉快等症狀，這些症狀若
是太過嚴重，姑且不論是否確診為任何特定病症，仍應尋求治療。接下
來，我們會談談一些較為常見的內隱問題。首先，是恐懼和焦慮。

恐懼及焦慮

人們常常會混用恐懼（fear）和焦慮（anxiety）這兩個用詞，但它們

其實有些不同。一般來說，**恐懼**是遭遇某項刺激後，所產生的強烈生理反應，譬如心跳加速、流汗和發抖等等，可以說是我們面對「威脅」時的適應及保護反應，提醒自己有危險接近，讓我們得以存續下去（Essau, Olaya, & Ollendick, 2013）。舉例來說，要是孩子面前突然跑出一隻大熊，他心中便很可能出現名為「恐懼」的情緒。另一方面，**焦慮**的定義通常較為含糊，甚至有些虛無縹緲，而且多半不是針對某項具有威脅的刺激所出現的反應。舉例來說，要是孩子擔心去野外露營時會碰上大熊，就算這項「威脅」沒有直接出現在他面前，他仍然會因此緊張和擔憂（Chorpita & Southam-Gerow, 2006; Morris, Kratochwill, Schoenfield, & Auster, 2008）。恐懼是兒童成長過程中很正常的一件事，他們會學著去預測危險，進而學會謹慎行事，避免受到傷害。舉例來說，一旦孩子知道不是每隻狗都會待人友好，他們就會學著小心留意，每次想摸不認識的狗以前，都會記得先問問主人。然而，要是他們看到狗後，會覺得極度恐懼、焦慮，甚至心生畏懼，以至於千方百計要避開任何一隻狗，那麼想必會帶來一些適應上的問題。換句話說，擔心或恐懼這些情緒本身並沒有問題，但若是反應太過強烈，甚至衍生出一些劇烈的行為，可就有些問題了。

事實上，即便未能滿足臨床診斷標準，兒童仍常常表現出某種程度上的恐懼情緒，而不同的年紀似乎會有不同的恐懼。嬰兒期（infancy）的孩子，通常會因為周遭環境而感到恐懼，例如噪音等等，而到了後期，除了害怕陌生人，也會害怕跟主要照顧者分開。接下來，到了學齡前和小學早期，他們恐懼的事物會大為增加，通常會開始害怕黑暗、暴風雨和地震等自然現象，也會懼怕動物、幻想的超自然生物，還有擔心失去主要照顧者。若是小學後期的話，兒童會漸漸畏懼起身體受傷和學校相關的事物。慢慢到了青春期，他們多半會越來越擔心自己的交友情形和能力（如 Morris et al., 2008; Warren & Sroufe, 2004）。另外，根據研究，幼兒尤其容

易有夜間恐懼（Zisenwine, Kaplan, Kushnir, & Sadeh, 2013）。對於某些恐懼而言，性別差異似乎的確存在，但並非全是如此。舉例來說，一項研究調查五到十六歲的兒童，發現比起男生，女生似乎更容易害怕動物、陌生人及自然環境，但卻比較不怕噪音、黑暗或超自然生物（Meltzer et al., 2008）。不但如此，兒童表達恐懼和焦慮相關症狀的方式，也會因年齡有所不同。學齡前和幼兒園年紀的兒童，便常常出現所謂的身心症狀，像是頭痛、胃痛等。如 DSM-5 所言，年紀稍大的兒童如果感覺焦慮或痛苦，比較會講出來，藉此宣洩，但年紀較小的孩童要是覺得焦慮，多半會不受控制地大哭大鬧、發怒，或是緊緊依偎他人。除此之外，若是孩子經歷過某種形式的心理創傷，例如虐待，他可能會出現重複性遊戲（repetitive play）行為，這個症狀在患有創傷後壓力症（posttraumatic stress disorder, PTSD）的兒童身上特別常見（American Psychiatric Association, 2013）。

焦慮症

所謂的「**特定畏懼症**」（specific phobia）跟前述的童年恐懼並不一樣，不同的點在於特定畏懼症的持續時間和嚴重程度，都超過了該年齡層兒童的合理範圍。根據 DSM-5，特定畏懼症指的是「對特定的對象或情境，出現明顯的恐懼或焦慮」，而兒童的表現方式可能會是「哭鬧、發脾氣、靜止不動，或是依偎（clinging）」（American Psychiatric Association, 2013, p. 197）。一般來說，患者要是碰上了畏懼的事物或情境，便會出現恐懼或焦慮的反應，多半是想方設法要躲避該事物或情境。對於成人而言，他們若要滿足診斷標準，必須認知到自己的「恐懼」確實過了頭。不過，對兒童來說，他們就算沒有發現這件事，只要情況持續至少六個月，也能確診為特定畏懼症（American Psychiatric Association, 2013）。如前所述，雖然幼兒常有恐懼的反應，但真正可診斷出的特定畏懼症狀卻比較少見，在學齡

前兒童的盛行率據估最低不到 1%，最高也只有 10% 左右（Bufferd et al., 2011; Egger et al., 2006; Paulus, Backes, Sander, Weber, & von Gontard, 2015; Wichstrøm et al., 2012）。

兒童（尤其是幼兒）若是與主要照顧者分離，特別會出現焦慮的情緒。事實上，幼兒打從快一歲起，便時常會對分離感到焦慮，但要是年紀大一些後仍是如此，而且焦慮的情況太過嚴重，很可能便會診斷為「**分離焦慮症**」（separation anxiety disorder, SAD; American Psychiatric Association, 2013）。根據定義，分離焦慮症指的是「與依附的對象分離時，表現出與成長階段不符的過度恐懼或焦慮」（American Psychiatric Association, 2013, p. 190）。患有分離焦慮症的兒童，一旦跟照顧者分開，或是預期要跟對方分開，便會極度憂慮、苦惱。不但如此，分開之後，他們常常會擔憂照顧者將遭逢不幸，或是擔心自己會碰上壞事，例如遭人綁架等。因此，分離焦慮症的兒童會盡其可能避免分離，也許是緊巴著照顧者不放，也可能是出現睡眠問題，比方說惡夢連連，甚至可能出現頭痛、胃痛等症狀（American Psychiatric Association, 2013）。除此之外，要是兒童有上學的話，有很高的機率會抗拒去上學（Higa-McMillan, Francis, & Chorpita, 2014）。根據 DSM-5，分離焦慮症共有八種症狀，而兒童必須滿足至少三項，並且恐懼、焦慮或逃避的狀況必須維持至少四週，才能夠確診為這項症狀（American Psychiatric Association, 2013）。根據估計，學齡前兒童出現分離焦慮症的機率，介於不到 1% 至 10% 之間（Bufferd et al., 2011; Egger et al., 2006; Franz, Angold, Copeland, Costello, Towe-Goodman, & Egger, 2013; Lavigne, 2009; Wichstrøm et al., 2012）。絕大多數的研究皆未提及不同性別的盛行率有顯著差異，但有一份研究指出，女生比男生更容易出現此項症狀（Franz et al., 2013）。

接下來，**廣泛性焦慮症**（generalized anxiety disorder, GAD）指的是「對

許多事件或活動……感到過度焦慮和擔憂」的情形，並且需要「至少六個月的期間內，有此症狀的天數比沒有的天數還多」（American Psychiatric Association, 2013, p. 222）。隨著時間過去，引起患者焦慮的事件可能會有所不同，但焦慮本身的強度、頻繁程度或持續時間都必須維持在「過度」的程度。DSM-5 總共列舉了六項焦慮症狀，例如容易發怒、睡眠困擾等，兒童需得符合至少一項症狀，才算是滿足診斷條件，而成人的話，則需要至少符合三項（American Psychiatric Association, 2013）。有廣泛性焦慮症的兒童，未必會比其他兒童擔心的事情還多，但他們一旦焦慮、擔憂起來，程度通常會嚴重許多（Higa-McMillan et al., 2014）。據估計，學齡前兒童得到廣泛性焦慮症的盛行率，大約介於不到 1%（Lavigne et al., 2009）到近 4% 之間（Bufferd et al., 2011; Egger et al., 2006），但有的研究也表示可能高達 9%（Franz et al., 2013）。不過，上述任一研究中，都沒有提到患有此症的學齡前兒童，有任何性別上的差異。但話說回來，學齡前的兒童雖然可能出現廣泛性焦慮症，但目前少有研究探討此病症在幼兒期會有何種特定的症狀表現形式。DSM-5 提到患有此症的兒童常會過度擔憂學校事務和運動表現（American Psychiatric Association, 2013），只是這些事情對學齡前的幼兒來說，似乎不是那麼切身相關。

社交焦慮症（social anxiety disorder，又稱社交畏懼症）指的是「個案要是遇到會被他人檢視的社交情境，便會出現顯著或強烈的恐懼及焦慮情緒」。不過，若該個案為兒童的話，他不只是跟成人互動時會感到焦慮，與同儕來往時也需出現焦慮的情緒，才算是滿足診斷條件（American Psychiatric Association, 2013, p. 202）。根據研究，這些社交情境會引起兒童的恐懼或焦慮情緒，並可能以「哭鬧、發脾氣、靜止不動、依偎、退縮，或是說不出話」的形式表現出來（American Psychiatric Association, 2013, p. 202）。照定義來看，社交焦慮症的症狀需維持至少六個月，且造成個案

於社交、職業等重要領域的功能減損。一般來說，社交焦慮症兒童的朋友會比同儕來得少，而且他們通常會不太願意參加團體活動（Higa-McMillan et al., 2014）。這項病症於學齡前兒童群體間的盛行率，有研究表示不到1%（Wichstrøm et al., 2012），但也有人認為可能高達 7.5%（Franz et al., 2013），另外亦有幾篇報告認為是介於這兩者間的數字（Bufferd et al., 2011; Egger et al., 2006）。上述研究皆未指出社交焦慮症有性別上的差異。

選擇性緘默症（selective mutism）指的是「儘管在一般情境中可以說話，但到了應該開口說話的特定社交場合（如學校），卻持續說不出話來」（American Psychiatric Association, 2013, p. 195）。根據定義，這種困擾必須至少維持一個月（不限於開學第一個月），並且無法開口的原因，無法歸因於個案不熟悉該社交場合所使用的言語，方能符合診斷條件（American Psychiatric Association, 2013, p. 195）。選擇性緘默症的初發期，多半是學齡前的時期，但通常要等孩子上學後，才會為人發現。病症持續的時間會因人而異，有些兒童年紀大了以後，便不再為其困擾，但也有的人就算長大以後，仍然深受其苦，或是得面對相關焦慮症狀的挑戰（American Psychiatric Association, 2013）。相較於前述的病症，較少研究去調查選擇性緘默症的盛行率，但仍有研究者估計是少於 2%（Bufferd et al., 2011; Egger et al., 2006）。另外，目前也沒有研究指出這項病症有性別上的差異。第五版以前的《精神疾病診斷與統計手冊》，都沒有把選擇性緘默症列為一種焦慮症。不過，過去討論選擇性緘默症兒童的研究，其實都有提及焦慮相關的症狀或是共病現象，而有些研究者也認為應將選擇性緘默症視為前期的社交恐懼症，或是其特殊型態（Muris & Ollendick, 2015）。除此之外，選擇性緘默症跟其他語言表達相關的病症不同，例如自閉症類群障礙症、溝通障礙症（communication disorders）等神經障礙症，除了本質上有所差異，發生的機率也比較高，這點還要多多注意。最後，如果難以判斷個案

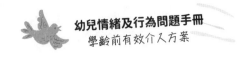

為何會出現語言上的障礙，可以請教家長或是轉介給語言治療專家，或許可以排除掉某些成因，進一步做出正確診斷。

其他內隱問題

在 DSM-5 中，**創傷後壓力症**（PTSD）是少數列於「創傷及壓力相關障礙症」（Trauma- and Stressor-Related Disorders）底下的病症。在過去，這項病症其實是列在「焦慮障礙症」之下，現在雖然改變類別，但手冊仍強調創傷／壓力的症狀，跟焦慮障礙症和其他幾種障礙症有「極其緊密的關係」。不僅如此，DSM-5 也新增了六歲以下兒童的診斷標準。一般來說，兒童若親身經歷或目擊創傷事件（尤其是發生在主要照顧者身上），或是間接知道父母或照顧者遭遇了創傷事件，就可能會出現創傷後壓力症。根據定義，這些創傷事件涉及「真實或受威脅的死亡、重傷，或是性暴力」（American Psychiatric Association, 2013, p. 272）。若是要確診為創傷後壓力症的話，個案兒童應出現至少一項侵入性症狀（intrusion symptom），例如痛苦的回憶、夢境；以及至少一項迴避症狀，例如刻意避開與該事件有關的地點和人物；或是認知上出現負面改變，比方說情緒狀況惡化、對參加活動（例如跟他人玩耍）興趣缺缺、社交上有所退縮、越來越少表達正面情緒等。除此之外，個案兒童在與該事件相關的警醒（arousal）和反應行為上，也會出現顯著改變，例如易怒／容易無預兆發怒、過度警覺、過度驚嚇、難以維持注意力，以及睡眠困擾等。若要符合診斷標準的話，前述症狀也至少需要出現兩項（American Psychiatric Association, 2013, pp. 272-273）。

另外，DSM-5 還刪掉了「（於創傷事件發生時）感到恐懼、無助，或是驚恐」這項診斷標準。這是因為專家發現不論是什麼年紀，這個標準似乎並無助於診斷，更何況若個案是學齡前兒童，要是事件發生時沒有其他

人在現場，那麼也難以得知他當下的反應為何（Scheeringa, Zeanah, & Cohen, 2011）。DSM-5 也修正了一項標準，兒童原本一定得「親身經歷」該事件，但現在只要「親眼目擊」或「間接得知」這件創傷事件，也算是符合標準。

除了感到焦慮和不斷回憶創傷事件，患有創傷後壓力症的幼兒常常出現負面情緒（如恐懼、傷心或困惑）和行為問題，並且變得易怒，常常無預兆地大發雷霆，甚至不願與他人接觸（American Psychiatric Association, 2013）。不過要注意的是，學齡前幼兒有時可能會出現大人預料之外的症狀。舉例來說，Scheeringa 等人（2011）便指出，有些家長回報說，自己的孩子遇到創傷事件後，沒有出現常見的生氣、傷心和恐懼情緒，反而看不出情緒變化，甚至是有些興奮。

根據估計，學齡前兒童患上創傷後壓力症的盛行率，只有不到 1%（Egger et al., 2006）。然而，要是檢視經歷過創傷事件的兒童，這個機率應會上升不少，或者說，至少剛開始會有所升高。Spence、Rapee、McDonald 和 Ingram（2001）指出，雖然 14% 家有學齡前幼兒的母親表示自己的孩子經歷過創傷事件，但真正確診為創傷後壓力症的人卻是少之又少——65 名兒童中僅有 5 名出現相關的症狀。較為近期的研究也指出，如果以修正後的診斷標準為基準，也就是每一大準則皆出現一項症狀，那麼經歷過創傷事件（遭到燙傷）的學齡前幼兒，事件後首月約有 25% 的人出現創傷後壓力症，但六個月後卻跌至 10%（DeYoung, Kenardy, & Cobham, 2011）。若是以《精神疾病診斷與統計手冊》第四版（DSM-IV）的標準來看，事件首月後僅有 5% 的發生率，六個月後更是只有 1%。Meiser-Stedman、Smith、Glucksman、Yule 和 Dalgleish（2008）也以一群二到十歲遭遇車禍兒童為樣本，檢視並評估 DSM-IV 診斷標準和修正後標準的診斷結果。若以修正後的標準來看，事件六個月後有 14% 的兒童遭診

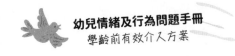
斷出創傷後壓力症，而若以 DSM-IV 的標準來看，僅不到 2% 的兒童符合診斷。這些數字皆是基於父母的回報內容。

　　DSM-5 加入了「身體症狀及相關障礙症」（Somatic Symptom and Related Disorders）這個新分類，替換 DSM-IV 的「身體型疾患」（somatoform disorders; American Psychiatric Association, 2013）。雖說兒童確實可能診斷出身體的障礙症狀，但出現的症狀通常不會嚴重到符合診斷標準。不過，他們可能會有跟焦慮症、憂慮症等內隱問題有關的身體症狀。另外，即便 DSM-IV 的診斷準則認為身體症狀在醫學上無法解釋，因此可能是源自於心理因素，但 DSM-5 指出，「僅因為找不出醫學成因，就診斷個案為精神障礙症狀，實非妥當之舉」（American Psychiatric Association, 2013, p. 309）。除此之外，DSM-5 也提到，身體症狀其實可能有因可循。幼兒常常出現身體症狀，但這不一定代表他們患有相關障礙症。舉例來說，有份研究調查了 319 名幼兒園學生，最後發現 64% 的學生在研究前兩週，至少抱怨過一次身體有狀況，而 31% 則是經常抱怨身體有狀況（Serra Giacobo, Jané, Bonillo, Ballespí, & Díaz-Regañon, 2012）。其他研究也有類似發現，並指出三到五歲的兒童最常抱怨的身體症狀包括腹痛、疲倦、腿痛、頭痛及暈眩（Domènech-Llaberia et al., 2004）。此外，也可能出現手指或腳趾刺痛或麻木、皮膚起疹或發癢，以及呼吸困難（如呼吸急促、氣喘型症狀或是過度換氣）等症狀（Merrell, 2008b）。

　　兒童也可能出現 DSM-5 中的「憂鬱症」（depressive disorders），其中又包括**鬱症**（major depressive disorder）和**持續性憂鬱症**（persistent depressive disorder）〔過去稱**輕鬱症**（dysthymia）〕。儘管手冊中未明訂兒童的診斷標準，但有提到兒童可能會變得「容易發怒」，而非出現「憂鬱情緒」（American Psychiatric Association, 2013, p. 160）。DSM-5 也指出，兒童常見的症狀為易怒、社交退縮和抱怨身體症狀。但話說回來，幼兒仍可能出現

「憂鬱情緒」這項核心症狀，比方說失去愉悅感，或是鎮日對參加活動缺乏興致。其他幼兒可能出現的症狀包括體重明顯增加或減輕（包括幼兒無法達到預期體重）、失眠、嗜睡、精力流失、精神動作激動（psychomotor agitation），以及注意力難以集中。個案兒童若要確診為憂鬱症，必須至少出現前述的一些症狀，並且持續至少兩週。根據手冊定義，對兒童來說，若輕度憂鬱的情況持續至少一年，就是所謂的持續性憂鬱症；若憂鬱的情緒是為特定壓力源所引起，且於六個月內慢慢消失，則稱為「**適應障礙症併發憂鬱情緒**」（adjustment disorder with depressed mood; American Psychiatric Association, 2013）。幼兒出現憂鬱症的機率較低，據估為 2% 或以下（Bufferd et al., 2011; Egger et al., 2006; Lavigne et al., 2009; Wichstrøm et al., 2012）。除此之外，多數研究也未指出，學齡前兒童出現憂鬱症的機率有性別上的差異，但 Wichstrøm 等人（2012）發現，男生得到憂鬱症的機率似乎比女生稍高，前者是 2.6%，後者則是 1.5%。

❀ 其他問題

　　當然，除了前述的內隱及外顯問題，兒童其實還有不少問題是需要治療的。學齡前兒童比較常見的「其他問題」包括如廁困難、餵食問題和睡眠障礙等，接下來都會一一介紹、討論。

　　首先，雖然學齡前的兒童多半太過年幼，無法確診為所謂的「排泄障礙症」（elimination disorders），但如廁往往仍是他們的一大挑戰。舉例來說，**遺尿症**（enuresis）指的是「持續非自主或非故意地尿床或尿褲子」，其中分為日間型遺尿症（diurnal enuresis）和夜間型遺尿症（nocturnal enuresis）。若個案兒童要確診為遺尿症，他必須每週至少發生兩次「意外」，並持續至少三個月，或是因此出現顯著的苦惱情緒，或是因此造成職業（學業）、社交等重要領域功能的減損（American Psychiatric Association,

2013, p. 355）。另外，根據 DSM-5 的診斷準則，必須要年滿五歲的兒童，才能被診斷為遺尿症。不過，兒童究竟何時才能免於尿床或尿褲子之苦，其實是因人而異。舉例來說，日間遺尿的情形通常會比夜間遺尿還要快改善，而男生多半比女生還晚才能達到「日夜皆不遺」的目標（Silverstein, 2004）。不僅如此，文化規範也會影響到兒童學會如廁的時間。舉例來說，1940 年代時，美國的兒童多半是出生後十八個月內，便會接受如廁的訓練，但較為近期的資料卻顯示，現在訓練開始的時間，通常是介於出生後二十一個月到三十六個月之間（Choby & George, 2008）。遺尿症又可分為「原發性」（primary）和「次發性」（secondary）。原發性遺尿症指的是個案兒童從未建立控制排尿的能力，而次發性遺尿症則是指個案兒童曾一度免於遺尿之苦（通常是出生後六個月至一年間），但後來又無法控制膀胱，致使遺尿情形出現（Baird, Seehusen, & Bode, 2014）。遺尿症的病因十分多元，其中包括遺傳因素、生理發育異常或遲緩、夜間抗利尿激素分泌不足、入眠後難以醒來，以及過去教育不足等（Ramakrishnan, 2008）。另外，其他同樣具有影響力但比較少見的因素，包括情緒困難（如焦慮症）、環境或家庭變化，以及過去曾經歷創傷或受到虐待等。

除此之外，不同研究所估算的遺尿症盛行率也有所不同，但均指出這項病症會隨著兒童成長，而逐漸降低發生機率。根據估計，五到六歲的兒童中，約有 15% 到 20% 的人偶爾還是會出現夜間遺尿的情況（Silverstein, 2004）。若是以七歲兒童來看，男生出現遺尿症的盛行率為 9%，而女生則為 6%。到了十歲的時候，男生的盛行率降至 7%，女生更是掉到了 3%（Robson, 2009）。進入青春期後，發生的機率更是明顯下滑，約略只有 1% 的人符合診斷標準（Campbell, Cox, & Borowitz, 2009）。這項機率之所以會有所降低，一部分是因為出現尿床情形的兒童，每年皆有 5% 到 10% 的人會自行緩解症狀（American Psychiatric Association, 2013）。最後，男生

出現遺尿症的機率比女生還高上不只兩倍（Butler et al., 2005），而夜間型遺尿症也比日間型遺尿症的出現機率高上三倍（Ramakrishnan, 2008）。

　　另一方面，**遺屎症**（encopresis）則是指個案於不適宜的地方排泄糞便，例如衣物上。這般情形每個月必須至少出現一次，並持續三個月以上。不但如此，個案兒童需要年滿四歲，才能確診為遺屎症（American Psychiatric Association, 2013）。根據估計，學齡前兒童出現遺屎症的盛行率，約是 5% 至 6%（Egger et al., 2006; Wichstrøm et al., 2012）。一般來說，遺屎症與嚴重便祕息息相關，因此也被稱為「保留性遺屎症」（retentive encopresis）。不過，有遺屎症的兒童中，有約莫 10% 的人會出現「非保留性遺屎症」（nonretentive encopresis; Burgers, Reitsma, Bongers, de Lorijn, & Benninga, 2013）。這些人包括未受過充分如廁訓練的兒童、因害怕而迴避如廁的兒童、會因排糞弄髒事物而獲得後效強化（contingent reinforcement）的兒童，以及患有腸躁症的兒童（Boles, Roberts, & Vernberg, 2008）。除此之外，雖說要年滿四歲的兒童才可能確診為遺屎症，但小於這個年紀的孩子也可能出現如廁方面的問題，例如拒絕使用馬桶等。有這般情況的兒童較容易因為便祕，而出現遺屎症（van Dijk, Benninga, Grootenhuis, Nieuwenhuizen, & Last, 2007）。另外，遺屎症兒童也較為難以養育，容易出現如固執倔拗、對立反抗等情形，還有不少情緒和行為上的問題（Campbell et al., 2009）。

　　DSM-5 中所提到的「餵食及飲食障礙症」（feeding and eating disorders），包括了異食症、反芻症，以及迴避／節制型攝食症。首先，**異食症**（pica）便是食用不營養且「非食物」的物品，例如顏料、布料、土壤等等。一般來說，嬰幼兒常常會出現食用這些「非食物」的情況，但這也不一定表示他們患有異食症。若要確診為異食症，這種進食行為必須不符合個案兒童的發展程度，並且至少持續一個月的時間（American Psychiatric Association, 2013, p. 329）。**反芻症**（rumination）指的是不斷從胃裡反芻食物，並可能

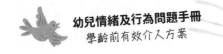

重新咀嚼、吞嚥，或吐出來。這些行為必須持續至少一個月，並且無法以其他疾病症狀解釋（American Psychiatric Association, 2013, p. 332）。反芻症的兒童會將未消化完全的食物反芻自口中（不會有乾嘔、反胃或噁心等情況），並吐出來或是重新咀嚼食物。嬰兒是最常出現這項障礙症的族群，但較為年長的兒童有時也無法倖免於難，尤其是智力障礙或神經發展障礙症的族群更是如此（American Psychiatric Association, 2013）。除此之外，反芻症是自發的行為，有些兒童感覺起來，甚至還會因為這項行為而獲得愉悅或滿足感。最後則是**迴避／節制型攝食症**（avoidant/restrictive food intake disorder），指的是個案對進食缺乏興趣，且攝取的食物無法滿足營養需求（American Psychiatric Association, 2013）。雖然幼兒確實可能診斷出前述這些餵食及飲食障礙症，不過一般來說，他們出現的相關症狀多半不夠嚴重到符合正式的診斷標準。另外，他們可能會很「挑食」，或是出現其他跟進食相關的問題，譬如吐出食物等行為問題，但這些問題並無診斷標準。只是即便如此，這些大大小小的問題，仍會造成父母不少困擾，因此仍有必要進行適當的治療。

　　餵食也是常常碰上挑戰的一件事，研究指出，有多達 45% 的幼兒在進食時會有所困難（Adamson, Morawska, & Sanders, 2013）。諸如挑食、餵食時的難搞行為，還有情緒性食慾不振（emotional undereating；例如因壓力或情緒不佳而吃得較少）等常見於兒童的餵食問題，通常都跟其他行為困難有關，例如情緒失調、對立反抗，以及過動等（Blissett, Meyer, & Haycraft, 2011）。不過，絕大多數的困難或障礙都只是一時的，不必醫藥介入便會自行緩解。但雖說如此，還是有一小部分的兒童會衍生出長期的餵食困擾，一般兒童的比例約是 25%，而換作是發展較為遲緩的兒童，數字則會升至 80%（Manikam & Perman, 2000）。餵食障礙症包含了一系列的情況，例如攝取的營養不夠或攝取的食物種類不夠多元，導致長期營養

不良、體重難以上升或體重下降。這些問題的成因相當多元，上至疾病或身體障礙症（如代謝失調、神經肌肉的問題等），下至發展遲緩及行為／心理社會的問題，都是可能的原因（Blissett et al., 2011; Schwarz, Corredor, Fisher-Medina, Cohen, & Rabinowitz, 2001）。另外，雖然幼兒比起年長的兒童，更容易出現餵食的問題，但要注意的是，這些早期的餵食困難多會延續下去，並進一步衍生為青春期或成人期的飲食障礙症（Silverman & Tarbell, 2009）。

除此之外，根據研究，超過兩成的二到五歲兒童有過重或肥胖的情況（Institute of Medicine, 2011），因此近期以來，不少研究者也將目光投向了「兒童肥胖」這項議題。許多人常常認為，孩子就算小時候肥胖也沒有關係，年歲增長後就會自然恢復正常身材，但事實上，小時候的肥胖往往會延續至之後的人生，並大大增加成年後得到肥胖相關疾病的機率。研究指出，三歲時便已過重的兒童，長大後同樣體重過重的機率，比三歲時體重正常的兒童還要高上八倍（Parlakian & Lerner, 2007）。造成肥胖的因素很多，但最至關重要的應是環境因素。Katzmarzyk 等人（2015）調查了多達十二個國家的情況，並指出九到十一歲的兒童，若是極少從事體力活動、睡眠時間過短、常常看電視等，便容易出現肥胖情形。由此可見，環境—行為的因素確實扮演重要的角色。另外一份針對學齡前兒童所做的研究則提到，若是可以建立起一套固定作息，例如全家一起吃晚餐、睡眠充足，並且限制看電視的時間，那麼兒童肥胖的機率便會有所下降（Anderson & Whitaker, 2010）。總結來說，有鑑於環境因素的作用至關重要，如果趁幼兒期及早介入，或許最能改變孩子的習慣，為其帶來健康的生活型態及體重。

睡覺這回事，同樣會造成許多幼兒的困擾。根據研究，約有 25% 到 40% 的兒童會出現睡眠方面的困擾（Meltzer & Mindell, 2006），但絕大多

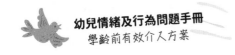
數的困擾並不會嚴重到能列入「睡—醒障礙症」（sleep-wake disorders）的範疇。幼兒期最常見的睡眠問題包括不肯上床睡覺、半夜頻頻醒來等，其他也有如作惡夢、夜驚（night terror）、說夢話、夢遊等問題。不但如此，由於幼兒的扁桃腺及腺樣體肥大，此時也是「阻塞性睡眠呼吸中止症」（obstructive sleep apnea）的好發期（Meltzer & Crabtree, 2015）。對一些兒童來說，這些問題一段時間後會自然消失，但對其他孩子而言，這卻會是長久的挑戰。研究指出，如果兒童很小便出現睡眠問題，未來就更可能持續為其所苦（Thome & Skuladottir, 2005）。不但如此，研究也指出，幼兒期便有睡眠困擾的兒童，未來衍生出其他問題的機率也會增加。研究者追蹤了 490 名兒童長達十一年的時間，發現四歲就出現睡眠問題的兒童，到了青春期更容易出現行為及情緒上的問題，並且也更可能會有焦慮症、憂鬱症、注意力不集中，以及攻擊性強等狀況（Gregory & O'Connor, 2002）。

🌼 自閉症類群障礙症

自閉症類群障礙症（autism spectrum disorder, ASD；以下簡稱泛自閉症）也是常於學齡前時期遭診斷出來的病症，尤其現在兒童健檢越來越注重泛自閉症的檢查，不少幼兒都篩檢出有此項疾病。然而，泛自閉症的成因及症狀相當複雜，若要治療伴隨而來的問題行為，必然得動用到各領域的知識及方法，這已超出本書範圍，因此暫不深入探討。但話說回來，有鑑於泛自閉症的病症跡象常於幼兒時期出現，協助幼兒的臨床專業人員若能具備一定的知識，必然會有所用處。這裡會先大略談談泛自閉症，接著第二章也會提供一些評估病症的方法及資訊。若想深入了解這項病症的治療方式，可以參考坊間出版的幾本著作（如 Chawarska, Klin, & Volkmar, 2010; Prelock & McCauley, 2012），這些都是該領域較為近期的作品。另

外，也不妨參考「Autism Speaks」（www.autismspeaks.org）和加州大學戴維斯分校神經發展障礙症醫學研究中心（UC Davis Mind Institute）的網站（www.ucdmc.ucdavis.edu/mindinstitute）。

言歸正傳，泛自閉症的定義在 DSM-5 中可說是大幅翻修。DSM-IV中，自閉症（autism）原本歸於廣泛性發展障礙症（pervasive developmental disorder）下，另外還有亞斯伯格症（Asperger's disorder，現改為亞斯伯格症候群）、雷特氏症（Rett's disorder）、兒童期崩解症（childhood disintegrative disorder）以及未註明的廣泛性發展障礙（pervasive developmental disorder not otherwise specified）。不過到了 DSM-5，除了雷特氏症外，其他病症通通歸到了「自閉症類群障礙症」的範疇下。雷特氏症之所以未納入其中，是因為研究者認為這是另成一格的遺傳疾病。當然，如果雷特氏症患者滿足自閉症類群障礙症的診斷標準，他們仍可能確診為自閉症類群障礙症，但不能單單因為有雷特氏症，便認定他們有自閉症類群障礙症（American Psychiatric Association, 2013）。

自閉症類群障礙症的診斷標準主要有兩項。首先，兒童必須在「多重情境中，持續出現社交溝通及社交互動的缺損」，並且有「侷限、重複的行為、興趣或活動模式」（American Psychiatric Association, 2013, p. 50）。這兩項標準中，還得附上所謂的「嚴重程度」：第一級是「需要支援」；第二級是「需要大量支援」；第三級則是「需要非常大量的支援」。另外，在第一項社交缺損的標準之下，又有三項附加標準，分別是難以與人互動及表達情緒、缺乏社交互動之非語言溝通行為，還有難以發展、維繫和了解關係（American Psychiatric Association, 2013, p. 50）。兒童必須同時滿足這三項附加標準，才能確診為自閉症類群障礙症。不僅如此，第二項的侷限／重複行為也有四項附加標準，分別是：（1）出現刻板（stereotyped）或重複的動作、使用物件或言語；（2）堅持要「同一性」（sameness）、固

著於習慣的行為模式,或是堅守儀式化(ritualized)的語言或非語言行為;(3)出現高度侷限及固著的興趣,其強烈或投入之程度皆超出正常範圍;(4)對於感官刺激的反應過度強烈或低落,或是對於環境中的感官刺激出現不尋常之興趣(American Psychiatric Association, 2013, p. 50)。最後,上述的症狀必須於「早期發展階段」出現。

由美國疾病管制與預防中心(Centers for Disease Control and Prevention, CDC)挹注經費的「自閉症及發展障礙監控網路」報告(Autism and Developmental Disabilities Monitoring Network,簡稱 ADDM 報告),主要是調查並提供美國泛自閉症的盛行率。根據 2012 年全美十一州八歲兒童的醫療及特教紀錄,這份報告估計每千名兒童便有 14.6 人患有泛自閉症。換言之,每 68 名兒童便有一人是泛自閉症患者。這個估計數字雖與 2010 年相去不遠(每千人有 14.7 名泛自閉症患者),但不僅比 2008 年(每千人有 11.3 名泛自閉症患者)來得高,也遠高於 2007 回溯至 2000 年間每一年的數字,當時的預估是每千人僅有 6.7 名泛自閉症患者(Christensen et al., 2016)。另外 ADDM 報告也指出,男童出現泛自閉症的機率高於女童,每 42 名男童便有一人是患者,而女童則是每 189 人有一名患者。如果是以種族/民族的角度切入,美國非拉丁裔的高加索白人兒童確診為泛自閉的機率,比非拉丁裔的非裔美國兒童和拉丁裔兒童來得高。至於患者初次確診的平均年紀則是 50 個月大,這點並無性別或種族/民族的差異。不過,比起拉丁裔及非裔的兒童,較多非拉丁裔的高加索白人兒童於 36 個月大或更早以前確診為泛自閉症。除此之外,泛自閉症的盛行率在不同地區也有所差異。十一個州裡頭,紐澤西州的盛行率最高(24.6%),接下來依序是馬里蘭州(18.2%)、猶他州(17.3%)、北卡羅萊納州(16.9%),最低則是威斯康辛州和科羅拉多州,兩州皆是 10.8%(Christensen et al., 2016)。(但這裡也要稍作說明,若是該州的盛行率是計

算自健康及教育紀錄，數字通常會比只算自健康紀錄的州來得高。舉例來說，馬里蘭州若只採計健康紀錄，盛行率便只有 8.2%，遠低於兩者並算的 18.2%。）

如前所述，泛自閉症的成因及風險因素極其複雜，且牽涉廣泛，目前該領域中仍有許多研究計畫正在進行，試圖進一步釐清這些因素。有研究者指出，泛自閉症可能與遺傳基因有關，且諸如產前／近產期和環境等因素，皆可能增加兒童得到泛自閉症的風險（Chaste & Leboyer, 2012; Durand, 2014）。除此之外，雖然不少人曾擔憂，施打疫苗可能會導致自閉症出現，但研究表明兩者並無關聯（如 Parker, Schwartz, Todd, & Pickering, 2004; Taylor, Swerdfeger, & Eslick, 2014），這項事實非常重要，父母及臨床專業人員不可不知。

不少研究也指出，泛自閉症兒童出現共病現象的機率也較高。舉例來說，Salazar 等人（2015）調查了 101 名四到九歲的泛自閉症兒童，結果發現其中 90.5% 的人同時確診有另一項《精神疾病診斷與統計手冊》上的病症。最為常見的共病分別是廣泛性焦慮症（66.5%）、過動症（59.1%），以及特定畏懼症（15.1%）。此一研究發現也與早期一份調查十到十四歲兒童的研究相符（Simonoff et al., 2008），其中有 70.8% 的兒童至少出現一項共病，最常出現的三項分別為社交焦慮症（29.2%）、過動症（28.2%），以及對立反抗症（28.1%）。除此之外，另一項調查九到十六歲亞斯伯格症或高功能自閉症（high-functioning autism）兒童的研究，也顯示出他們的共病率極高（Mattila et al., 2010）。該研究所採用的樣本群中，有 74% 的兒童當時具有共病，而曾出現過共病的兒童更是高達 84%，其中比例最高的分別是過動症（38%）、特定畏懼症（28%），以及抽搐症（tic disorders，26%）。

由此可見，泛自閉症確確實實是極其複雜的病症——雖然手冊上訂有

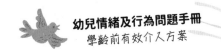

幾項關鍵的診斷標準，可用以判別兒童是否患病，但該病症的實際表現模式，例如嚴重程度及共病現象，仍可能因人而異。另外，早期介入對治療泛自閉症雖然頗為重要，但就目前而言，這方面的實證研究仍未能回答許多問題，例如這些介入方案的長期效果究竟如何、哪些介入方案的效果最為卓絕，以及幼童究竟最適合哪些介入方案等（Rogers & Vismara, 2008）。不過近來倒是有篇研究整理了五份泛自閉症早期密集行為介入方案（early intensive behavioral intervention, EIBI）的統整分析，並指出早期密集行為介入方案的效果堪稱「強而有力」，只是該研究者仍提及要進一步了解此治療方案的調節因素、探討治療方案中哪些特定的元素特別重要，以及早期密集行為介入除了治療用途以外，還有哪些其他用途（Reichow, 2012），顯然還有不少未竟之處。

✳ 小結

　　幼兒可能會出現不少社交、情緒和行為上的問題，而以《精神疾病診斷與統計手冊》為基礎，前面大致回顧了這些問題，但要注意的是，許多因情緒和行為問題而轉介前來的兒童，其實並不一定要確診為某一特定病症。多數的個案中，甚至沒有必要進行完整的診斷評估。事實上，要是幼兒的問題只是一般的大吵大鬧，臨床專業人員或許可考慮先初步評估，例如訪談家長或做評定量表等，蒐集必要資訊，並進一步了解問題所在，而不是直接下診斷。除此之外，若評估結果並非是要用於治療目的（如保險核銷、獲准使用特定服務等），或許也不必特別做出正式的診斷。不過，若個案的行為確實令師長擔憂，需要有所介入，完整的診斷評估或許仍有其必要，只是個案未必會符合正式的診斷標準。要是他並不符合診斷標準，請千萬記得，臨床專業人員絕不能陷入非黑即白的陷阱，一心認為個案若是沒有確切診斷出某項病症，就無法獲得相應的治療或幫助。當然，

若個案真的確診出某項病症，的確較為容易挑選確切的治療方法，但一般而言，比起為個案安上一個 DSM-5 裡頭的疾病，更重要的應該是找出他的問題行為何在，並且採取相應的治療方法。

幼兒心理健康問題的盛行率

在前面的部分，我們引用了不少研究，大致檢視了研究者所估算的疾病盛行率。但事實上，我們對於幼兒特定情緒及行為問題的盛行率所知並不多，情況一直是到十年前左右才有所好轉。越來越多人對幼兒的情緒及行為問題感興趣，而臨床專業人員及研究者也漸漸發現，幼兒確實可能確診為某些特定的疾病，因此紛紛開始研究起學齡前各項病症的成因及治療方法。另外，診斷幼兒是否患有特定疾病的工具及方法也越來越進步，不少人便也探討《精神疾病診斷與統計手冊》中的診斷標準是否適用於這些學齡前的兒童。舉例而言，近來有數篇研究（如 Bufferd et al., 2011; Lavigne et al., 2009; Wichstrøm et al., 2012）便利用「學齡前精神疾病評估法」（Preschool Age Psychiatric Assessment, PAPA; Egger & Angold, 2004）或「兒童／幼兒診斷晤談時程」（Diagnostic Interview Schedule for Children—Young Child, DISC-YC; Lucas, Fisher, & Luby, 1998）等方法，來進一步探討這些疾病。上述兩項方法皆是與家長進行的診斷晤談（diagnostic interview），並藉此評估學齡前兒童所出現的症狀。

當然，以《精神疾病診斷與統計手冊》為基礎的診斷方法及工具，還是有其爭議之處。反對的聲浪包括：（1）這些症狀過於主觀；（2）這些症狀並不適用學齡前或幼兒園年紀的兒童；（3）手冊上的診斷標準非為幼兒而設，因此缺乏信效度。不過，越來越多的研究其實發現，學齡前兒童所出現的症狀結構，跟年紀較大的兒童並無不同。舉例來說，Sterba、

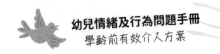

Egger 和 Angold 曾於 2007 年指出，學齡前及年紀較大兒童的內隱／情緒症狀其實模式都頗為相似，譬如情緒的症狀可以分為社交焦慮症、分離焦慮症和重鬱症／廣泛性焦慮症這三項病症。他們的研究亦提到，侵擾性行為的症狀（disruptive symptom）也較適用三因素模型，可以區分為反抗對立症／行為規範障礙症、過動—衝動型的過動症，以及不專注型的過動症。Strickland 等人（2011）也有類似發現，但他們提到，比起三因素模型，四因素模型（重鬱症及廣泛性焦慮症分為兩個不同之因素）似乎更為合適。然而，Olino、Dougherty、Bufferd、Carlson 和 Klein（2014）的研究卻發現，分別代表內隱和外顯兩大症狀類型的兩因素模型最符合他們的樣本。他們也發現，除了畏懼相關的症狀以外，幾乎所有的症狀都能歸因於同一一般因素。另外，一篇針對焦慮症（採用的是 DSM-IV 的診斷標準）的研究也指出，幼兒同樣適用焦慮症的症狀分類，其中廣泛性焦慮症、強迫症（obsessive-compulsive disorder, ODD）、分離焦慮症和社交恐懼症各為獨立因素，並且此多因素的模型比起未分化的模型來得適合（Mian, Godoy, Briggs-Gowan, & Carter, 2012）。不過，此領域的研究數量有限，且各方目前未能達成一致共識，未來還需要更多的研究，才能進一步釐清這些症狀在幼兒身上的模式。

接下來，我們會簡單整理幾篇近期的研究，內容主要是以較為宏觀的角度，去檢視《精神疾病診斷與統計手冊》病症於幼兒族群的盛行率。至於個別病症的盛行率，前面已經談了不少，這裡便不再贅述。

舉例來說，Wichstrøm 等人（2012）利用「長處和困難調查表」（Strengths and Difficulties Questionnaire, SDQ），先對 2,475 名出生於 2003 年或 2004 年的挪威兒童進行篩選，選出一群分數分布於光譜各處的兒童，接著邀請他們的家長（共 995 人）前來協同進行「學齡前精神疾病評估法」（PAPA），藉此評估這些孩子是否存在相關疾病。研究結果顯示，

共有 12.5% 的兒童至少符合一項病症的診斷標準，其中最常見的是遺屎
症，共佔了 6.4%。要是不看遺屎症的話，整體的盛行率為 7.1%，但沒有
單一疾病的盛行率超出 2%。總體而言，男孩出現行為及情緒問題的比例
超過女孩，例如過動症、憂鬱症、睡眠障礙等等，都是男孩居多。除此之
外，家長的社經地位也會影響病症出現的機率，例如高社經地位家庭的兒
童比較不容易出現情緒及行為相關的疾病（4.7%，不包含遺屎症），而低
社經地位家庭的兒童則恰恰相反（12.8%，不包含遺屎症）。此研究也發
現，不論是過動症、行為規範障礙症、對立反抗症，還是輕鬱症、憂鬱
症，以及分離焦慮症等，都會因為社經地位高低而有顯著的影響。

　　Lavigne 等人（2009）則以「兒童／幼兒診斷晤談時程」（DISC-YC）
及「兒童障礙症狀量表」（Child Symptom Inventory, CSI），檢視了 796 名
來自美國芝加哥的四歲兒童，想知道他們當中出現情緒及行為問題的比例
如何。若以「兒童／幼兒診斷晤談時程」的分數及最低診斷標準來看，過
動症（12.8%，不分表現模式）和對立反抗症（13.4%）的盛行率都遠高於
Wichstrøm 等人於 2012 年所做的研究。另外，內隱症狀（焦慮症、憂鬱
症）的盛行率則不到 1%。若是以「兒童障礙症狀量表」的分數來看，結
果也相差不遠。不過焦慮症狀的盛行率倒是高了一些（例如廣泛性焦慮症
是 2.1%，而「兒童／幼兒診斷晤談時程」並未測驗的分離焦慮症則是
3.9%），而過動症也升至 15.5%，對立反抗症則降至 5.2%。這份研究所採
用的樣本群中，僅有過動症是男多於女，存在性別差異。除此之外，若是
控制社經地位及分析次數的變項，不同種族／民族並不存在顯著差異。

　　再來，Bufferd 等人（2011）也是藉「學齡前精神疾病評估法」，調查
了 541 名住在紐約石溪地區（Stony Brook）三歲兒童的情況。研究指出，
27.4% 的兒童符合至少一項疾病的診斷標準，盛行率最高的是對立反抗症
（9.4%）和特定畏懼症（9.1%），而其他唯一盛行率超過 5% 的只有分離焦

慮症（5.4%）。另一方面，憂鬱症（1.8%）、選擇性緘默症（1.5%）、恐慌症（panic disorder，0.2%）則是盛行率最低的幾項疾病。研究也特別指出，絕大部分診斷結果與社經地位、性別，或是種族／族裔等變項並無關係，但還是有幾項例外，例如特定畏懼症的盛行率在家庭社經地位低的兒童中較高。

另外，Egger 等人（2006）為了評估「學齡前精神疾病評估法」的信度，也從美國北卡羅萊納州德罕（Durham）一間醫院的小兒科門診部，揀選出了 307 名二至五歲的兒童，並研究他們的情況如何。有鑑於這項研究的目的是評估信度，每位兒童皆接受了兩次測驗，首測跟重測的間隔是三天至一個月不等。結果顯示，全體疾病（不包括排泄障礙症）的盛行率首測時是 16.2%，重測則是 14.1%。整體來說，重測的盛行率多比首測還低，但在所有評估的特定疾病中，僅有分離焦慮症、廣泛性焦慮症，以及行為規範障礙症兩次測驗的差距呈現顯著。

對於臨床專業人員而言，了解這些行為及情緒問題的盛行率當然會有所幫助，但還是要提醒，這裡列舉及討論的介入方案，並非為特定疾病所設計，而是希望能治療兒童所出現的「特定症狀」。這項原則也呼應了近來注重「跨診斷方法」（transdiagnostic approach）的趨勢，換言之，就是治療方案並非只為處理單一病症而設計，而是可以應付多種疾病的共通致病因子及機制。有鑑於此兒童的症狀常會隨時間改變，再加上共病現象，這種類型的方法對他們來說可能特別有效（Ehrenreich-May & Chu, 2014）。

學校情境下的行為、社交及情緒問題

兒童的問題行為會帶來嚴重的負面影響，衝擊生活的不少面向，其中當然也包括學校情境內的大小事。人們常覺得孩童在學齡前學校和幼兒園

所出現的問題，多半不會影響未來的在校表現，但實情不然。事實上，根據研究，就讀州立幼兒園學前班（prekindergarten）的兒童遭退學的比例，比 K-12 義務教育的兒童還高上 3.2 倍，意即有 10% 左右的受測教師在十二個月的課程期間，至少會退一名孩子的學（Gilliam, 2005）。不過州與州之間的差距頗大，例如肯塔基州並無幼兒園學前班兒童遭退學的案例，但新墨西哥州卻是每千名學生就有約 21 人遭退學。另外，年齡、性別和種族／族裔方面也出現了不小的差距，例如較多年長的學前班兒童遭到退學、遭退學的男多於女，以及較多非裔美國兒童面臨退學的命運等。如此的結果，可能顯示不同環境及群體所面對的標準並不一致。不過好消息是，研究亦指出，只要有專業的心理健康輔導人員介入，退學率便會大為下降。

同理，幼兒期的社交及行為問題，也可能會影響到後續學習階段的表現。研究便發現，幼兒若是外顯及內隱問題的程度較為嚴重，升上一年級時便更可能出現課業上的問題（Bub, McCartney, & Willett, 2007）。另一項從學童一年級追蹤到六年級的研究也發現，一年級時便出現外顯和內隱問題的兒童，到了六年級時，學業成就通常較為低落，且社交能力也較不如同儕（Henricsson & Rydell, 2006）。除此之外，研究亦指出，二至三歲便出現攻擊行為（非一般外顯行為）的兒童，到了七歲時更容易碰上學業困難（Brennan, Shaw, Dishion, & Wilson, 2012）。而幼兒期便注意力不集中的兒童，到了國小二年級也特別容易出現閱讀上的困難（Gray, Carter, Briggs-Gowan, Jones, & Wagmiller, 2014）。除了兒童自身問題外，發生於教室情境的行為問題，也會決定他們能否良好適應下一階段的學習。舉例來說，Bulotsky-Shearer、Dominguez 和 Bell（2012）便發現，在學齡前階段時，不論兒童是出現「過度活躍」（overactive）還是「活躍不足」（underactive）的行為，接下來於班級情境中皆較容易出現認知、社交及肢體動作上的困

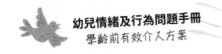
難。不僅如此，他們也發現，若是學齡前班級中「活躍不足」行為的比例越高，學童進入下一求學階段時也會出現較多適應上的問題。不過，有些探討行為問題及行為職能（behavioral competency；請注意，這兩者並不一定相互排斥）的研究也發現，即便考慮到外顯問題及背景特徵，行為職能若是越強，其實也代表學業功能（academic functioning）越強（Kwon, Kim, & Sheridan, 2012）。此結果與其他研究結論相符，意即兒童自身的能力，可以中介（mediate）學齡前階段的問題行為及國小一年級時的學業及社交能力（McWayne & Cheung, 2009）。有鑑於此，我們如果只單單關注兒童的問題行為，而忽略了他們的良好行為，其實難以全盤了解兒童問題行為的發展軌跡。

　　兒童的問題行為除了會影響自身，可能也會為教室環境和教師的教學帶來負面影響。Friedman-Krauss、Raver、Morris 和 Jones（2014）發現，上學期時班級整體問題行為的多寡，會影響到教師於下學期的壓力高低。自學齡前追蹤至三年級的縱向研究也發現，兒童外顯問題的嚴重程度跟師生間的衝突有關，且為會互相影響之雙向關係（Skalická, Stenseng, & Wichstrøm, 2015）。無獨有偶，一篇調查學齡前兒童的研究亦指出，兒童的外顯問題及師生間的衝突會相互影響（Zhang & Sun, 2011）。

行為問題的穩定性

　　越來越多研究指出，學齡前或幼兒園年紀的孩子所出現的行為問題，多半不會隨著時間消失。一篇常為人引用的研究便提到，學齡前即鑑定出外顯問題的孩子，有約略五成會持續展現出這些問題行為（Campbell, 1995）。較為近期的研究也指出，幼兒期便顯現出問題的孩子，未來也會持續為其所困擾。這點我們接下來會更深入討論。

　　簡單來說，絕大多數探討學齡前之特定病症穩定性的研究，關注的焦點都是外顯症狀。在眾多研究中，不少研究者僅進行短期的後續追蹤，但事實上，我們若想知道問題行為於學齡前階段後的發展軌跡，必然避不開長期追蹤這一環節。在一項針對過動症進行的研究中，研究者揀選了一群於三至五歲即確診的兒童，並持續追蹤長達六年的時間（Riddle et al., 2013），並分別於第三年、第四年及第六年時，請教師及家長填寫「康納斯評定量表」（Conners Rating Scales），藉此掌握狀況。結果顯示，雖然症狀從基準年到第三年呈現減弱的趨勢，但接下來三年間皆大致穩定。不僅如此，即便教師量表的結果顯示這些症狀皆降至臨床確診標準以下，但父母量表多仍維持在確診範圍之內。稍加檢視一下後續的追蹤診斷，若不論兒童是否處於服藥狀態，第三年時有 76% 的兒童仍滿足診斷標準，而第六年時更上升至 77%。但要是將兒童未服藥時的行為舉止納入考量，那麼第六年時的診斷率便升至 90%，可說是大幅增加。除此之外，若兒童同時患有對立反抗症或行為規範障礙症等共病，第六年時仍確診為過動症的機率便會大幅增加。

　　至於內隱問題，有研究檢視父母所填寫的問卷，並發現學齡前的兒童若出現焦慮和恐懼行為，以及具敵意之攻擊行為，未來十到十二歲時便更容易面臨情緒上的障礙困難（Slemming et al., 2010）。另外一項大型的縱向研究則調查小時候（不一定是學齡前）便確診出焦慮症狀的兒童，結果發現這些病症的穩定性也是頗高，而其中最高的是畏懼相關症狀（phobic disorder）和社交焦慮症（Carballo et al., 2010）。Bosquet 和 Egeland（2006）也基於不同年齡展現出之症狀間的因果關係，指出焦慮症狀從學齡前階段至青春期是呈現中度穩定性（moderate stability）。

　　在另一項研究中，Pihlakoski 等人（2006）自兒童三歲起追蹤至他們十二歲，並使用「兒童行為檢核表」（Child Behavior Checklist, CBCL）和

「青少年自陳量表」（Youth Self-Report, YSR）來掌握其狀況，最後發現要是以「兒童行為檢核表」來看的話，三歲時便落在臨床診斷標準內的兒童，約有 30% 到了十二歲仍處於此範圍，而換作是「青少年自陳量表」的話，則有 20% 左右的兒童到了十二歲仍滿足診斷標準。要是進一步檢視特定病症的分量表，則會發現幼兒期便出現攻擊行為及破壞行為的人，未來更容易出現問題。

對於臨床專業人員而言，不只是要了解各項病症的診斷標準，知道特定症狀及症狀群的穩定性究竟如何，也是相當重要的事情。學齡前的兒童通常缺乏控管自身行為及情緒的技巧，因此我們要知道哪些行為其實是相對「合理」，且較不會衍生出其他問題，而哪些行為又該是我們關心的重點。在一項近期的研究中，Hong、Tillman 和 Luby（2015）利用診斷晤談的方法（其中包括「學齡前精神疾病評估法」），分別評估、比較兒童在三到五歲的學齡前階段，以及六到九歲的入學早期階段的狀況。研究指出，不會進一步衍生出其他問題的行為包括發脾氣、低強度所有物破壞行為（low-intensity property destruction），以及低強度欺騙／偷竊行為（low-intensity deceitfulness/stealing）。相較之下，高強度的所有物破壞行為、欺騙／偷竊行為、好爭論／反抗行為、同儕問題，以及高低強度對他人和動物之攻擊行為，都預測了未來入學後的行為規範問題。

除此之外，也有研究調查了一群五歲即鑑定出行為規範障礙症的兒童，結果發現到了十歲的時候，他們相較於對照組的其他兒童，不但持續出現此類症狀，且學業表現較差，更需要特教服務，並且要老師費更多心力照顧（Kim-Cohen et al., 2009）。即便其中有 62.5% 的人到十歲時已經脫離診斷標準，但根據數項「兒童行為檢核表」的分量表（家長填寫居多，教師填寫較少），他們的分數仍顯著高於對照組的兒童，且也較常需要特教的相關服務。

　　根據前述發現，許多學齡前即鑑定出情緒及行為問題的兒童，未來也會持續展現問題行為。有鑑於此，學齡前階段顯然是介入的大好時機。當然，也不是每位鑑定出問題的幼兒，之後都還是會繼續為這些問題困擾，但確實相當多人是如此，也因此我們需要多加關注此年齡區間的族群，適時給予治療。要是介入順利的話，兒童於接下來的學習階段中，便較不需要外部協助，即使需要，也不必如此大費周章。

不同問題的預測因素

　　越來越多證據顯示，許多學齡前或幼兒園時期便鑑定出行為問題的兒童，未來也持續會展現出這些問題。有鑑於此，不少研究者便關注起哪些因素會中介長期下來的結果。要是能夠找出是哪些因素導致問題發生，甚至使其延續下去，又或是哪些因素得以減少未來問題發生的頻率，我們便能對症下藥，設計出適當的介入方案，並取得最佳成效。因此，接下來（包含表 1.2 和 1.3）我們便會摘要整理，讓大家看看哪些因素能夠預測問題行為的發生。

外顯問題的預測因素

　　絕大多數促使行為問題發生且長期維持其穩定性的因素，都跟兒童的家庭有關。其中最常為人研究且一再證實與兒童行為問題有關的因素，要算是父母的教養行為。Gerald Patterson 是此研究領域數一數二知名的學者，他設計了不少相關的研究模型，其中「高壓式教養循環模型」（coercive parenting cycle model）更是預測兒童外顯問題的一大指標，時常為人引用（Patterson, 1982）。許多以家庭為基礎的行為介入方案，皆是奠基於這個模型之上。簡單來說，所謂「高壓式教養」的模式，便是父母反

表 1.2　幼兒外顯問題的預測因素

父母特質	兒童自身特質	人口統計變項
教養行為（如高壓式教養、負面的管教策略等）	不安全依附（insecure attachment）	低社經地位
	難養型氣質／自我控管能力低落	出生體重過輕
父母壓力		常看含暴力內容的電視節目
父母有精神問題	生理調節能力	
家庭功能不彰		

覆要求孩子去做某件事，或是別做某件事，但孩子覺得很厭煩，無論如何都不聽話，到了最後，他們為了迫使父母收回令自己反感的命令或要求，甚至會出現負面或攻擊行為。只是一旦父母有所退讓，無疑是給了孩子負增強（negative reinforcement），就連自己也因為「中止孩子表現出來的反感行為」，同樣獲得了負增強。一般而言，這個模式會越演越烈，因為父母為了讓孩子聽話，終究會訴諸更為激烈的手段，而這些激烈手段若是有用，又會進一步受到增強。在此模式當中，家長和孩子雙方都可能會激化衝突，出現一個又一個負面和具攻擊性的行為。這種教養模式多半從小便顯而易見，而也有幾篇研究指出，學齡前階段的教養行為（parenting behavior）跟孩子後續是否會出現外顯問題有所關聯（如 Heberle, Krill, Briggs-Gowan, & Carter, 2015）。

　　父母壓力（parental stress）和家庭功能不彰皆是重要的預測因素，除了會促使問題行為出現，更會使問題延續下去。根據研究，學齡前兒童若是父母雙方皆承受顯著的苦惱情緒，便較容易出現外顯的行為問題（如 Heberle et al., 2015; Miller-Lewis et al., 2006），但好消息是，只要減少不適宜的教養方式（ineffective parenting practice），便能削弱父母壓力對於兒童外顯問題的影響（如 Heberle et al., 2015）。另外，若是學齡前兒童的父母有精神方面的問題，也可能導致兒童出現外顯問題（Breaux, Harvey, & Lugo-

Candelas, 2014）。

　　大多數探討外顯問題之預測因素的研究，都是聚焦在父母特質之上，但近來卻也有不少檢視兒童自身因素的研究問世。根據研究，兒童自身的性格及自我控管能力也是兩大關鍵的預測因素。舉例來說，不分種族文化，抑制控制能力（inhibitory control）低落的人，通常都較容易出現外顯問題（如 Olson et al., 2011）。而且要是兒童的性格較為「固執」和「容易放棄」，也較可能進一步衍生出外顯問題（如 Miller-Lewis et al., 2006）。至於生理調節能力，可由心率變異分析（heart rate variability）中的呼吸性竇性心律不整（respiratory sinus arrhythmia；健康年輕人正常呼吸時，心率隨呼吸產生變化；吸氣時心率加快，吐氣時心率變慢，特別在深呼吸時更為明顯）來評估。根據研究，要是兒童三歲時，有較強的生理調節能力，未來出現外顯問題的風險便會降低，只是研究也提到，四、五歲的兒童並未顯示出如此關係（Perry, Nelson, Calkins, Leerkes, O'Brien, & Marcovitch, 2014）。

　　依附（attachment）也是很重要的預測因素，例如有好幾份研究皆提到，學齡前時期的不安全依附關係跟外顯問題之間存在連結（如 Fearon, Bakermans-Kranenburg, van IJzendoorn, Lapsley, & Roisman, 2010; Moss, Cyr, & Dubois-Comtois, 2004）。其中一篇研究也指出，安全的依附關係可以調節嚴苛的教養方式與兒童攻擊行為之間的連結（Cyr, Pasalich, McMahon, & Spieker, 2014），起到保護的作用。值得一提的是，研究發現，即便學齡前兒童跟母親的依附關係較不穩固，只要他們和學校師長的關係良好，也較不容易出現行為問題，跟那些與母親具有安全依附關係的兒童無異（Buyse, Verschueren, & Doumen, 2009）。有鑑於此，依附和問題行為這兩件事的關聯，或許不如表面上看起來如此簡單，不能單憑家長及孩子的依附關係便輕下判斷。

　　另外，人口統計變項也與外顯行為問題有關。舉例來說，社經地位便

常常是一項關鍵的預測因素，家中社經地位較低，出現外顯問題的風險便越高（Piotrowska, Stride, Croft, & Rowe, 2015）。另一項可能的預測因素，則是出生時體重過輕（Bohnert & Breslau, 2008）。再來，常常看電視的幼兒，似乎也常跟「不專注／過動行為」及「反社會行為」扯上關係，不過反社會行為多半是因為電視內容過於暴力（Christakis & Zimmerman, 2007），而不專注行為的起因則多是跟「沒有教育意義」的內容有關，指涉頗為廣泛，而非某種特定的內容造成（Zimmerman & Christakis, 2007）。

除此之外，隨著研究方法及統計分析的方法日趨完善，研究者也越來越能進一步檢視、釐清各項因素間的複雜關係。舉例而言，Barnes、Boutwell、Beaver 和 Gibson（2013）便以一群孿生兒為樣本，檢視了不良教養方式（準確來說，這裡指的是打屁股）、外顯問題，以及自我控管能力等因素，而研究結果顯示，基因的影響似乎可以解釋教養方式和外顯問題，以及自我控管能力及外顯問題之間的某些關係，這點便是一大突破。總而言之，這些預測因素雖然關係錯綜複雜，但隨著人類日益進步，未來想必可以進一步梳理出更清晰的脈絡，不論是前述有提及的因素，抑或是其他遺珠之憾，都能有更深一層的了解。

❀ 內隱問題的預測因素

研究者關注外顯症狀的預測因素，已是行之有年的事情，但要說到內隱症狀，相關的研究便沒有如此豐富。不過，不論是外顯或內隱症狀，其實都有些相似之處。舉例來說，父母若是於學齡前階段採行不適宜的教養方法，或是自身壓力太大，都可能會導致兒童之後出現內隱問題行為（如 Heberle et al., 2015）。父母方若有精神問題，除了會增加兒童出現外顯問題的機率，也會提高內隱症狀的風險（如 Breaux et al., 2014; Marakovitz, Wagmiller, Mian, Briggs-Gowan, & Carter, 2011）。另外，研究亦指出，社會

表 1.3　幼兒內隱問題的預測因素

父母特質	兒童自身特質	人口統計變項
不適宜教養方式	難養型氣質	低社經地位
父母壓力	行為抑制氣質	出生體重過輕
父母有精神問題	負面情緒傾向	父母教育程度低
低社會支持	不安全依附	
	語言能力發展遲緩	

支持（social support）也是兒童的保護因素。即便父母的教養方式不太適宜，只要受支持的程度高，兒童到了學齡，仍較不容易發展出內隱問題（如 Heberle et al., 2015）。

根據研究，諸如行為抑制（behavioral inhibition）、負面情緒傾向（negative emotionality），以及語言發展遲緩等兒童氣質，皆可能是內隱問題的預測因素。研究者曾檢視過「抑制」（inhibition）是否能預測後續的問題行為，而結果發現，學齡前階段若是抑制程度較高，便更可能衍生出內隱問題（如 Hastings et al., 2015; Hirshfeld-Becker et al., 2007; Marakovitz et al., 2011）。另外，學齡前階段便有負面情緒傾向的兒童，未來同樣也較容易出現內隱問題（如 Davis, Votruba-Drzal, & Silk, 2015; Marakovitz et al., 2011; Shaw, Keenan, Vondra, Delliquadri, & Giovannelli, 1997）。不過，此變項與父母因素有關。至少一項以上的研究指出，若是母親展現出高度的父母關愛（parental warmth），負面情緒傾向會是日後致使內隱問題出現更有力的預測要素（Davis et al., 2015）。再來，學齡前階段的語言發展遲緩，即便是控制了其他可能有所影響的變項（如母親的智商、社經地位等），也依然是預測兒童是否會於兒童後期和青春前期出現內隱問題的一大因素（Bornstein, Hahn, & Suwalsky, 2013）。除此之外，不安全依附雖然也跟內隱問題有關，但並不像跟外顯問題的關係那般緊密（如 Groh, Roisman, van

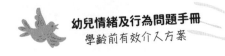
IJzendoorn, Bakermans-Kranenburg, & Fearon, 2012）。

根據研究，諸如低社經地位等人口統計變項，也會增加兒童出現內隱症狀的風險（如 Carter et al., 2010; Hastings et al., 2015），而且不單是美國本土的研究如此，其他國家的研究也顯示了這層關係（如 van Oort, vam der Ende, Wadsworth, Verhulst, & Achenbach, 2011）。也有好幾篇研究提到，父母教育程度較低的兒童，未來更可能出現內隱問題（如 Burlaka, Bermann, & Graham-Bermann, 2015; Carter et al., 2010）。最後，這其中與兒童自身（而非家庭特質）較為相關的因素，便是出生時的體重過輕，這點也會增加他出現內隱問題的風險（Bohnert & Breslau, 2008）。

本章摘要及全書宗旨

長期看來，幼兒期的社交、情緒和行為問題的確會導致負面結果，也確實是值得各方關注的議題。有鑑於此，若是學齡前及幼兒園階段便設法預防和介入，或許便能減緩問題的嚴重程度，進一步降低兒童未來出現各種問題行為的風險。值得慶幸的是，確實有不少具實證研究基礎的心理社會治療方法，不但適用於幼兒群體，甚至也頗具效果。這本書的目的便是整理、討論這些治療方法和介入方案，並且提供實際操作的指南。有了這些資訊和知識，臨床專業人員便能針對學齡前及幼兒園階段常見的病症，設計出合宜的評估策略及治療計畫。

Chapter 2

如何評估心理
健康問題？

　　如第一章所述，幼兒時期便出現情緒及行為問題的兒童，多半不會隨著年歲增長而有所好轉，往往會長期為各式外顯及內隱問題所苦。心理健康的專家也注意到了這點，他們發現要是等到兒童年屆學齡才介入協助，其實已經錯過了最佳時機。美國幾十年前的教育政策改革，讓眾人逐漸認識到了「早期介入」（early intervention）的概念，也因此催生了不少相關的實務做法（Shonkoff & Meisels, 1990）。不過，若要充分發揮早期介入的效果，便得搭配健全的評估方法，去篩檢出可能出現社交、情緒及行為問題的幼童，並且真正鑑定出有心理健康問題或是特教需求的幼兒。另外還有一件同樣重要的事情，那就是一旦兒童接受介入方案的協助，我們便得同時監督方案的成效，確保這些兒童確實有所進步，而非裹足不前。

　　儘管要評估幼兒並不容易，包括評估方法有限，以及行為變化太多，但過去數十年來，我們還是見到不少令人振奮的發展。舉例而言，坊間越來越多為學齡前和幼兒園年紀兒童設計的行為評定量表。除此之外，人們原本以為從幼兒身上取得有用資訊很困難，但隨著探討如何觀察與訪談這些兒童的研究逐漸增加，這種想法也受到挑戰，並且有所修正。本章便是要介紹這些評量方式與技巧，尤其會著重討論信效度最高、最適合此一年齡區間孩子的方法。本章內的每一大節都會探討評估方法，其中包括篩檢（screening）、診斷／評估（diagnostic/evaluation）及進度監督（progress monitoring）等工具。本章提到的篩檢工具可用於班級或全校層級的全面與初級篩檢機制，也適用於簡單評估特定個案需不需要進一步檢視。另外，進度監督工具則是用於監督孩子對於治療與介入方案的回應如何，這些工具常是固定於治療期間進行，例如每週一次等等。

訪談師長[1]

　　想要全面了解幼兒的情況，訪談師長與托育機構人員是極為重要的環節。一般而言，要求相關服務或是轉介個案的人，多會是孩童生活周遭的成人，例如父母或是老師。因此，評估幼兒的過程中有件重要的事，就是得釐清究竟擔心孩子的是誰，還有對方到底擔心些什麼。訪談這些重要成人，便是取得資訊的主要管道。

✹ 以「篩檢」為目的之訪談

　　通常來說，跟家長、教師與托育機構人員進行訪談，會是決定要不要進一步評估問題行為的第一步。在一年之間，我們可以分數次詢問教師是否特別擔心某些孩童，這樣一來，或許便可找出較需要注意的孩子。事實上，這種非正規的篩檢方法，的確常常能辨別出需要更多支援的孩子。一般情況之下，一旦學校方面針對某位孩童表達出擔心之情，便要與家長聯絡，以便深入了解問題流變，以及問題範圍究竟多廣。此外，要想進行較為正規的評估測驗，務必要先與家長聯繫討論，確定此舉當真有其必要。總歸來說，這類非正規但談及轉介方憂心之處的訪談／談天內容，可助我們確認是否要採取後續行動，包含要不要對個案兒童另行評估等。

✹ 以「診斷／評估工具」為目的之訪談

　　想要全面評估孩子的狀況，常會動用到較為深入的訪談方式，而家長、老師與托育機構人員便是最常接受訪談、討論幼兒日常狀況的對象。

---

1 為免文字疊床架屋，書中只要提到「父母」或「家長」一詞，也同時意含「非父母／家長的照顧者」。

接下來的內容，會綜述訪談當中應納入何種要素，以便全面且徹底地評估孩子的情況。

訪談父母

父母是否同意、是否願意合作，以及有沒有積極參與，都會是決定成敗的關鍵。畢竟，若要了解孩子過去的種種、眼下面臨的困難，以及是否有外在因素影響他的行為，例如家庭問題、親人過世，或是最近才搬家等，再沒有比父母更好的資訊來源了。另外，臨床專業人員如果想跟孩子生活中的其他重要成人搭建關係，盡可能獲取最多資訊，那麼父母也會扮演舉足輕重的角色，甚至還能同意讓臨床專業人員進一步去與其他照護者晤談。表單 2.1[2] 便是同意表的一例。

跟父母進行訪談的第一步，就是建立互信且融洽的關係。臨床專業人員應該先行自我介紹，並解釋此次訪談與評估的目的何在，好讓對方進入狀況，而且不論對方對評估程序有何問題，都應該確實回答。要讓父母知道臨床專業人員之所以約訪，是為了幫助他們與孩子，也要讓他們了解到自己在評估過程中非常重要，畢竟他們可是孩子的「專家」。除此之外，臨床專業人員也得了解，有時即便是父母本人要求評估或治療服務，這種面談場合仍可能會威脅到他們的自尊或自我效能（self-efficacy）。他們或許還會因為孩子的問題而深感內疚，將一切責任算在自己頭上。對許多父母而言，知道自己生養的孩子可能有身心障礙，會是相當令人痛苦難忘的經驗，甚至引發內心的失敗或失落感（Frick, Barry, & Kamphaus, 2010）。有鑑於此，臨床專業人員在過程中需要多加支持父母，向他們強調「趁早介入孩子的狀況」，才能避免問題惡化。

---

2 可供複印使用的表單皆附於各章末。

面談期間，臨床專業人員要設法了解個案為何轉介而來，又或是說他目前出現了什麼樣的問題行為。舉凡回顧個案的症狀、要求家長描述個案的行為，以及了解這種種行為的意涵和作用與他的家庭有何關係，都是很重要的（American Academy of Child and Adolescent Psychiatry, 2007）。不過，對於父母、照顧者、教師，以及其他孩子生活中的重要成人，何謂「問題行為」可能是眾說紛紜。這種差異之所以存在，可能和一連串因素有關，例如該名成人與孩子相處時間長短、與孩子相處情況好壞、心目中「不符合幼兒期發展程度之行為」是什麼，以及與孩子相處的模式等。另外也別忘了，不同情境會有不同的期待，孩子自然也常會因此出現截然不同的行為舉止。舉例來說，孩子在家的時候，因為沒那麼多按部就班（structured）的活動或要求，可能就不會出現太多問題行為，但若換作事事都得照規則來的學齡前學校或幼兒園，他們或許就會難以久坐，也沒法專注聽教師說話。要判斷這些行為上的差異究竟從何而來，訪談者不但要仔細審慎地與每位重要成人談論孩子的情況，還得自行觀察孩子的行為舉止才行。

除了鑑定出特定的問題行為，訪談個案的父母還有另外一大意義，那就是得知個案兒童的相關背景資訊（Merrell, 2008a）。事實上，了解孩子的背景與發展歷程，才能詳盡地認識到他生理與認知層面的發展，以及他在社交、情緒和行為各層面上的發展軌跡。除此之外，諸如繼父母或監護人等其他照顧者，也可以提供頗為有用的資訊，勾勒出哪些重要他人或事件可能形塑了孩子的發展軌跡（American Academy of Child and Adolescent Psychiatry, 2007）。接下來，我們會談談訪談父母的時候，應該要包含哪幾種核心問題（American Academy of Child and Adolescent Psychiatry, 2007; Mazza, 2014; Merrell, 2008a）。表 2.1 整理呈現了這幾大類核心問題，而表單 2.2 則是個案當事人登記表（intake form）的範例，可供臨床專業人員參考，藉此安排訪談內容，也可讓父母在首次約談前填寫。

表 2.1　訪談父母或照顧者時應納入的問題種類

• 家庭關係	• 社交—情緒能力的發展與氣質
• 認知功能與學校功能	• 興趣與特長
• 同儕關係	• 優點
• 生理發育	• 異常或造成創傷的情況
• 兒童的醫療與精神疾病病史	• 過往評估記錄
• 家族醫療與精神疾病病史	

● **家庭關係**

　　個案兒童與父母、手足和親戚等家族成員關係如何，應該是訪談中的一大重點。無論是他們跟父母／監護人的依附關係，還是家族系統中的變動，例如手足出生、親人過世、離婚、遭有關單位轉置離家，或者像是監護與探望權等照顧安排上的改變，都需要深入探究與注意。不僅如此，臨床專業人員也應詢問個案兒童會不會遵守家規及父母祭出的紀律處分。當然，評估上述情況時，也應考量到對方家庭信念與價值觀的社會文化脈絡（Clark, Tluczek, & Gallagher, 2004）。

● **文化背景與信念**

　　我們要探究家庭的文化背景、此種文化如何影響父母看待孩子行為的角度，以及他們會尋求或不會尋求怎樣的幫助。動用策略以進一步了解這些面向，譬如詢問對方的背景、文化信念以及價值觀等等，可說是相當重要的事情，尤其是對方跟訪談者並非出身同一文化時更是如此。盡量不要堅守先入為主的概念或刻板印象，否則推導出來的結論不是帶有偏見，就是會有所誤解。比較好的方法，還是要誠心發問，並且用心了解對方的文化。如果彼此語言不通，應該要聘僱口譯員在場協助。此外，與個案的父母多約見幾次面，或許也會有所助益，而為了培養互信及深入了解對方價值觀與信念，不要選在學校裡頭見面，也許是較佳的做法（Ferguson,

2005）。

● 認知功能與學校功能

我們還得向父母探詢孩子認知能力的強弱所在、了解他的學業進展如何（視情況適用與否），以及學校與托育機構有無發揮該有的作用。要探究的面向包括孩子是否能與父母分離而去上學或托育機構，孩子的語言能力、注意力及組織能力如何，孩子的學習動機如何（取決於是否處在學校情境），以及孩子跟學校教職員的關係如何。若個案過去曾接受過學校相關的服務，例如早期介入方案等，不妨向家長詢問是否存有副本，或是取得家長同意，直接與保有這些記錄的單位聯繫。

● 同儕關係

訪談者除了應問及個案兒童與托育機構、學校、教會或鄰里同年紀孩童的關係如何，也要探究他的社交技巧與缺點，例如孩子能否自我控制、能否同理他人，還有能否適當以語言或非語言行為溝通，例如微笑是否得宜、接話能力好不好，以及眼神是否有接觸等。當然，他跟其他年紀相仿同儕都玩些什麼遊戲，亦是值得討論的面向。舉例來說，他是否已經從常見於幼兒族群的「平行遊戲」（parallel play），進展到會共享玩具、口頭互動及一同玩耍等具備互動、合作性質的遊戲模式了？

● 生理發育

訪談者的另一大任務，就是向父母詢問孩子的成長史，甚至連胎兒期發生的事件也不能放過。幾個重要的面向包括懷孕期間是否酗酒、濫用非法物質或藥物，懷孕或生產期間是否出現併發症，孩子是否早產，還有孩子出生後醫生有沒有要求讓他多留院觀察一陣子等。孩子成長歷程中的幾個重要里程碑，例如幾歲開始走路、幾歲開始訓練自行如廁等，也是需要

問到的重點。另外，了解個案的語言習得歷程，例如他何時第一次牙牙學語、說出完整的字句，還有講出連貫的句子等，對整體也會是助益良多。最後，訪談者也該詢問父母對於孩子的言語模式（speech pattern）及社交場合的語言表達能力，有沒有較為擔心的地方。

● **兒童與家族的醫療及精神疾病病史**

要是得以了解兒童與他原生家庭的醫療及精神病史，便可進一步了解他現在為何會出現這些行為。舉凡住院記錄、過敏症狀、健康問題、感官問題（如視覺或聽覺喪失等）、身體受傷（包含頭部傷害）、手術記錄，以及孩子面對上述病症和事件的反應如何，都是值得詢問的重點，且能一窺他的成長歷程。若是個案兒童有任何精神疾病的相關記錄，包括先前做過的評估或療程等等，訪談者也應該設法了解。除此之外，家族病史是需要好好探究的面向，以從中判斷該家族是否一直存在心理健康問題。父母的心理疾病或壓力，都會影響到孩子的心理健康程度，有鑑於此，問及父母的心理健康狀況同樣有其必要（Bluth & Wahler, 2011; Sameroff, Seifer, & McDonough, 2004; Tonge et al., 2006）。

● **社交—情緒能力的發展與氣質**

此一類別涉及個案兒童的人格、對於照顧者的依附類型、個人氣質、現在與過去的情緒調節能力，以及適應陌生或艱困情境的能力，其中包括調節自己情緒與自我安撫的能力。評估個案情緒的時候，不該只看到當前喜怒無常或易怒、動輒落淚、焦慮或恐懼、大發雷霆、抱怨身體狀況及其他心理相關症狀等情況，也要考慮到過去的相關情事才行。

● **興趣、專長與優點**

當然，訪談者不僅要了解個案的問題行為，也要知道他有何優點、興

趣和專長。值得探究的面向包括孩子在家或在校喜歡做些什麼活動、有何特別突出的領域，還有父母如何看待孩子的優點。要是能讓父母填寫報告，指出孩子的優點（或哪裡還有待改進），便能進一步了解親子關係的品質如何。

● 異常或造成精神創傷的情況

所謂異常或造成心理創傷的情況，包括虐童、性侵、情感忽視、家庭暴力、自然災難，或是遭遇其他創傷事件等。訪談者必須判斷這類事件是否曾經發生，若果真如此，則需要進一步探究這些事情的後續衝擊，並且回顧相關的醫療、心理或社工服務記錄。這些資料可以大大幫助訪談者拼湊出該事件對個案兒童有多麼嚴重，以及造成了哪些影響。

● 過往評估記錄

如前所述，訪談者應取得個案過去的心理評估記錄。舉例來說，有些兒童在幼兒時期便接受過發展評估（developmental assessment），或者是進入學齡前學校／幼兒園時，曾經做過篩檢評估，例如美國的「啟蒙方案」（Head Start）等等。藉由這些資訊，便可判斷他們過去的表現及基本能力如何。

訪談師長／托育機構人員

教師、托育機構人員以及其他重要成人，可以提供大量和個案有關的資訊，讓我們一窺他在家庭之外的面貌。一般而言，訪談教師／托育機構人員會與訪談家長不太一樣，原因是前者多半不會知道孩子的背景或是成長歷程。不過，訪談者還是可從他們身上得知孩子跟其他成人或同儕的關係如何、學業技能如何、是否理解重要的基礎概念，還有能否達到學校或托育機構的期待。訪談者不但應詢問校方或托育機構，孩子是否正接受其

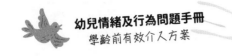

他支持或介入方案，以及他對於這些方案的反應為何，也要請對方談談孩子在學校及托育機構表現出了哪些優點和專長。

訪談期間，為了盡量蒐集到最多的相關資訊，與教師／托育機構人員建立融洽關係，讓對方樂於合作，可說是至關重要。另外，臨床專業人員若在學校以外的環境訪談，記得事先請對方簽署隱私資訊同意書（release-of-information form，見表單 2.1），以免造成後續爭議。而臨床專業人員必須了解自己執業與個案住地的相關法規，以免觸犯保密與資訊透露等規定（McConaughy, 2013）。

訪談者應視教師或托育機構人員為「同一陣線」的成員，畢竟，他們能在學校或托育機構協助處理問題，並且促使孩子進步，進而成功。應當要尊重他們對孩子的看法，並體諒他們的時間很有限。訪談者不但要屏除一切不必要的程序，只留下最為必要的環節，也應於對方的備課時段（planning time）或學生午睡期間安排見面或電話訪談，以免造成麻煩。另外每次結束後，當然都得感謝對方願意撥冗協助。這些事情聽來簡單，卻是建立彼此融洽關係的重要策略（Frick et al., 2010）。

訪談教師與托育機構人員時應該提到的問題類型，接下來會有所彙整說明，並且列於表 2.2 中作為參考。不過真正付諸執行時，還是要依照個案的情況，挑選最為合適的主題與問題才行（McConaughy, 2013）。

● 個案基本資訊

訪談者應了解個案的基本資訊，例如教師或托育機構人員對他的大概印象如何。有鑑於他們看待孩子的方式與父母不同，此一部分的訪談內容也會有所差別（Mazza, 2014）。

● 學校／托育機構的行為問題

訪談者一旦取得足夠的基本資訊，便可轉移焦點至問題行為上。具體

表 2.2　訪談教師或托育機構人員應提及的問題種類

- 孩子令人擔心之處
- 學校／托育機構的行為問題
- 學業表現（視情況適用與否）
- 社交技巧
- 優點與特長

而言，訪談的重點可聚焦在該行為已持續多久、他們嘗試過哪些介入方案，以及個案對於介入方案的反應如何。該行為的前事（antecedent）與後果（consequence）也應有所評估探討（McConaughy, 2013）。

● 學業表現（視情況適用與否）

　　若是訪談學校教師，除了應該詢問個案在校的學業表現，以及能否掌握基礎技巧，也要問校方有沒有祭出任何介入方案，若有的話，個案的反應又是如何。最後，後續多拋出一些深入追蹤的問題，可說是極為重要的事，因為如此一來才能判斷個案的學習問題是源自於能力缺陷，還是純粹表現不佳（Mazza, 2014）。

● 社交技巧

　　訪談者應詢問個案在校或托育機構的社交能力如何，還有跟同儕相處是否融洽。舉凡和同學之間的關係、玩哪些種類的遊戲，以及是否展現攻擊行為，都是值得一探究竟的面向，而評估個案是否社交能力有所缺陷，無疑也是一大重點，因為這樣制定介入方案時，便有更多可供參照的資訊。

● 優點與特長

　　教師／托育機構人員了解個案的優點和特長，若可加以挖掘探索，便會有所幫助。舉凡他喜歡做哪些活動、哪個領域特別突出，還有在別人眼

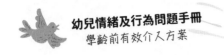

中的優點為何,都可說是息息相關的面向。另外,就跟訪談父母一樣,訪談者也不妨詢問教師／托育機構人員對個案的印象如何,如此一來,便能進一步判斷他們與孩子的關係品質好壞。

🌸 以「監督進度」為目的之訪談

　　訪談除了能作篩檢及診斷評估用,也可以監控進度,確認家庭、學校或托育機構的介入方案有沒有用。只要和主要照顧轉介個案的成人談談,便可多少確認當前使用的介入方案是效果卓絕,還是需要調整。舉例而言,訪談者可簡單電訪父母,看看他們是否感覺孩子有所進步,還是一直裹足不前,這便是追蹤介入方案進度的一大常見做法。或者,訪談者也可定期與教師及托育機構人員聯繫,了解孩子在這些地方是否有所進步。經過上述的訪談和資訊蒐集,就可以根據個案目前的進度,進行適度的調整。另外,諸如「上次聯繫以來,孩子有多常大發脾氣?」或「過去一週以來,您女兒的攻擊行為有沒有什麼改變?」等問題,也是藉由訪談追蹤進度的方法。而像是「兒童／青少年診斷晤談第四版」(Diagnostic Interview for Children and Adolescents–IV, DICA-IV; Reich, Welner, & Herjanic, 1997)等標準化訪談,雖然多半是做研究用途,但也可用來評估、比較介入方案前後的情形。

📖 訪談幼兒

　　過去數十年以來,專家學者提出了各式各樣的理論與想法,表示訪談幼兒確實頗為有用。一般而言,人們會覺得幼兒既沒有邏輯,也無法辨別真假,而發展心理學家的研究更是進一步支持了這般說法。舉例來說,Piaget 的認知發展論便認為二至七歲的兒童,雖然能以語言表達想法,但

卻缺乏邏輯推理的能力（Piaget, 1983）。在這些理論的加持下，不少人自然認為從幼兒身上得不到可靠、重要的資訊。但根據研究，雖然訪談幼兒能得到的資訊有限，但他們確實有能力產出比預期品質更高的自陳報告（Marchant, 2013; Merrell, 2008a）。事實上，兒童可能會是數一數二重要的資訊來源，尤其遇到虐待案例，或是內隱症狀患者更是如此（Angold & Egger, 2004）。然而，有鑑於訪談幼兒的限制不少，由此取得的資訊最好可以跟其他相關資訊相互參照，例如參考家長與教師的訪談、評定量表，以及現場觀察心得等，盡量拼湊出更為完整的樣貌。當然，有時其實並沒有必要訪談兒童本人。舉例來說，要是訪談對方蒐集不到什麼資訊，或者他是行為問題居多（如攻擊行為、大發脾氣、不守規矩等），那麼臨床專業人員應當跟父母和學校教職員合作，一起找出問題所在，並且制定適當的介入方案。

　　訪談幼兒時，要記得他們在能力發展上的限制。一般而言，幼兒在初始幾次訪談中都會較為羞怯，而且會難以將想法和感受化為文字（Sattler, 1998）。學齡前幼童看待他人的角度也常常具體且難以改變，例如他們會認為別人不是「一切都好」，就是「一切都壞」，卻未能認知這兩種特質可以同時存在（Keith & Campbell, 2000; Sattler, 1998）。另外，因為學齡前和幼兒園年紀的兒童多半難以長期專注在同一項任務上，訪談者可能必須將訪談分成數個時段，以免孩子分神。不但如此，跟孩子多見幾次面也有助於建立融洽的關係。幼兒常是精力旺盛、衝動行事，跟年長些的兒童頗為不同，也因此時不時會為訪談者帶來挑戰。但若真要進行訪談，一定要事先讓他們全神貫注（Greenspan & Greenspan, 2003），不妨交談時多多提及對方的名字，這種重新引導（redirection）的方法，可以幫助孩子專注聚焦。除此之外，要是孩子持續處於認真狀態下，也可不時給予他一些增強物作為獎勵，例如貼紙或糖果。然而，要注意的是，千萬別讓孩子認為

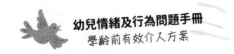

自己是因為講出特定答案，才獲得獎勵。畢竟，這種想法可能會讓他揣摩訪談者的心意，說出違心之論，例如訪談者問到他有沒有什麼害怕的事物，結果他雖然挺喜歡托育機構，但仍表示自己怕極了托育機構。舉凡「一起聽聽看問題是什麼喔」或是「我知道這題很難，但我希望你仔細想想，給我一個答案喔」這種句型，得以凝聚孩子的注意力，也會讓他覺得自己得到同理，進而回應問題。最後，幼兒的口語能力有限，形容情緒的詞彙也不多（Knell, 2000），因此訪談者必然得注意到他在其他方面的行為表現，以及使用了哪些字彙，以免忽略了孩子的真實情緒。臨床專業人員應當注意幼兒「人與人關係」（personal relatedness）的深入程度與風格、他在遊戲或交談中表現出的心情、肢體語言及涵蓋的主題、展現出了哪些外顯情緒，以及與臨床專業人員的互動如何（Greenspan & Greenspan, 2003）。

　　儘管訪談幼兒存在種種挑戰，這類訪談仍能提供不少他人給不了的寶貴資訊，例如孩子本身苦惱情緒程度多高、是否存在認知扭曲、是否有焦慮及憂鬱症狀，以及心中有沒有難以言喻的「祕密」等。因此，訪談者必須有所準備，以便正確理解幼兒在晤談時所表達的事物，並且注意到可能影響訊息品質的因素。舉凡雙方關係是否融洽、訪談場合與背景如何、他本身的動機強弱等因素，都會大大影響訪談獲得的資訊是否正確可靠。

❀ 建立融洽關係／初步資訊蒐集

　　若是要訪談幼兒的話，前置作業就是要先讓他放鬆下來。研究指出，幼兒常常不願與父母分離（Marchant, 2013），要是真碰上了這種情況，最佳做法便是邀請幼兒跟父親或母親一同進入辦公室，這樣一來他就會比較自在。一旦孩子放鬆下來，而且訪談者希望跟他一對一面談的話，便可以態度冷靜、面不改色地請父母到另外一個房間裡等候（Merrell, 2008a）。

絕大多數的情況之下，孩子只要經過這番流程，就會比較放鬆，面對訪談者也會較為自在。但要是他焦躁不安起來，臨床專業人員可以告知父母就在辦公室外，只要訪談結束，就可以馬上見到他們，藉此安撫他的情緒。當然，若是孩子太過焦躁不安，也許可考慮取消這次訪談，另訂他日再訪。不過，只要父母在場不影響訪談（譬如他們一旦在場，孩子便拒絕跟訪談者合作），讓他們待在辦公室裡也無不可。

訪談者有時會犯下一個錯誤，那便是孩子還未完全進入狀態、專注聽話的時候，就開始進行發問（Greenspan & Greenspan, 2003）。訪談者不妨跟孩子一同坐在地上，或是坐在小張一點的椅子上（McConaughy, 2013），甚至參與他所主導的遊戲活動，設法營造親切友善的氛圍，進而培養雙方關係。事實上，美國學校心理學者協會（National Association of School Psychologists, NASP）2009 年針對「幼兒期評估」（Early Chidhood Assessment）的立場聲明，便特別表明這種遊戲時間可說是蒐集資訊、監督進展，以及學校心理工作者思考後續策略的大好途徑，而且不管這時間是玩規則明確的結構化遊戲，抑或是自由遊戲（unstructured play）皆是如此。因此，臨床專業人員應當要備有適合孩子發展水準、便於促進溝通的玩具。舉凡繪畫材料、玩偶、培樂多（play-doh）黏土玩具、一般黏土，或是其他不會造成混亂的學前教育玩具，都是吸引兒童注意的好幫手。要注意的是，訪談者應避免動用玩法過於複雜的桌上遊戲，或是其他需耗費大量心神的活動。建立關係期間，臨床專業人員應專注於描述兒童當下進行的活動，並且注意他的口語產出（可能會極少），盡量避免躁進地去刺探資訊。

一旦訪談者開始拋出問題，亦可運用其他遊戲性質的方法，來幫助訪談過程更為順利。根據研究，若是要問兒童較具侵略性的問題，人偶會是很有用的媒介（McConaughy, 2013）。舉例而言，訪談者可以改問孩子的「人偶」問題，並且要求人偶從主人那邊「找出」答案，再讓人偶代

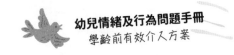
為回答。至於該如何確認答案正確可靠，不妨先問人偶幾個較為稀鬆平常的問題，例如孩子的頭髮顏色或是名字等等，藉此確保「它」不會隨意回答問題。

🌼 訪談場合與背景

如前所述，幼兒在不同時段及場合會出現不同行為，因而讓人難以正確判讀他當下的感受如何。有鑑於此，訪談的場合與背景都是需要列入考量的重點，其中也包括訪談現場的狀況及孩子的整體背景（Garbarino, Stott, & Faculty of the Erikson Institute, 1992）。

許多跟訪談現場有關的因素都會影響到孩子回應的方式，舉例來說，取決於他認不認識訪談者，可能會因此有不一樣的答覆。這是因為幼兒身處陌生環境時，常常會很羞怯，若對方是陌生人，可能會感到非常陌生，需要更多時間才能建立信任。但如果訪談者是幼兒認識的人，他也或許會揣測對方想聽什麼答案，或是按照過去跟對方相處的經驗做出答覆。

另外，訪談者發問的方式也會大大影響蒐集到的資訊類型。若用的是引導式或封閉式問題，幼兒多半會因為想討好訪談者，而給出不盡正確或錯誤的答案，讓人無法一窺事情全貌。學齡前年紀的兒童尤其如此，因為他們比起年紀稍大的孩子，更會想要討好成人（Hughes & Baker, 1990）。以下兩個例子有何差異？不妨比較看看：

引導式／封閉式問題：「你覺得害怕的時候，肚子就會痛，對不對？」
非引導式／開放式問題：「你如果覺得害怕，身體會有什麼感覺呢？」

但話說回來，若單單只用「說說你的朋友吧」這種句型，也很難取得需要的資訊。因此，遇上學齡前年紀兒童的時候，建議混用簡短、追根究柢（但非引導式）且適於釐清事實的問題、開放式的問題，再加入可鼓勵

孩子開口的語助詞或句型，例如「嗯哼」、「原來啊」等等（McConaughy,
2013）。

再來，訪談場合又是另一項值得注意的因素。幼兒若覺得身處的環境
安全舒服，例如在學校，給出的回答可能會跟處在陌生辦公室時不同。當
然，訪談者也許難以改變某些因素，但認知到孩子會因此受到影響，仍是
一大重點。若是讓孩子抱著或拿著私人物品，像是喜愛的玩具娃娃、毯
子，或是填充動物布偶，或許也能讓他們自在一些。

不僅如此，孩子預期接受訪談會有什麼後果，同樣會影響到他們參與
其中的動機，或是改變給出的答覆。舉例而言，受虐兒若是曾遭人警告不
要多嘴，便可能拒絕接受面談，或是堅決否認虐待情事存在。此時，訪談
者要想取得必要資訊，就得善用緩解氛圍、建立關係的技巧，並且稍加慰
藉，且敏銳觀察才行。孩子若透露出任何蛛絲馬跡，例如「爸爸很壞」，
最好的應對方式便是重述他的言論轉化為問題：「你爸爸很壞？」接著再
深入問下去，例如：「跟我說說吧，你爸爸哪裡很壞？」（Sattler, 1998）

文化、教育背景與家族病史等較廣泛的議題，也需要納入考量
（Garbarino et al., 1992）。訪談者跟兒童若存在文化差異，可是會多方影響
訪談過程。首先，文化上的差異可能會被人誤解是某種病症的跡象，或是
誤以為是某種不尊重人的舉動。舉例而言，在某些美國原住民文化裡，與
他人眼神直接接觸是不敬或具敵意之舉（LeBeauf, Smaby, & Maddux,
2009），但換作是美國主流文化，避開他人眼神才真是不敬之舉，甚至說
明這人心中焦慮，或是正在說謊。這些文化上的差異要是出現，必然要徹
底研究清楚，以免孩子無端被冠上某些病症。若想多了解對方的文化，並
認識該文化相關的特殊禮俗，找個來自同一文化背景的人諮詢，會有不少
助益。除此之外，訪談者也能跟父母或照顧者聊聊他們的文化背景，藉此
了解這個家庭的信念、習慣做法，以及價值體系。

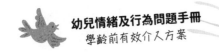

　　另一種可能影響訪談過程的文化影響，則是孩子跟父母或當地社群長期相處下來，而生成的「非我族類，其心必異」的不信任感。若遇到的個案真是如此，他可能就只願意提供有限資訊給訪談者，甚至會為了保護家族成員而撒謊。有鑑於此，訪談者跟孩子面對面談話前，不妨先行訪談他的父母或其他家族成員，設法釐清對方的家庭信念為何。事實上，孩子的家庭若常跟執法單位或社福部門扯上關係，他便可能學會別去信任他人，也不跟他人分享相關資訊。訪談者需要清楚說明訪談緣由，並且解釋訪談與評估程序走完後，孩子能得到哪些幫助及好處。

評定量表

　　評定量表（rating scale）會需要父母、師長及其他照顧者指出個案多常出現特定的行為，而跟其他評估方式比起來，評定量表可說是優點不少，尤其適合幼兒：

1. 評定量表得以蒐集及量化少見行為（infrequent behavior）的出現次數，而這些資訊若只憑觀察很容易忽略（Barkley & Murphy, 2006）。
2. 評定量表奠基於不同場合照顧兒童的不同成年個體，因此可盡量客觀呈現事情全貌（Frick, Barry, & Kamphaus, 2010）。
3. 評定量表通常建有常模資料，可藉此比較孩子與同儕的行為差異，建立意義（Merrell, 2008a）。
4. 評定量表不但省時，成本效益也高（Frick et al., 2010）。

　　綜觀來說，評定量表可以提供有效可靠的資訊，尤其適合幼兒。換作是訪談等其他評估方法，可能無法達到相同效果。另外，評定量表也會是初步篩檢及監控進展的有效工具。

不過，即便評定量表好處多多，而且相當適合學齡前和幼兒園年紀的孩子，但也別忽視了它們的限制。舉例來說，評定量表並非設計用於評量行為本身，而是評量者長期評估下來認知到的行為及情緒特質（Merrell, 2008a）。因此，資訊提供者（informant）本身的特質及其他因素，都可能影響到孩子行為的評定結果。舉例而言，父母若深受苦惱情緒所擾，或會影響他們填寫孩子病症的調查報告（Frick et al., 2010）。評定量表的誤差變異數（error variance），包括**時間變異**（temporal variance；行為評定之趨勢隨時間變化僅達中等一致）、**情境變異**（setting variance；行為具情境特殊性）、**來源變異**（source variance；評量者未必客觀）及**工具變異**（instrument variance；不同量表雖號稱評估相似概念，但彼此存在些許差異），皆可能影響評定量表之結果。此外，舉凡**默認**（acquiescence；填答者所有問題皆一致填寫是或否）、**社會期望**（social desirability；填答者有意或無意地填寫社會所期待的答案）、**偽答**（faking；填答者刻意歪曲或操縱自己的回應以產生特定的形象）及**偏離軌道**（deviation；以非常規或少見方式回答題目）等反應偏差（response bias）的現象，也會出現在各式行為評定量表中，只是程度有所不同，但仍會影響評量的正確度（Merrell, 2008a）。最後，若要用評定量表評估焦慮、憂鬱等內隱症狀，必然會是一大挑戰，因為它們不如外顯行為那般易於觀察（Merrell, 2008a），有可能會因而受評量者忽略而不自知。然而，儘管限制不少，評定量表仍是評估幼兒情緒與行為問題的一大主力。但話說回來，若是以一套方法多元、資訊來源多元且涵蓋多個情境的評估方法來彙整多方資訊，並視評定量表為這套方法下的其一環節，上述幾類的問題應該得以降至最低，尤其是相互參照其他來源的評定量表、訪談資訊與親身觀察後，應該會更有幫助（Merrell, 2008a）。

過去數十年來，越來越多適用於幼兒的評定量表問世。其中絕大多數

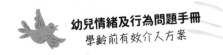

皆是現有量表向下拓展的產物（如「兒童行為檢核表」的學齡前版本），但仍有些是為幼兒特別設計〔如「學齡前和幼兒園行為量表」（Preschool and Kindergarten Behavior Scale）〕。總歸而言，本節概述了一些為學齡前和幼兒園年紀的兒童設計且穩定可靠的行為評定量表。除了診斷評估以外，我們也介紹可用於篩檢及監督進展的評定量表。

🌼 以「篩檢」為目的的社交、情緒與行為量表

坊間越來越多出版商開始研發篩檢情緒、行為與社交問題的量表，這些量表可用於評估某一情境下多位兒童的情況，進一步確定問題的發生率，並辨別出哪些幼兒需要額外服務或評估。接下來，我們會簡單討論其中幾個量表。

「BASC-3 行為與情緒篩檢系統量表」（BASC-3 Behavioral and Emotional Screening System, BASC-3 BESS; Kamphaus & Reynolds, 2015）便是供學校、醫療機構與研究人員篩檢各項行為與情緒病症的工具，其中涵蓋 25 至 30 道題目，並提供學齡前（三到五歲）的版本。此量表前身（BESS-2）的因素結構也經研究支持（Harrell-Williams, Raines, Kamphaus, & Denver, 2015），而且根據研究，BESS-2 之學齡前版本跟幼兒的社交和情緒發展等結果也呈高度相關（Dowdy, Chin, & Quirk, 2013）。

「社交技巧改善系統（SSIS）表現篩檢指南」（Social Skills Improvement System—Performance Screening Guide, SSIS-PSG; Elliott & Gresham, 2008）是適合三到十八歲兒童的評定量表，用於篩檢學業和社交—情緒上的障礙，但也可用來監督進度，協助介入方案實行。這項篩檢方法可作為課堂評估工具，且具備良好的心理計量特性（psychometric property），而後文「社交技巧改善系統評定量表」一段討論到的 SSIS 標準版本也是如此。

「行為症狀系統性篩檢量表第二版」（Systematic Screening for Behavior

Disorders, Second Edition, SSBD-2; Walker, Severson, & Feil, 2014）是包含三道步驟的篩檢工具，主要由教師執行。首先，教師會從班上挑選學生，並依他們內隱或外顯症狀的呈現狀態強弱排序。接著，為排名前三的學生施行「重要事件檢核表」（Critical Events Checklist）與「行為頻率整合索引」（Combined Frequency Index）這兩項評定。若任何學生符合常模標準，便會啟動第三階段，也就是請一名校內受過訓練的專家（例如學校心理師）來觀察這位學生。雖然該評定的使用手冊表示此評定具心理計量特性，但外部研究至今還不多。然而，SSBD 這三階段模型的第一版已證明信效度頗高（Feil, Walker, & Severson, 1995），只是一連三道的篩檢程序不免會讓評估過程更為複雜。

　　「自閉症幼兒篩檢與追蹤修訂量表」（Modified Checklist for Autism in Toddlers, Revised with Follow-Up, M-CHAT-R/F; Robins, Fein, & Barton, 2009）是由家中十六至三十個月大幼兒的父母填寫，並依此評估孩子出現自閉症類群障礙症的風險多大。一般而言，這項篩檢工具多為兒科從業人員使用，並在兒童前來健檢時對他們的父母施行。若是兒童經過後續追蹤階段以後，仍獲得「有一定風險」（at-risk）的分數，在 95% 的信賴區間之下，未來有 47.5% 的機率確診為自閉症類群障礙症，也有 94.6% 的機率出現發展遲緩或相關疑慮等情事。另外有研究指出，該項工具在篩檢自閉症類群障礙症時，看總分會比看其他分數組合來得有效（Robins et al., 2014）。

✽ 以「診斷／評估」為目的的社交、情緒與行為量表

　　接下來繼續介紹數個評定量表，它們可放在一套全面的評估方案下使用。而且評估幼兒整體的社交、情緒與行為功能時，這些量表也已證明具備良好的心理計量特性，堪稱穩定可靠。

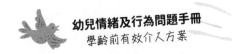
適用範圍廣泛的評定量表

在初始評估階段時，採行適用範圍廣泛的評定量表（broadband rating scales）有一項好處，就是得以分辨出內隱與外顯兩大症狀的問題。一旦這些量表顯示某些問題已具臨床上顯著的程度，便可進一步對症下藥，祭出更加全面的評估和介入方案。

● 兒童行為評估系統

「兒童行為評估系統第三版」（Behavior Assessment System for Children, Third Edition, BASC-3; Reynolds & Kamphaus, 2015）是一套全面完整的評量系統，用途為評估兒童與青少年的問題行為。「兒童行為評估系統」包含家長與教師量表，且依照年齡區間分為三份不同表格，分別是二至五歲、六至十一歲，以及十二至二十一歲。在此尤其會提到「學齡前家長評定量表」（Parent Rating Scale—Preschool version, PRS-P；常模樣本為 600 名兒童）及「學齡前教師評定量表」（Teacher Rating Scale—Preschool version, TRS-P；常模樣本為 500 名兒童），參見表 2.3。除此之外，這套系統還有一份「教養關係問卷學齡前版本」（Parenting Relationship Questionnaire—Preschool Version, BASC-3 PRQ），可用於評量依附、紀律、參與程度、教養信心及關係挫折感等項目。

PRS-P 共有 139 道題目，而 TRS-P 則有 105 道題目。每一道題目皆有「從未發生」、「有時發生」、「常常發生」或「幾乎總是發生」等四個選項，而這兩個量表皆有經驗實證的組合分數（composite score）與分量表分數（subscale score），可用於辨識許多情緒與行為問題，也包含內隱與外顯病症。

BASC-3 的使用手冊指出，這些量表的信效度介於中等至強（Reynolds

表 2.3　BASC-3 PRS-P 及 TRS-P 評定量表

外顯問題	其他問題	適應技巧
過動	非典型	適應力
攻擊行為	畏縮	社交技巧
	注意力問題	日常生活的功能性溝通[a]
內隱問題	**行為症狀索引**	
焦慮		
憂鬱		
身體症狀		

a　僅出現在家長版本中。

& Kamphaus, 2015），而不論是一般或臨床樣本，α 係數皆頗為相似，落在 .77 到 .93 不等。在 BASC-3 中，學齡前版本的重測信度介於 .79 至 .94 之間，而評分者間信度則落在 .56（內隱組合）至 .83（適應組合）之間。這份量表還很新，因此外部研究還不太常見。不過，Myers、Bour、Sidebottom、Murphy 和 Hakman（2010）針對 BASC-2 的研究發現，BASC-2 PRS-P 得以穩定呈現各問題行為的組合分數，進而分門別類，可說是評估幼兒過動與注意力問題的可靠工具。然而，內隱症狀分量表之間的相關性較低，這點也符合 BASC-3 使用手冊對於最新版本的描述。

　　BASC-3 新增了所謂的「機率指數」（probability index），目的是要評估孩子未來在特定領域持續碰到困難的機率。在 BASC-3 的 PRS-P 及 TRS-P 這兩份評定量表中，這些指數包含了「一般臨床機率指數」（General Clinical Probability Index；評量個案行為與社交功能中的常見挑戰或困難）及「功能損傷指數」（Functional Impairment Index；評量個案與他人之互動、展現出來的情緒，或是能否完成符合年齡的任務）。BASC-3 除了用於評量過動、社交技巧、適應功能等較廣泛的行為問題，也涵蓋一份「發展性社交障礙」（Developmental Social Disorders, DSD）量表，用途是評估

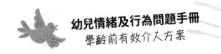

個案是否存在自我刺激（self-stimulation）、畏縮及社會化不全等泛自閉症常見症狀。截至本書完成之際，尚未見到任何 BASC-3 DSD 量表的外部研究。不過，在 Bradstreet、Juechter、Kamphaus、Kerns 和 Robins（2016）以 BASC-2 DSD 量表進行的研究中，結果發現敏感度（sensitivity）與特異度（specificity）得以區別確診或未得到泛自閉症的兒童族群，但沒辦法區辨確診泛自閉症跟確診其他病症的兒童族群。Lane、Paynter 和 Sharman（2013）則得出以下結論：家有泛自閉症兒的家長填答 BASC-2 量表時，會比教師更傾向為孩子的適應行為（adaptive behavior）打上低分。有鑑於此，他們建議若動用 BASC-2 評估泛自閉症兒童時，應盡量納入家長與教師兩方的觀點。

● 兒童行為檢核表及教師報告表

Achenbach 與 Rescorla 在 2001 年發表的「兒童行為檢核表」（CBCL），是常用於評估兒童問題行為的量表。該量表及其學校版本「教師報告表」（Teacher's Report Form, TRF; Achenbach & Rescorla, 2001）常用於判別孩童究竟出現了哪些領域的問題行為。兩者的常模資料皆適用六到十八歲兒童。CBCL 及 TRF 也是為家長與照顧者設計，且很常用於評估兒童問題行為。根據研究，這些量表皆穩定可靠，信效度很高（Achenbach & Rescorla, 2001）。另外，CBCL 和 TRF 也有特別為學齡前兒童設計的版本，包括「一歲半至五歲兒童行為檢核表」（Child Behavior Checklist for Ages 1.5–5, CBCL 1.5–5）及「一歲半至五歲之照顧者—教師報告表」（Caregiver–Teacher Report Form for Ages 1.5–5, C-TRF 1.5–5）。CBCL 1.5–5（常模樣本為 700 名兒童）跟 C-TRF 1.5–5（常模樣本為 1,192 名兒童）同樣有 99 道題目，都是經過特別設計，較容易反映出幼兒與學齡前兒童常出現的問題行為。每一道問題皆為三點量尺：不符合（not true）、有些或有

時符合（somewhat/sometimes true）及非常或通常符合（very/often true）。
CBCL 1.5–5 和 C-TRF 1.5–5 的分量表皆相同，唯有睡眠問題（Sleep
Problems）分量表僅存在於 CBCL 1.5–5 中（見表 2.4）。除了症狀量表以
外，還有三項組合分數（內隱、外顯及總體問題）和以《精神疾病診斷與
統計手冊》為基礎的量表，由心理學家與精神科醫師依照 DSM-5 的病症
類別進行評量。以《精神疾病診斷與統計手冊》為基礎的量表包括情感問
題、焦慮問題、泛自閉症問題、注意力不足／過動問題及對立反抗問題
等。CBCL 1.5-5 還包括一份「語言發展調查問卷」（Language Development
Survey, LDS），用於辨別語言發展遲緩者。CBCL 有多種語言可供選擇，
也附有多語的多元文化補充附錄（Multicultural Supplement），其中統整了
CBCL 1.5-5 應用於不同文化、社會與地區兒童群體的資料（Achenbach &
Rescorla, 2009）。

　　根據使用手冊，CBCL 和 C-TRF 1.5–5 皆具良好的心理計量特性，且
相關研究亦顯示信效度足夠，其中也包含了因素效度（factorial validity;
Achenbach & Rescorla, 2000; Pandolfi, Magyar, & Dill, 2009; Tan, Dedrick, &

表 2.4　CBCL 及 C-TRF 1.5-5 量表

組合分數	症狀量表	以 DSM 為基礎之量表
總體問題	情緒易激動	憂鬱問題
內隱問題	焦慮／憂鬱	焦慮問題
外顯問題	抱怨身體有狀況／身體（心）症狀	泛自閉症問題
	畏縮	注意力不足／過動問題
	注意力問題	對立反抗問題
	攻擊行為	
	睡眠問題（僅出現於 CBCL 量表）	

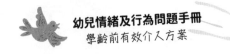

Marfo, 2006）。不同資訊提供者在填答量表的同意度屬中等（家中填答者為 .61、學校填答者為 .65，而兩方綜合則為 .40），而重測信度很高（多數量表之 r ＝ .80～.90；Achenbach & Rescorla, 2000）。除此之外，CBCL 1.5–5 若搭配其他臨床資料進行評量，也已經實證顯示很能診斷出泛自閉症兒的情緒和行為問題（Pandolfi et al., 2009）。

● 康納斯評定量表

「康納斯評定量表」（Conners Rating Scales）目前已出版至第三版（簡稱 Conners-3; Conners, 2008），可說是長年以來用於篩檢兒童與青少年問題行為的工具。Conners-3 之長式量表除了評估注意力與行為問題，也包括篩檢憂鬱症及焦慮症的題目，而其簡式量表則可供時間有限的填答人使用，同樣作篩檢之用（Connors, 2008）。康納斯一系列的評估方案近來多了位新成員，也就是「康納斯幼兒期評定量表」（Conners Early Childhood, Conners EC; Conners, 2009）。Conners EC 可評估二至六歲幼兒的行為、社交與情緒問題，並且了解孩子有無確實符合重大的成長里程碑（developmental milestone），例如適應技巧、溝通能力、動作技能、遊戲，以及學科學習前期技能／認知技能等（見表 2.5）。另外，此份量表亦供多元資訊提供者（multi-informant）填寫，如家長／監護人、教師與托育機構人員等，讓臨床專業工作者可輕易比較不同填答者間的分數。臨床專業人員會先請家長、教師與托育機構人員，回憶孩子在過去一個月來的行為表現，並依行為出現頻率填答四點量尺，分別為「完全不符合」（not at all true）、「有點符合」（just a little true）、「大致符合」（pretty much true）、「相當符合」（very much true）。不僅如此，Conners EC 也備有長式與簡式量表，而且根據使用手冊，雖然該量表的效度資料多是從其他效度經廣泛實證的康納斯量表提取而來，但其信效度仍是相當驚人。最後，Conners EC

表 2.5　康納斯幼兒期評定量表

行為評定量表	成長里程碑量表	家長及教師量表修正版（簡式）
不專注／過動	適應技巧	對立
反抗／攻擊行為	溝通能力	認知問題／不專注
社交功能／非典型行為	動作技能	過動
焦慮	遊戲	過動症索引
心情與情感	學科學習前期技能／	
生理症狀	認知技能	

的內部一致性及重測信度皆相當高，分別為 .86～.93 及 .87～.95，但家長填答者方面的評分者間信度較低，僅有 .72～.84（Conners, 2009）。

● **學齡前及幼兒園兒童行為量表**

　　「學齡前及幼兒園兒童行為量表第二版」（Preschool and Kindergarten Behavior Scales—Second Edition, PKBS-2; Merrell, 2003）共 76 道題目，用於評量三至六歲兒童的社交技巧及社交—情緒問題行為。這份量表的題目經特別設計，可反映兒童在學齡前和幼兒園時期特別的社交與行為面向，可由家長、教師、托育機構人員或其他了解兒童行為的人士填寫。PKBS-2 的題目包含兩份量表：共 34 題的「社交技巧量表」（Social Skills Scale）及共 42 題的「問題行為量表」（Problem Behavior Scale）。「社交技巧量表」的分量表又包括社交合作（Social Cooperation）、社交互動（Social Interaction）及社交獨立（Social Independence）；而「問題行為量表」則是評估外顯及內隱問題，旗下收納五份補充性質的問題行為分量表。要想評估幼兒常見的問題行為及社交技巧，PKBS-2 會是相當好用的工具，尤其面對兒童在托育機構、學齡前學校或其他照護場所時常出現的問題更是如此。不過，若兒童的問題行為較嚴重，但發生頻率卻較低（例如會出現在臨床情境下

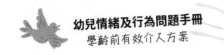
的那種行為），那麼 CBCL、康納斯系列評定量表，或是 BASC 會是較合適的選項。PKBS-2 的常模樣本來自美國各地 3,317 名兒童，具備良好心理計量特性，信效度皆符合水準（Merrell, 2003）。研究者曾用第一版 PKBS 來篩檢學齡前兒童有無發展遲緩，結果發現對照組的社交能力缺陷和問題行為，皆於統計上顯著少於發展遲緩的實驗組，因此足可辨別出哪些兒童社交能力具缺陷且出現問題行為（Merrell & Holland, 1997）。不過，PKBS 更新到第二版後，便沒能重複該研究結果。

特定適用範圍的評定量表

此節討論到的評定量表僅探討特定的社交、行為及情緒功能，跟前述適用範圍廣泛的量表有所不同。這些具特定適用範圍（narrow-band）的評定量表可作為篩檢工具使用，也可搭配其他評估方案，更深入探究個案的社交、行為及情緒健康。但正如適用範圍廣泛的量表，特定適用範圍的評定量表也僅能作為一整套全面詳盡評估方案的其一環節，不能單憑由此蒐集到的資訊便下論斷。接下來，不論是評估行為問題、社交能力發展、情緒功能，還是過動症及泛自閉症的量表都會有所介紹。適用於泛自閉症的評定量表可搭配訪談、醫療評估，以及「自閉症診斷觀察量表第二版」（Autism Diagnostic Observation Schedule, Second Edition, ADOS-2；Lord, Rutter, DiLavore, Gotham, & Bishop, 2012）等標準化觀察流程使用，如此一來，才最能辨別出患有此項病症的兒童族群。

● 艾伯格兒童行為量表

「艾伯格兒童行為量表」（Eyberg Child Behavior Inventory, ECBI; Eyberg & Pincus, 1999）由家長填寫，適用於評估二至十六歲兒童出現侵擾性行為的強度與頻率。ECBI 為七點量尺，題目反映了兒童較常見的行為問題。

家長填寫時除了要指出特定行為多常出現，也需要指出特定行為「是」（yes）或「否」（no）為他們心頭一患。各項行為出現頻率的評量分數會有所加總，取得一項「強度分數」（Intensity Score），而填答「是」的選項也會加總，取得「問題分數」（Problem Score）。這兩大項分數之間，有時可能會存在差異。舉例而言，高問題分數加上低強度分數，可能代表家長／照顧者難以忍受正常兒童的偏差行為，或對孩子有不實際的期待，甚至是視養兒育女為一大負擔。相反來說，高強度分數加上低問題分數則可能表示家長的教養風格太過縱容。無論是哪種情況，臨床專業人員都需要探究差異為何存在，畢竟，這樣也可協助訂定介入方案。

ECBI 簡單易用，而且很適合辨別出現外顯行為問題的兒童（Weis, Lovejoy, & Lundahl, 2005）。根據研究，此量表也具足夠的信效度（Funderburk, Eyberg, Rich, & Behar, 2003; Gross et al., 2007），但由於標準化樣本有限（*n* = 798），再加上樣本未涵蓋每一年齡之族群，使用上還是需要有所注意。另外根據研究，ECBI 也可正確篩檢出行為規範問題（Levitt, Saka, Romanelli, & Hoagwood, 2007）。ECBI 也有教師版本量表，名為「薩特—艾伯格學生行為量表」（Sutter–Eyberg Student Behavior Inventory, SESBI; Eyberg & Pincus, 1999），其中題目文字經過修改，使其較符合學校的情境。

● **年齡與進程篩檢量表：社交—情緒**

「年齡與進程篩檢量表：社交—情緒」（Ages and Stages Questionnaire: Social-Emotional, ASQ: SE-2; Squires, Bricker, & Twombly, 2015）具篩檢與評估用途，由家有二個月至五歲兒童的家長填寫。這份量表成本低且簡單，分為九個不同年齡層的問卷（分別為二、六、十二、十八、二十四、三十、三十六、四十八及六十個月），並分析各年齡兒童的社交、情緒能力與問題。不同年齡層問卷的題目皆經特別設計，以求具體呈現該階段的發展程

度，並且評量七大行為領域：自我調整、順從性、社交溝通、適應功能、自主性、情感及人際互動。ASQ: SE-2 的指導手冊亦表示此量表具良好心理計量特性，信效度皆高，重測信度更達 89%（Squires et al., 2015）。不過，因為該量表近來才經修正，目前外部的獨立研究還不多。有證據顯示第一版的 ASQ: SE 即便於其他文化脈絡下使用，同樣具備良好心理計量特性（Heo & Squires, 2012）。然而也有研究顯示，ASQ: SE 若要篩檢出嬰幼兒的心理社會問題，效度會顯得較低，六個月年齡層的 α 係數落在 .46，而十四個月的則落在 .66（de Wolff, Theunissen, Vogels, & Reijneveld, 2013）。因此想一探 ASQ: SE-2 有何其他特點，仍需進行更多相關研究。

● **杜佛瑞幼兒復原力量表**

「杜佛瑞幼兒復原力量表」（Devereux Early Childhood Assessment for Preschoolers, Second Edition, DECA-P2; LeBuffe & Naglieri, 2012）以評量優點為基礎，並具全國性常模，適合評估三至五歲兒童的社交與情緒健康。DECA-P2 旨在提升復原力（resiliency，亦作韌性），因此整套評估方案附帶評定表格及師長使用指南，不但特別提及不少具實證研究基礎、可促進兒童社交與情緒健康的策略，也提到該如何改善學齡前學習計畫的整體品質。截至目前為止，該量表心理計量特性的外部資料不多，但使用手冊仍稱其具足夠信效度（LeBuffe & Naglieri, 2012）。過去研究確實指出，DECA 第一版不但具效度（Nickerson & Fishman, 2009），也具篩檢學齡前兒童的社交情緒技巧與行為問題的信度，即便評估的是來自不同文化背景或貧困家庭的孩子仍是如此（Crane, Mincic, & Winsler, 2011）。

● **社交技巧改善系統評定量表**

「社交技巧改善系統評定量表」（Social Skills Improvement System Rating Scales, SSIS-RS; Gresham & Elliott, 2008）是一套評估社交技巧的全面方案，

其中包括家長及教師版本的評定表格，適合三至十八歲的兒童。SSIS-RS
下有不少評估工具，且涵蓋多個年齡區間，但這裡僅會介紹學齡前版本。
根據研究，SSIS-RS 具良好心理計量特性（Frey, Elliott, & Gresham, 2011;
Gresham & Elliott, 2008）。家長與教師版本皆包含經驗實證的分量表，要
想交叉比較分數也因此較為容易。這些分量表包括社交技巧（溝通、合
作、堅持主張、責任、同理心、投入程度、自我控制）、相互衝突之問題
行為（外顯問題、霸凌、過動／不專注、內隱問題、泛自閉症）和學術能
力（閱讀成就、數學成就、學習動機）。其常模樣本來自美國各地，代表
性符合族裔、地區與社經地位。Gresham、Elliott、Cook、Vance 和 Kettler
（2010）發現不同資訊提供者填答問題行為及社交技巧時的同意度介於弱
到中等（0.15～0.38），而聚合效度（convergent validity）係數則強於區別
效度（discriminant validity）。根據研究，SSIS 若是用於國中小的族群時，
不同評分者之間具高度內部一致性及效度（Gresham, Elliott, Vance, & Cook,
2011）。

● 注意力不足症狀評估量表

「注意力不足症狀評估量表第四版」（Attention Deficit Disorders
Evaluation Scale—Fourth Edition, ADDES-4; McCarney & Arthaud, 2013a,
2013b）及「幼兒注意力不足症狀評估量表」（Early Childhood Attention
Deficit Disorders Evaluation Scale, ECADDES; McCarney, 1995a, 1995b）都是專
門評估過動症的行為評定量表。目前為止，ECADDES 還未有更新版本。

ADDES-4 適合評量四至十八歲兒童與青少年的過動症症狀，且分為
共 46 題的家庭版本及共 60 題的學校版本，兩個版本的量表則都包含「不
專注」與「過動—衝動」的分量表。家長與教師會依李克特五點量表填
答，從 0 分的「未出現此行為」（does not engage in the behavior）到 5 分的

「行為每小時會出現一至數次」（behavior occurs one to several times per hour），最後，兩份量表的分數再加總為整體成績。根據使用手冊，ADDES-3 的家庭與學校版本皆具足夠信效度，整份量表的內部一致性係數達 .99，重測信度則達 .91 或更高，而不同分量表的評分者間信度介於 .85 至 .90 之間。

ECADDES（McCarney, 1995a, 1995b）亦有家庭版本及學校版本，分別有 50 題與 56 題，用途為評估二至六歲幼童有無過動症症狀。此份量表的格式與 ADDES-4 一樣都是李克特五點量表，由家長與教師填答。另外，ECADDES 除了總分以外，還包含兩項分量表，分別為「不專注」及「過動—衝動」量表。整體而言，該量表使用手冊提供足夠的技術支援，且總分的內部一致性係數達 .99，重測信度也超過 .89（McCarney, 1995a, 1995b），但根據使用手冊指出，因素分析顯示此兩個分量表間存在大量重疊情事。

● 過動症評定量表第五版

「過動症評定量表第五版」（ADHD Rating Scale–5; DuPaul, Power, Anastopoulos, & Reid, 2016）奠基於 DSM-5 之上，共包含 18 道題目，分別有兒童版本（五至十歲）和青少年版本（十一至十七歲）。兩個版本皆有供家庭與學校情境評量者使用的不同表格與常模樣本，而「過動症評定量表第五版」本身則有「不專注」與「過動—衝動」分量表，兩者分數相加便是總分。另外，這份量表的常模建立於家長與教師評量五至十八歲兒童的量表上，前者樣本共 2,069 份，後者則為 1,070 份。「過動症評定量表第五版」的編製者表示，整體量表及「不專注」和「過動—衝動」分量表的家長與教師版本皆具良好重測信度，介於 .80 至 .93 間，但教師版本顯得更為穩定。另外，家長與教師版本的損害等級（impairment rating）各項係

數皆較低。再者，家長與教師版本的各項分量表都具高度內部一致性信度，而若同時使用家長與教師版本，得出來結果的預測能力頗為良好，但若僅用家長版本的量表，預測的能力就較弱了。「過動症評定量表第五版」是新近設計的量表，因此外界較少見獨立評估此量表的研究。然而，先前探討「過動症評定量表第四版」的研究，曾發現此量表具可接受的心理計量特性，包括內部一致性、因素結構、聚合及分歧效度（convergent and divergent validity）、區別效度及反應性（responsiveness）皆是如此（Zhang, Faries, Vowles, & Michelson, 2005）。

「過動症評定量表第四版」亦有學齡前版本（Dupaul, Power, Anastopoulos, & Reid, 1998），但目前還需更多研究來佐證其心理計量特性。此量表為第四版的版本修訂而來，原本 18 道題目皆改成符合學齡前兒童的發展程度，而其常模也建立在家長與教師版本量表之上，前者共 902 份，後者則為 977 份。初步研究顯示學齡前版本具良好的內部一致性係數、重測信度及同時效度（concurrent validity; McGoey, DuPaul, Haley, & Shelton, 2007）。

● **兒童自閉症量表**

「兒童自閉症量表第二版」（Childhood Autism Rating Scale—Second Edition, CARS-2; Schopler, Van Bourgondien, Wellman, & Love, 2010）適合篩檢二歲以上的泛自閉症兒童，也可用於辨別出發展遲緩但不是泛自閉症的兒童。這份量表應由臨床專業人員直接觀察兒童後，依照行為頻率、行為強度、行為特性及持續時間填寫。CARS-2 的題目跟第一版相去不遠，而根據研究，CARS第一版的題目與 DSM-IV 的診斷標準具高同意度，也因此偽陽性（false positive）的機率低（Rellini, Tortolani, Trillo, Carbone, & Montecchi, 2004）。據稱CARS-2 較能分辨出高功能自閉症的患者，意即那些智商中等或較高、口語

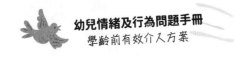

能力較好，且社交與行為缺陷較不明顯的泛自閉症患者。這份量表包括不具分數的「家長或照顧者問卷」（Questionnaire for Parents or Caregivers），可用於蒐集資訊，以便建立標準功能（standard functioning）和高功能的相關評量。根據 CARS-2 的使用手冊，這份量表具備良好信效度（Schopler et al., 2010），而外部研究也支持此量表為可靠、值得信賴的篩檢工具（Vaughan, 2011）。

● 吉里安自閉症評定量表

「吉里安自閉症評定量表第三版」（Gilliam Autism Rating Scale—Third Edition, GARS-3; Gilliam, 2013）適合教師、家長及專業人員用於篩檢及辨認三至二十二歲的泛自閉症患者，全部 56 道題目皆是奠基於 DSM-5 和美國自閉症協會（Autism Society of America）的泛自閉症定義。這些題目共分為六大分量表，各自反映泛自閉症的核心症狀，意即侷限且重複的行為、社交互動、社交溝通、情緒反應、認知風格，以及適應不良之言語（Maladaptive Speech）。根據編製者所言，此量表既是篩檢工具、評估方法，也可作監督進度之用。量表使用手冊也列出資料，證明量表具足夠信效度（Gilliam, 2013）。外部研究指出，前一版的 GARS-2 可能低估了泛自閉症的症狀，以至於診斷效度（diagnostic validity）低（Norris & Lecavalier, 2010; Pandolfi et al., 2009）。然而，目前還需要更多 GARS-3 的相關研究，才能進一步確定此版本的診斷效度如何。

☀ 以「監督進度」為目的的社交、情緒與行為量表

前述的評定量表不但是有效的篩檢工具，也可作為主要的評估方案，甚至能發揮監督進度的效果。大多數這些量表都可檢驗介入或治療方案前（後）的效果如何，也就是說原本用於「篩檢」的工具，現在換成是要

「檢視成果」（Hess, Pejic, & Castejon, 2014）。舉例來說，動用到認知行為介入方案時，常常都會用量表進行前後測，除了是初步篩檢需要處理的問題，也是評估治療方案成效究竟如何（Plotts & Lasser, 2013）。除此之外，我們接下來也會簡要介紹一些原本便作「監督」用途的評定量表。

　　前面提過的 Connors-3 量表（Connors, 2008）是眾所皆知的有效介入方案，其中提到開發有效治療方案及監督其效果的四大步驟。步驟一：確定問題，並安排哪些問題應該優先治療、處理；步驟二：訂定具體治療目標；步驟三：設計開發符合個案需求的治療策略，以求達成每項目標；步驟四：追蹤進度，並定期調整治療目標。根據編製者指出，康納斯系列量表可在介入方案實施的前中後期使用，以便一路監督方案的成效。「BASC-3 行為與情緒篩檢系統量表」（Kamphaus & Reynolds, 2015）同樣可作為篩檢及進度監督工具之用。填答整份量表只需五到十分鐘，而且不需要正式訓練，因此可從多個資訊來源監督進度。另外還有「BASC-3 進度靈活監督量表」（BASC-3 Flex Monitor; Kamphaus & Reynolds, 2015），這是一套線上追蹤、監督進度的工具，可用於檢視專家（如學校心理師）在學校情境下實施的行為介入方案有無成效。這份量表提供了一系列關乎行為或情緒的題目，使用者可從中自行選擇，建立符合自己需求的題組，並用於監督行為介入方案的進展，甚至還可用取得的分數，跟具代表性的常模樣本相互參照。不過，雖說這些評量方法是以「監督（方案）進度」為目的設計，但至今還鮮有獨立研究探討它們的功效如何。

直接觀察法

　　觀察法（observation）是評估幼兒數一數二好用的方法。這是因為幼兒多半是以行為溝通，而不是用話語溝通。有鑑於此，若要評估該年齡族

群孩子的社交、情緒與行為功能,觀察法便可作為心理衡鑑（psychological assessment）的絕佳基石。不過,若想確實利用觀察法取得有用資訊,就要在觀察前先決定什麼是「目標行為」（target behavior）,也就是找出「需要受到評估的行為」。涵蓋範圍較廣的行為概念,譬如「具攻擊性」、「過動」、「社交技巧不佳」、「焦慮」,以及「舉止友善」等,一定要制定出可操作的定義,以便觀察者及他人清楚知道該特定行為究竟包含哪些元素（Kazdin, 2012）。舉例來說,若孩子的學齡前學校教師說他在教室裡很「過動」,觀察者一定要好好訪談該名教師,了解哪些行為算是「過動」。觀察者一旦蒐集到確切的描述內容,例如「該坐在位子上時卻離開座位」、「亂爬椅子」、「坐不住,老是動來動去」,或是「亂丟教室內的教材」,便能更為確實且正確地追蹤這些行為。

以「篩檢」為目的之觀察法

一般而言,在家中或學校情境觀察問題行為後,多會讓人意識到孩子確實有需要擔心之處。家長或其他重要成人會注意到孩子可能有某些問題行為,或是需要關注的症狀。觀察者會進一步觀察這些行為,非正式地跟個案家中、學校或托育機構的其他兒童比較,看看個案的行為是否超出了該情境的要求與期待。觀察結果會再分享給孩子的重要成人知道,其中包括家長、教師,以及其他照顧者。通常來說,篩檢問題行為的第一步,會是開始觀察及追蹤該行為出現的時段,辨別出哪些行為有問題或沒問題,以及它們都是在一天的哪些時間點出現（Wacker, Cooper, Peck, Derby, & Berg, 1999）。在此階段,臨床專業人員便可實行某些介入方案,例如重新引導、增強及反覆安慰等,嘗試改善該項行為。但若是初步介入未見成效,或是問題行為實際更為錯綜複雜,甚至因為他人介入而惡化,可能就得動用到 SSBD（Walker, Severson, & Feil, 2014；請見前文「以『篩檢』為

目的的社交、情緒與行為量表」）等非正式、結構式的觀察法，進一步評估問題。

🌼 以「診斷／評估」為目的之觀察法

接下來，我們會介紹該如何使用結構式及非結構性的觀察法來評估兒童。

非正式、結構式的觀察法

所謂的結構式觀察法（structured observation）涵蓋正式與非正式記錄系統（coding system），可用於辨認及追蹤學校、家庭與托育機構情境中發生的問題行為。在本書中，**非正式觀察法**的意思是指「觀察者未經正式且已發表的系統去觀察個案兒童」，不過可能還是會動用到代碼記錄表（coding chart）或其他輔助工具。有鑑於幼兒在不同情境與時段會出現不同行為，而且個體間也存在差異，觀察者應選擇一天之間的多個時段觀察孩子，看看他們從事不同活動的狀態如何。不僅如此，觀察者也應盡量多觀察孩子，以便蒐集到足夠多的行為及情感狀態。再來，孩子在不同情境中與同儕或成年人互動的情形，也應有所觀察才是（Benham, 2000）。

所謂「自然觀察法」（naturalistic observation）便是「在孩子的自然環境中（如學校或托育機構）進行觀察」，具有不少其他觀察法所沒有的優點。在自然觀察法中，孩子得以從事一般日常的活動，並且自然而然地做出目標行為。觀察者會有機會一探究竟，究竟是哪些「**前事**」（行為出現前發生的事）和「**後果**」（行為出現後發生的事）讓目標行為持續出現（請見本章後文的「功能性評量」）。重要的是，觀察者若採取這種觀察法，絕對要避免插手介入，以免孩子因為有他人在場而受到影響（Merrell, 2008a）。

但觀察者除了觀察孩子的行為之外，也得注意到情境中的某些變項是

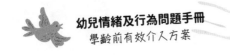

否與目標行為有關。觀察重點包括：（1）成人與兒童的互動方式；（2）可能的干擾因素或外部噪音；（3）孩子所身處的實體環境如何，例如他有多少空間活動、整天下來跟其他兒童的距離遠近，還有環境中有哪些可用的物品。

觀察者結束任務後，應該緊接著跟教師／托育機構人員談談自己的觀察結果，尤其要加以詢問這些自己觀察到的行為，是否就是孩子平常在該情境會有的表現。當然，觀察者還應注意教師／托育機構人員是否對孩子特別寬容或嚴苛，以及他們本身的觀察結果是否與觀察者相符。

● 資料記錄方法

過去不少研究都曾討論、整理過許多資料記錄方法（Kazdin, 2012; Merrell, 2008a），這裡便會回顧一些其中最可能適用於幼兒的方法。表 2.6 提供每項方法的概要介紹，而為了清楚講解這些方法，接下來會舉「孩子在班上大聲尖叫」為例，例如他把聲音揚到比同學還高，或是超過該教室情境的預期聲量。

觀察者若使用「**事件／頻率記錄法**」（event/frequency recording），可以記錄某個特定行為在觀察期間發生了多少次。若以我們的例子來說，就是孩子二十分鐘內在教室尖叫了多少次。這項方法的好處在於簡單好用，觀察者可借助打勾或簡易計數器，來追蹤行為是何時出現，另外還可用於找出行為的前事及後果（請見本章後文的「功能性評量」）。但這項方法也有缺點，那就是難以用於「未有明確開始與結束跡象」的行為。例如孩子老是在位子上扭來動去，便是其中一例，因為外人常常難以判別行為是何時開始，又是何時結束。

另一方面，觀察者用的若是「**持續時間記錄法**」（duration recording），記錄的則是目標行為持續的時間長短。這樣一來，他既可以計算行為的總

表 2.6　資料記錄方法

方法名稱	定義	實例
事件／頻率記錄法	記錄目標行為在觀察期間出現的次數	記錄孩子尖叫了多少次
持續時間記錄法	記錄目標行為在觀察期間的持續時間	記錄孩子尖叫的時間長度
時距記錄法		
部分時距記錄法	目標行為若在間距中任一時間點出現則記錄一次	孩子若在間距中任一時間點發出尖叫，則予以記錄一次
完全時距記錄法	目標行為若持續整個間距才予以記錄一次	孩子若是整整尖叫了一整個間距的時間，才予以記錄一次
片刻時間取樣	目標行為若在特定的間隔瞬間出現才予以記錄	每十五秒觀察孩子一次，若是他在那一瞬間尖叫，便予以記錄一次

持續時間，例如觀察期間有二十分鐘，而孩子在此期間共尖叫了六分鐘，也可以計算目標行為個別發生的時間長短，例如他有一次叫了一分鐘，另一次則叫了五分鐘等。這項方法的好處也在於簡單好用，只要牆上有掛個時鐘，或是身上帶著碼錶，就可以輕鬆執行。當然，要是碰到沒有明確始末的行為（如坐在位子上扭來動去），或是該行為僅持續相當短的時間，這項記錄法的幫助或用處就比較小了。

再來，觀察者若用「**時距記錄法**」（interval recording），就得在一定的時間間隔內，觀察某個特定的行為是否出現。以上述的例子來說，這二十分鐘的觀察期間會被切割成一個個小間隔，每個也許就短短三十秒，而要是孩子「在間距內的任一時間點發出尖叫」（**部分時距記錄法**），或是「尖叫持續了一整個間距」（**完全時距記錄法**），便會予以記錄。時距記錄

法適用於始末不明確的行為，或是發生頻率中等但穩定的行為，例如吸吮大拇指。但這項記錄法也有缺點，那就是觀察者得全神貫注在觀察的對象身上，也因而較難以確實執行，且不適合學校教職員等需要處理教室大小事的人使用。圖 2.1 便是填答完畢的時距記錄法表格，可供參考，而表單 2.3 則是空白版本。

「片刻時間取樣」（momentary time sampling）也是一種時距記錄法，同樣要將觀察時間均分為一個個間隔，但觀察者不必監看整個時距，而是當目標行為恰好在間隔結束的瞬間出現時，才需要有所記錄。舉例來說，若每次間隔為十五秒，那就是每十五秒結算一次行為有沒有出現，要是十五秒間隔結束的瞬間，孩子並沒有發出尖叫，這次間隔就不會有任何記錄。使用這項方法的觀察者，只需要每次間隔都觀察一次即可，因此相當適合持續時間較長的行為。要注意的是，若目標行為出現頻率較低，這項方法可能反而會錯失掉不少次觀察機會。

觀察者一旦完成任務，緊接著要評估觀察資料的意義。當然，若孩子的行為很危險或是具顯著破壞性，自然會被鑑定為「有問題」，並且需要某種形式的立即介入。不過，有鑑於許多學齡前或幼兒園年紀的兒童都有坐不住、喜歡扭來動去的習慣，因此觀察者還必須加以比較孩子跟其他同儕的行為，檢視他表現出來的行為是否真屬於「非典型」，或是在該情境之下確實顯得「有問題」。要想做到這件事，觀察者得隨機挑選幾位同一班級、托育機構或是情境的同儕，並同時記錄他們做出的同一行為。觀察者可選擇在間隔期間輪流觀察不同的孩子，也可同時觀察所有孩子，或是在不同時間點觀察不同的孩子。

行為或時距記錄法表格

兒童姓名：珍‧史密斯　　　　　　日期：8月7日

觀察者：喬‧瓊斯　　　　　　　　觀察地點：幼兒園

所觀察的活動：故事時間／小圈圈時間

開始／停止時間：9:30－9:45 A.M.

間隔長度／類型：30 秒／部分時距記錄

間隔	尖叫	離開位置	攻擊他人
1	X		
2		X	X
3		X	
4	X		
5	X		
6			
7			
8			
9		X	
10		X	
11			
12			
13			
14			
15	X		X
16			
17			
18			
19			
20		X	

（續）

間隔	尖叫	離開位置	攻擊他人
21		X	
22	X	X	
23			
24			
25			
26	X		
27	X		
28			
29			
30		X	

總共次數：_____

▶▶ 圖 2.1　時距記錄法表格範例

家長或教師的非正式觀察法

臨床專業人員常會要求家長或教師協助在家中及學校追蹤個案的目標行為，這種追蹤模式也許規則明確、按部就班，例如使用記錄表（recording form），但多半還是屬於結構較不明確的方式。在家庭情境之中，這一類型的觀察法可說是助益良多。畢竟，臨床專業人員鮮少會跑去別人家中觀察行為，原因除了是後勤支援不易，也是因為有外人在家中難免突兀且引人不快（Merrell, 2008a）。因此，讓家長自己來追蹤孩子的問題行為在家中的出現頻率，會是較佳的做法，也能提供另一面向的寶貴資訊。一般而言，家長或教師若要協助追蹤，通常會用簡單的頻率記數法。表單 2.4 便是所謂「行為日誌」（behavior log），父母可用於追蹤和記錄家

庭情境中較常見的侵擾性行為。這套方法不但適合初步評估問題行為，也可用於追蹤進度，例如問題行為若隨著治療進展而有所改善，就表示介入方案確實有效。

功能性評量

　　所謂的功能性行為評量（functional assessment of behavior）便是要判斷問題行為的「目的」何在，看看是哪些事物在增強及維持這項問題行為，而「觀察」往往是其中的重要元素。一旦找出問題行為的作用，並且推斷出有何相對應的介入方案，未來就能更加輕鬆地處理這個目標行為。研究指出，問題行為通常會有下列幾種作用：其一是孩子會獲得同儕或師長的關注（正面或負面皆然）；其二是孩子可藉此躲開特定任務；三來則是他可藉此得到感官上的增強，或是取得某項實體增強物（Gresham & Lambros, 1998; Steege & Watson, 2009）。值得注意的是，臨床專業人員除了必須全盤考量這些增強元素，也要了解單一行為可能同時具有多種功用（Steege & Watson, 2009）。只要知道了特定行為的功用，就能避免不小心增強該行為，舉例來說，若是功能性評量顯示孩子之所以胡作非為，是因為不想參與故事時間，那就不適宜再祭出罰站或面壁等暫時隔離（time-out）的懲罰，否則只會進一步增強他的偏差行為。比較適合的方法，可能是忽略他的不當行為，並且運用正增強讓他希望參與故事時間。

　　我們雖然常用觀察法來獲取功能性評量所需的資訊，但其實訪談家長與教師，也有助於判斷特定行為的前事與後果，例如我們可以問家長在孩子出現不當行為之後做了什麼事，也可以要求師長使用所謂「ABC」（前事─行為─後果）日誌（參見表單 2.5）來記錄行為出現前後的事件。觀察者在判斷目標行為有何功用時，也會記錄偏差行為（例如尖叫）的前事，或是孩子尖叫之前發生的事情（例如他正自顧自地做著自己的事），

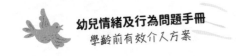
還有孩子尖叫的後果（例如他一得到老師的注意就不叫了）。假設這個模式長期不變，相當一致，我們似乎就能推論「他人的注意」是維持這項尖叫行為的一大因素，而這樣一來，後續祭出的介入方案就該著重於降低他尖叫所能得到的關注，並且同時增加適當行為所能得到的關注，例如用正常的語調要求他保持安靜，好好玩自己的玩具。不過特定行為會出現，有時也可能存在多種原因，因此讓功能性評量變得複雜不少。舉例來說，孩子之所以尖叫，一來可能是想得到老師的注意，二來可能是為了逃避某個他不喜歡的活動。

功能性評量最常用於評估外顯行為，畢竟要想判斷他人的內在想法與感受可說是難上加難，換作是幼兒尤其如此。不過越來越多的功能性評量也漸漸把視線投向了內隱問題，例如拒學症（school refusal）及選擇性緘默症就常是受到環境因素影響，而功能性評量可用於找出這些因素為何（Kearney & Spear, 2013）。

但話說回來，即便功能性評量確實可以找出影響問題行為的環境因素，臨床專業人員仍不可忽略了其他較為「遠端」的議題，例如溝通問題、家庭因素、他人的不良示範、學習環境帶來的挫折感，也都可能是導致問題行為出現的干擾因素（Merrell, 2008a）。因此，功能性評量雖可作為一大優質工具，而且尤其適用於探討外顯行為的成因，但不該是唯一的評估方案，而應該盡量作為一整套多元、多來源且多情境幼兒評估方案下的一個環節（Steege & Watson, 2009）。

正式觀察法

儘管坊間有許多正式的觀察法，專門檢視兒童在自然環境（如家庭、學校或托育機構）的行為舉止，但卻鮮少有人聚焦在幼兒身上。早期篩檢計畫（Early Screening Project, ESP; Walker, Severson, & Feil, 1995）是其中一

項涵蓋學齡前與幼兒園年紀兒童的觀察方案，主要是藉由「社交行為觀察」（Social Behavior Observations）來觀察幼兒的行為。ESP 的觀察法旨在提供有關兒童社會行為的資訊，尤其著重於他們跟同儕與成人的社交互動，其中會採用持續時間記錄法，記錄個案進行**利社會行為**（prosocial behavior；例如跟他人玩耍）、**負面社交行為**（negative social behavior；例如言語上出現偏差、違反規則，或大發雷霆），或是**非社交行為**（non-social behavior；例如自顧自地玩耍）的時間長短。另外，ESP 也備有常模樣本，可供觀察者比較個案與其他同年齡層的兒童，藉此判斷問題行為是否達到顯著程度。研究也發現符合與不符合 ESP 常模轉介標準（normative referral criteria）的兒童，存在顯著的差異（Feil, Severson, & Walker, 1998）。

除此之外，「自閉症診斷觀察量表第二版」（ADOS-2）常常被人稱為是評量兒童泛自閉症行為的「黃金標準」，這份半結構式的量表多用於觀察可能患有泛自閉症或其他廣泛性發展障礙的兒童，評估他們的溝通、社交互動及遊戲行為。ADOS-2 包含五大題組，分別對應到不同的發展與語言程度，用於評估十二個月至成年期的兒童。舉例來說，幼兒題組（Toddler Module）便適合年齡介於十二個月至三十個月，還時常話不成句的兒童。基本上，臨床專業人員會根據個案的表達性語言程度（expressive language level）及實足年齡（chronological age），挑選出最適合他的題組。這些題組皆包含結構式及半結構式的活動，並且需要花四十至六十分鐘的時間去觀察及記錄相關的行為舉止（Lord et al., 2012）。

❀ 以「監督進度」為目的之觀察法

若想判斷介入方案是否在家庭或學校情境中發揮效用，觀察法是常常為人使用的大好工具。舉例來說，觀察者可以與個案生活中的重要成人，聊聊他們覺得孩子哪裡有所改善，並藉此了解介入方案的功效如何。若是

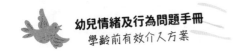

介入方案不盡完善，也可以根據這些觀察結果來調整。

　　一般而言，學校多會使用非正式、結構式的觀察法，其中包括以日為單位的行為記錄表（daily chart）、行為日誌，或是在家自學紀錄（home-school note；請見第六章），並且每天或每週進行評估，檢視問題行為是否有所改善。換作是家庭情境，則多是由家長使用行為記錄卡（behavior record card）或行為日誌來記錄孩子的進度，監督他有沒有達到行為目標（Nadler & Roberts, 2013；參見表單 2.4）。家長若用行為日誌為監督進度的工具，除了需要記錄孩子不同的問題行為，也可以一併記錄自己動用了哪些行為管理策略，如此一來，他們未來便會更注意到自己的管教策略，並且記得「持續祭出有效的行為管理策略」是很重要的事。總歸而言，介入方案能否維持效果，便取決於觀察者有沒有持續觀察，並與師長保持聯繫。一旦孩子有所進展，或是已經達成目標，則可以慢慢減少介入或監督事宜。除此之外，要是問題行為死灰復燃，或是介入方案後腳才剛走，問題便又形惡化，這些觀察結果也可提供資訊，讓臨床專業人員採取相對應的措施，重新啟用介入方案。

本章摘要

　　總結來說，現在可說是有越來越多研究，投入探討幼兒社交與情緒的評估方法。近年來的進展包括不少專為幼兒問題行為設計的行為評定量表，以及越來越多研究探討適合學齡前與幼兒園年紀兒童的觀察法及訪談方法。一般而言，想要評估幼兒情況的最佳做法，無非就是要採取多元方案，並且綜整多方資訊，而非只憑片面之詞就輕下判斷。這樣一來，才能勾勒出個案最為完整且準確的樣貌，也不至於錯判了兒童的正常行為，讓他蒙受不白之冤。

取得／釋出隱私資訊同意表

個案資訊

姓名：＿＿＿＿＿＿＿＿＿＿＿＿　　填寫日期：＿＿＿＿＿＿＿＿＿＿

別名（若有的話）：＿＿＿＿＿＿　　出生日期：＿＿＿＿＿＿＿＿＿＿

本人在此授權並要求交換或釋出自＿＿＿＿＿＿＿＿（月／日／年）

至＿＿＿＿＿＿（月／日／年）間的精神疾病或醫學治療或學校之記錄。

釋出資訊者及頭銜：＿＿＿＿＿＿＿＿＿＿＿＿＿＿＿＿＿＿＿＿＿＿＿

機構地址（含郵遞區號）：＿＿＿＿＿＿＿＿＿＿＿＿＿＿＿＿＿＿＿＿

以及

申請資訊者及頭銜：＿＿＿＿＿＿＿＿＿＿＿＿＿＿＿＿＿＿＿＿＿＿＿

機構地址（含郵遞區號）：＿＿＿＿＿＿＿＿＿＿＿＿＿＿＿＿＿＿＿＿

用途為：

評估＿＿＿＿　　治療規劃＿＿＿＿　　其他（請詳述）＿＿＿＿＿＿＿＿

欲釋出或交換之資訊（請詳述）：

＿＿＿＿＿＿＿＿＿＿＿＿＿＿＿＿＿＿＿＿＿＿＿＿＿＿＿＿＿＿＿＿＿

＿＿＿＿＿＿＿＿＿＿＿＿＿＿＿＿＿＿＿＿＿＿＿＿＿＿＿＿＿＿＿＿＿

＿＿＿＿＿＿＿＿＿＿＿＿＿＿＿＿＿＿＿＿＿＿＿＿＿＿＿＿＿＿＿＿＿

＿＿＿＿＿＿＿＿＿＿＿＿＿＿＿＿＿＿＿＿＿＿＿＿＿＿＿＿＿＿＿＿＿

以下簽署的授予人可隨時撤銷此同意。若未提前撤銷，將於以下期限終止：

＿＿＿＿3 個月　　＿＿＿＿6 個月　　＿＿＿＿12 個月

家長或監護人簽名：＿＿＿＿＿＿＿＿　日期：＿＿＿＿＿＿＿＿＿＿＿

見證人簽名：＿＿＿＿＿＿＿＿＿＿＿　日期：＿＿＿＿＿＿＿＿＿＿＿

專業人士簽名：＿＿＿＿＿＿＿＿＿＿　日期：＿＿＿＿＿＿＿＿＿＿＿

釋出資訊日期：＿＿＿＿＿＿＿＿＿＿　資料寄出日期：＿＿＿＿＿＿＿＿

個案兒童登記表

個案資料

姓名：＿＿＿＿＿＿　性別：＿＿＿＿　填寫日期：＿＿＿＿＿＿＿

出生日期：＿＿＿＿＿＿＿　出生地：＿＿＿＿＿＿　年齡：＿＿＿＿

地址：＿＿＿＿＿＿＿＿＿＿＿＿＿＿＿　籍貫／族裔：＿＿＿＿＿＿

兄弟姊妹（姓名／年齡，以及與個案的關係）

1. ＿＿＿＿＿＿＿＿＿＿＿＿＿＿＿＿＿＿＿＿＿＿＿＿＿＿＿＿＿＿
2. ＿＿＿＿＿＿＿＿＿＿＿＿＿＿＿＿＿＿＿＿＿＿＿＿＿＿＿＿＿＿
3. ＿＿＿＿＿＿＿＿＿＿＿＿＿＿＿＿＿＿＿＿＿＿＿＿＿＿＿＿＿＿
4. ＿＿＿＿＿＿＿＿＿＿＿＿＿＿＿＿＿＿＿＿＿＿＿＿＿＿＿＿＿＿
5. ＿＿＿＿＿＿＿＿＿＿＿＿＿＿＿＿＿＿＿＿＿＿＿＿＿＿＿＿＿＿
6. ＿＿＿＿＿＿＿＿＿＿＿＿＿＿＿＿＿＿＿＿＿＿＿＿＿＿＿＿＿＿

緊急聯絡人：＿＿＿＿＿＿＿＿＿

住家電話：＿＿＿＿＿＿　公司電話：＿＿＿＿＿＿　手機：＿＿＿＿

父母資訊

父母姓名：＿＿＿＿＿＿＿＿＿＿＿＿＿＿＿＿＿＿＿＿＿＿＿＿＿＿

婚姻關係（圈選一項）：結婚　　離婚　　分居　　同居（從未結婚）

其他（請詳述）：＿＿＿＿＿＿＿＿＿＿＿＿＿＿＿＿＿＿＿＿＿＿＿

過去及目前婚姻（結縭時間、姓名、描述此段關係的本質，如友好、有距離感、身體／心理虐待、充滿愛，或是充滿敵意等）：

＿＿＿＿＿＿＿＿＿＿＿＿＿＿＿＿＿＿＿＿＿＿＿＿＿＿＿＿＿＿＿

＿＿＿＿＿＿＿＿＿＿＿＿＿＿＿＿＿＿＿＿＿＿＿＿＿＿＿＿＿＿＿

教育程度：

母＿＿＿＿＿＿＿＿＿　父＿＿＿＿＿＿＿＿＿

目前職業：

母＿＿＿＿＿＿＿＿＿＿＿＿＿＿＿＿＿＿＿＿＿＿＿＿＿＿＿＿＿＿

父＿＿＿＿＿＿＿＿＿＿＿＿＿＿＿＿＿＿＿＿＿＿＿＿＿＿＿＿＿＿

（個案兒童登記表 1-5）

家庭日程表：

母 _____

父 _____

兒童與主要照顧者的關係：_____

_____

目前問題

描述該問題行為（盡量詳述：問題何時開始？如何影響孩子？如何影響您？）

_____

_____

_____

評估上述問題的嚴重程度：輕微_____ 中等_____ 嚴重_____ 非常嚴重_____

處理孩子問題的時候，哪些事物是有所幫助的？

_____

_____

處理孩子問題的時候，哪些事物是沒有幫助的？

_____

_____

治療的主要目標為？

_____

_____

過去與目前的治療方案

醫生（姓名／電話）：_____

過去／目前醫療照護經驗（重大醫療問題、手術、意外、摔倒、生病等）：

_____

_____

成長史：

懷胎或生產時有無狀況（母親接觸酒精、濫用非法物質或藥物、懷孕及生產

期間是否出現併發症、孩子是否早產，還有孩子出生後醫生有沒有要求讓他多留院觀察一陣子等）？

_____

_____

孩子幾歲首次進行下列動作：

會坐_____　　會爬_____　　會走路_____

說話（單個詞彙）_____　　說話（說出句子）_____

您的孩子目前有任何健康問題嗎？是____　否____

　若答「是」，請問是什麼問題？_____

_____

孩子通常何時起床？_____

孩子通常何時就寢？_____

請敘述孩子的任何睡眠障礙：_____

孩子目前是否服藥？是____　否____

　若答「是」，藥物與劑量為：_____

_____

　開立此藥物之原因為何？_____

　孩子服用藥物多久了？_____

　是誰開立此藥物？_____

　此藥物如何影響行為？_____

過去服用過的藥物：_____

過去是否住院治療？是____　否____

　若答「是」，請列舉：_____

過去是否有過急診？是____　否____

　若答「是」，請列舉：_____

過去是否有過重大疾病？是____　否____

　若答「是」，請列舉：_____

是否有下列問題：

　視覺_____　　聽覺_____　　口語_____

（個案兒童登記表 3-5）

是否有家族病史（如糖尿病、甲狀腺問題及癌症）？是＿＿　否＿＿

　若答「是」，請敘述：＿＿＿＿＿＿＿＿＿＿＿＿＿＿＿＿＿＿＿

家族是否有心理疾病病史、酗酒或暴力過往（如自殺、憂鬱、住院治療、受

虐等）：＿＿＿＿＿＿＿＿＿＿＿＿＿＿＿＿＿＿＿＿＿＿＿＿＿＿＿＿

＿＿＿＿＿＿＿＿＿＿＿＿＿＿＿＿＿＿＿＿＿＿＿＿＿＿＿＿＿＿＿＿＿

＿＿＿＿＿＿＿＿＿＿＿＿＿＿＿＿＿＿＿＿＿＿＿＿＿＿＿＿＿＿＿＿＿

孩子是否有創傷經驗（身體虐待、性虐待、情感忽視、家庭暴力、自然災

害，或經歷其他創傷事件等）：＿＿＿＿＿＿＿＿＿＿＿＿＿＿＿＿＿＿

＿＿＿＿＿＿＿＿＿＿＿＿＿＿＿＿＿＿＿＿＿＿＿＿＿＿＿＿＿＿＿＿＿

＿＿＿＿＿＿＿＿＿＿＿＿＿＿＿＿＿＿＿＿＿＿＿＿＿＿＿＿＿＿＿＿＿

＿＿＿＿＿＿＿＿＿＿＿＿＿＿＿＿＿＿＿＿＿＿＿＿＿＿＿＿＿＿＿＿＿

是否擔心孩子的認知或課業表現（可詳述）：＿＿＿＿＿＿＿＿＿＿＿

＿＿＿＿＿＿＿＿＿＿＿＿＿＿＿＿＿＿＿＿＿＿＿＿＿＿＿＿＿＿＿＿＿

＿＿＿＿＿＿＿＿＿＿＿＿＿＿＿＿＿＿＿＿＿＿＿＿＿＿＿＿＿＿＿＿＿

＿＿＿＿＿＿＿＿＿＿＿＿＿＿＿＿＿＿＿＿＿＿＿＿＿＿＿＿＿＿＿＿＿

描述孩子在學校／托育機構的適應及功能狀況：

＿＿＿＿＿＿＿＿＿＿＿＿＿＿＿＿＿＿＿＿＿＿＿＿＿＿＿＿＿＿＿＿＿

＿＿＿＿＿＿＿＿＿＿＿＿＿＿＿＿＿＿＿＿＿＿＿＿＿＿＿＿＿＿＿＿＿

＿＿＿＿＿＿＿＿＿＿＿＿＿＿＿＿＿＿＿＿＿＿＿＿＿＿＿＿＿＿＿＿＿

描述孩子的性格及情緒發展：

＿＿＿＿＿＿＿＿＿＿＿＿＿＿＿＿＿＿＿＿＿＿＿＿＿＿＿＿＿＿＿＿＿

＿＿＿＿＿＿＿＿＿＿＿＿＿＿＿＿＿＿＿＿＿＿＿＿＿＿＿＿＿＿＿＿＿

友誼關係、社群、宗教（敘述品質、頻率、相關活動等）：

＿＿＿＿＿＿＿＿＿＿＿＿＿＿＿＿＿＿＿＿＿＿＿＿＿＿＿＿＿＿＿＿＿

＿＿＿＿＿＿＿＿＿＿＿＿＿＿＿＿＿＿＿＿＿＿＿＿＿＿＿＿＿＿＿＿＿

＿＿＿＿＿＿＿＿＿＿＿＿＿＿＿＿＿＿＿＿＿＿＿＿＿＿＿＿＿＿＿＿＿

＿＿＿＿＿＿＿＿＿＿＿＿＿＿＿＿＿＿＿＿＿＿＿＿＿＿＿＿＿＿＿＿＿

（個案兒童登記表 4-5）

孩子過去／目前所接受的精神治療（詳述起始年月份、估計療程次數、醫師姓名、學歷、電話及地址、最初接受治療原因、個人或家庭治療、用藥、簡述醫病關係及治療有效與否，以及最後為何與如何結束）：

1.＿＿＿＿＿＿＿＿＿＿＿＿＿＿＿＿＿＿＿＿＿＿＿＿＿＿＿＿＿＿＿＿＿

＿＿＿＿＿＿＿＿＿＿＿＿＿＿＿＿＿＿＿＿＿＿＿＿＿＿＿＿＿＿＿＿＿＿

2.＿＿＿＿＿＿＿＿＿＿＿＿＿＿＿＿＿＿＿＿＿＿＿＿＿＿＿＿＿＿＿＿＿

＿＿＿＿＿＿＿＿＿＿＿＿＿＿＿＿＿＿＿＿＿＿＿＿＿＿＿＿＿＿＿＿＿＿

＿＿＿＿＿＿＿＿＿＿＿＿＿＿＿＿＿＿＿＿＿＿＿＿＿＿＿＿＿＿＿＿＿＿

3. 若空間不夠，可翻至背面繼續書寫。

孩子是否曾接受心理衡鑑／評估？是＿＿　否＿＿
若答「是」，請問評估者是誰？結果如何？＿＿＿＿＿＿＿＿＿＿＿＿＿＿

＿＿＿＿＿＿＿＿＿＿＿＿＿＿＿＿＿＿＿＿＿＿＿＿＿＿＿＿＿＿＿＿＿＿

＿＿＿＿＿＿＿＿＿＿＿＿＿＿＿＿＿＿＿＿＿＿＿＿＿＿＿＿＿＿＿＿＿＿

大致描述孩子的童年（與父母、手足、其他人、學校、鄰居的關係，以及搬家遷徙等）：＿＿＿＿＿＿＿＿＿＿＿＿＿＿＿＿＿＿＿＿＿＿＿＿＿

＿＿＿＿＿＿＿＿＿＿＿＿＿＿＿＿＿＿＿＿＿＿＿＿＿＿＿＿＿＿＿＿＿＿

＿＿＿＿＿＿＿＿＿＿＿＿＿＿＿＿＿＿＿＿＿＿＿＿＿＿＿＿＿＿＿＿＿＿

孩子有何才能（最擅長的事物或優勢所在）？＿＿＿＿＿＿＿＿＿＿＿＿＿

＿＿＿＿＿＿＿＿＿＿＿＿＿＿＿＿＿＿＿＿＿＿＿＿＿＿＿＿＿＿＿＿＿＿

＿＿＿＿＿＿＿＿＿＿＿＿＿＿＿＿＿＿＿＿＿＿＿＿＿＿＿＿＿＿＿＿＿＿

請在此寫下其他有助於我們了解孩子或您所面臨狀況的資訊。

＿＿＿＿＿＿＿＿＿＿＿＿＿＿＿＿＿＿＿＿＿＿＿＿＿＿＿＿＿＿＿＿＿＿

＿＿＿＿＿＿＿＿＿＿＿＿＿＿＿＿＿＿＿＿＿＿＿＿＿＿＿＿＿＿＿＿＿＿

＿＿＿＿＿＿＿＿＿＿＿＿＿＿＿＿＿＿＿＿＿＿＿＿＿＿＿＿＿＿＿＿＿＿

（個案兒童登記表 5-5）

行為或時距記錄法表格

兒童姓名：_____　　　日期：_____

觀察者：_____　　　觀察地點：_____

所觀察的活動：_____

開始／停止時間：_____

間隔長度／類型：_____

間隔	尖叫	離開位置	攻擊他人
1			
2			
3			
4			
5			
6			
7			
8			
9			
10			
11			
12			
13			
14			
15			
16			
17			
18			

（行為或時距記錄法表格 1-2）

間隔	尖叫	離開位置	攻擊他人
19			
20			
21			
22			
23			
24			
25			
26			
27			
28			
29			
30			

總共次數：＿＿＿＿＿＿＿＿＿＿＿＿＿＿＿＿＿＿＿＿＿

（行為或時距記錄法表格 2-2）

行為日誌

兒童姓名：＿＿＿＿＿＿＿＿＿＿＿＿

觀察者應在晚餐至就寢時間觀察目標行為，並至少觀察三天。若是某天問題行為並未出現，務必記得要在相對應的欄位中填上「0」或「無問題行為」。在「時數」的欄位中，請寫下記錄行為花了多少小時。

行為 1：不合作／對立反抗＿＿＿＿　範例：＿＿＿＿＿＿＿＿＿＿＿＿＿

行為 2：攻擊行為＿＿＿＿＿＿＿＿　範例：＿＿＿＿＿＿＿＿＿＿＿＿＿

行為 3：大發脾氣＿＿＿＿＿＿＿＿　範例：＿＿＿＿＿＿＿＿＿＿＿＿＿

日期	時數（小時）	行為 1	行為 2	行為 3
範例：	範例：	範例：	範例：	範例：
1-1-15	3	III	0	IIII

ABC 日誌

行為：_____　　兒童姓名：_____

日期	時間	A 前事： 行為出現前發生什麼事（地點、情況、介入其中的人）？	B 行為： 簡述此行為為何	C 後果： 行為出現後發生了什麼事？

Chapter 3

外顯／行為規範問題
該怎麼治療？

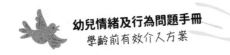

　　對立反抗、大發脾氣、攻擊行為等外顯問題，是美國兒童被轉介心理健康服務最常見的原因（Wolff & Ollendick, 2010），也是小兒科醫師看診時最常聽到父母提及的問題（Arndorfer, Allen, & Aliazireh, 1999; Cooper, Valleley, Polaha, Begeny, & Evans, 2006）。然而，許多學齡前及幼兒園年紀、行為具破壞性的兒童，並不符合《精神疾病診斷與統計手冊》的診斷標準。畢竟，對有些兒童來說，這類行為不過是這一時期的正常表現，長大就會自然消失；但對另外一些孩子而言，輕度侵擾性行為卻會漸漸轉變為更為顯著的長期問題。因此，若是孩子一再出現高頻率的侵擾性行為，就要接受鑑定，或許會符合對立反抗症、行為規範障礙症等病症的診斷標準。截至目前為止，研究者已經找出許多預測問題行為穩定性的因素，而其中牽涉到教養方式與家庭本身的因素更是重中之重（Duncombe, Havighurst, Holland, & Frankling, 2012; Parent et al., 2011; Patterson, 1982）。舉例來說，家長的教養方式若是溫暖、關懷，而且清楚設立界線，那便較容易培養孩子的利社會行為，而負面、不一致，以及控制成性的教養風格，則會帶來孩子行為上的困難（Combs-Ronto, Olson, Lunkenheimer, & Sameroff, 2009; Scaramella & Leve, 2004）。

　　教養方式扮演了重要的中介角色，決定兒童會不會發展出行為問題，而如何為父母制定有效的介入方案，也因此廣受各方關注。綜觀目前可行的介入方案，家長行為訓練（behavioral parent training）是咸認最適合治療兒童行為規範問題（Eyberg, Nelson, & Boggs, 2008）。事實上，極為大量的實證研究顯示，家長行為訓練確實用於不同年齡的兒童，介入處理他們的行為規範問題（Kaminski, Valle, Filene, & Boyle, 2008; Michelson, Davenport, Dretzke, Barlow, & Day, 2013）。另外也有越來越多研究支持，家中有侵擾性行為障礙幼兒的家長，應該同時採取個人及團體的家長訓練（Maughn, Christiansen, Jensen, Olympia, & Clark, 2005; Michelson et al., 2013）。研究同樣

指出，家長行為訓練也適用於確診為過動症的幼兒（Fabiano et al., 2009）。
再者，家長行為訓練除了可增進家長的教養技巧、減少兒童的侵擾性行
為，也可能為父母與家庭功能帶來正面的改變。舉例來說，研究指出家長
參加相關訓練後，婚姻滿意程度與憂鬱症狀皆有顯著改善（Barlow,
Smailagic, Huband, Roloff, & Bennett, 2014; Ireland, Sanders, & Markie-Dadds,
2003）。

　　本章一開始，會先討論採取家長行為訓練時所需要考慮的因素，還
有動機訪談法（motivational interviewing）的技巧如何讓家長與孩子更加融
入治療方案。接下來則會完整介紹家長行為訓練的方法，並且回顧經證
實可增進傳統家長行為訓練的技巧，其中包括接受與承諾療法（acceptance
and commitment therapy, ACT）的概念，還有以孩子為中心的社交技巧介
入方案。本章最後，會以完整介紹早期介入與預防方案作結，討論種種
可用於避免兒童的行為規範問題更為嚴重，並且減輕長期下來負面影響
的有效方案。

以「介入處理外顯問題」為目的的家長行為訓練

✿ 簡介

　　所謂的家長行為訓練計畫，多奠基於行為理論之上，其中尤以操作制
約的增強與懲罰等核心概念為重（McMahon & Forehand, 2003），如同社會
學習理論（Patterson, 1982）。操作制約的做法包括改變前事（如事先給予
有效的指示）及不斷給予有效的後果。後果若具有增強物的作用，便可能
增加該行為再次出現的機率，而若是具有懲罰作用，未來該行為就會較少
出現。舉例來說，懂得分享玩具的孩子會得到稱讚，但只會搶別人玩具的
孩子則會被罰站或送去面壁等等。這些訓練計畫認為兒童的行為規範問

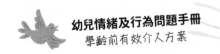

題，多半跟他們與父母等重要成人的互動有關，因為這些人為兒童的行為提供了重要的暗示（cue）及後果（Maughan et al., 2005）。有鑑於此，臨床專業人員在計畫進行期間，會教導家長一些行為改變技巧，讓他們回去後持續執行，並藉此取得治療的效果。身為個案的兒童通常也會在場，但臨床專業人員並不會單獨輔導他們，因為在家長行為訓練計畫中，家長才是真正推動改變的角色。

現在許多較為知名的家長行為訓練計畫，都是奠基於 Hanf（1969）推出的兩階段家長訓練操作制約模型（operant two-stage parent-training model）。此模型第一階段強調要培養家長的傾聽技巧（attending skill），以及運用區分性注意（differential attention）的能力，以求促進親子關係，並且鼓勵兒童做出合宜行為。通常來說，這些技巧通常都會以遊戲的方法教授。一旦家長精通這些行為管理技巧後，則會進一步學習如何給予有效的指令，以及如何落實一致且有效的管教方式（通常是罰站或面壁等懲罰）。不過，前述步驟究竟該如何排序，目前還未有一錘定音的說法。至少一項研究指出，步驟的順序先後並不會影響治療效果（Eisdenstadt, Eyberg, McNeil, Newcomb, & Funderburk, 1993），但絕大多數的家長行為訓練計畫仍是採用 Hanf 原本的模型。另外，考量到這一年齡層的親子關係多半是「上對下」的高壓式關係，因此更該先教父母「積極傾聽」的技巧，而這些技巧會營造出更為正面的社交情境，讓孩子較容易出現合作行為（McMahon & Forehand, 2003）。

教授前述教養技巧的時候，應採取積極主動的訓練法。首先是講授式教學，臨床專業人員通常會將列有各項技巧與實際應用的講義發給家長，並且親自示範這些方法。絕大多數的時候，個案也會跟著在場聽課，但臨床專業人員有時也會借助影片。舉例來說，他們會讓家長看一部示範影片，影片中會有人展示該如何恰當地使用這些技巧，也會有人故意示範錯

誤，以供他們觀察其中差異，並且看看孩子會有何反應。示範部分結束後，家長便會現場模擬這些技巧，並聽取臨床專業人員的回饋與建議，隨後還會有功課要做，讓他們回家也能練習新學到的技能，觀察會不會對孩子有所幫助。在家長行為訓練計畫中，這個「回饋／指導」的環節能讓家長發現自己的錯誤，或是發覺原先未預期的困難，可說是相當重要。除此之外，臨床專業人員也可藉此直接觀察家長，進一步正確判斷對方教養技巧的程度為何。最後，臨床專業人員提供意見的時候，除了要指出錯誤，也要記得點出對方做得不錯的地方，這也是很重要的一點。

🌸 家長行為訓練需要考量哪些因素？

碰上了家有行為叛逆且具破壞性兒童的父母，家長行為訓練雖然常是頗為有用的介入方案，但這並不意味此一方案適用每個家庭。我們決定要不要採取家長行為訓練前，應該先行考慮幾個因素。首先是個案的年齡。當然，家長行為訓練計畫理當適合不同年齡層兒童的父母，但大多數的計畫還是聚焦在孩子較為年幼的父母。畢竟在學齡前這段時期，所謂的「偏差行為」還比較單純，而且也較容易改變，會是很適合引進介入方案的時間點。除此之外，此一時期的親子關係還沒那麼「上對下」，也因此讓偏差行為更具有修正的空間（Lavigne et al., 2010）。總歸而言，目前許多的家長行為訓練計畫，都是特別為學齡前及國小低年級的兒童設計（Kaminski et al., 2008; McCart, Priester, Davies, & Azen, 2006）。

社經地位、婚姻衝突、父母精神病史，以及心理社會壓力源（如社交孤立、單親家庭、家庭資源有限）等家庭因素，皆發現會影響家長行為訓練計畫的效果強弱（Shelleby & Kolko, 2015）。因此，臨床專業人員全面評估個案（見第二章）時，應該要記得詢問有關前述因素的問題。另外，有些家庭可能會需要額外服務與協助，才能進一步處理教養的問題。舉例來

說，要是父母一方正為憂鬱症所苦，或是夫妻感情不佳，都會帶來負面影響。臨床專業人員這時若想好好處理個案的問題，應當先行為這些家長轉介其他的治療服務才行。不過，家長行為訓練計畫其實也可以結合其他療法，例如所謂的「家長提升療法」（parent enhancement therapy; Griest at al., 1982），同時也會處理其他的家庭問題。兒童本身有時也會需要其他協助，例如要服用特定藥物，或是特別為學業困難的學生設計的計畫等。有鑑於此，同時兼顧家長與孩子需求的綜合類服務，或許更能徹底滿足這些家庭的需要，並且提升家長行為訓練計畫的效果（Barkley, 2013; Chacko, Wymbs, Chimiklis, Wymbs, & Pelham, 2012; Shaw et al., 2014）。

家長動機（parental motivation）同樣會影響到家長行為訓練的效果，且扮演了非常關鍵的角色，也因而需要事前好好評估一番。有些家長會因為行為訓練的重點在於自己，而非孩子，而出現較為負面的反應。畢竟他們最初前來求助時，心裡想的常是「臨床專業人員會一對一輔導我的孩子」，而沒料到自己的角色會如此吃重。有些家長甚至會覺得這種行為訓練是瞧不起他們的教養技巧，但當然也有些家長是單純沒有時間或體力去全心參與其中。因此，若能向對方清楚解釋家長行為訓練背後的原理（詳見後文），多半可以化解一些相關疑慮，若運氣好的話，說不準還能降低個案半途而廢的比率。

再來，動機訪談法亦是經過研究證實，適合應對顯著的家長抗拒或低參與動機（Shaw et al., 2014）。動機訪談法是一套目標導向的諮商輔導方法，其中動用到許多技巧，助人探索並化解對行為改變的矛盾感受（Lundhal, Kunz, Brownell, Tollefson, & Burke, 2010）。對於臨床專業人員而言，動機訪談法便是要以「不先入為主」及「尋求合作」的方式，來跟對方說明他們改變或不改變自己的行為會有哪些影響或後果。動機訪談法的四大原則分別是：（1）表示同理；（2）帶出（行為改變前後）的差異；

（3）與抗拒「共舞」；（4）支持個案的自我效能（Lundahl et al., 2010），
而讓這四大原則得以實現的四大治療技巧則是：（1）開放式問題；（2）
表示肯定；（3）回應式傾聽（reflective listening）；（4）摘要總結（Suarez
& Mullins, 2008）。舉例來說，臨床專業人員若要帶出差異，讓低動機的家
長明白改變自身行為的好壞，他可能開口會先說：「您先前提過，要是想
好好幫助孩子，就得參與治療計畫，學習有效的管教策略，但您的時間表
實在太過忙碌，難以撥空參與。不知道您是否願意分享一下，若要把這項
計畫加到您的時間表裡，會碰上哪些困難或問題呢？」要是家長在談話中
仍是相當抗拒，臨床專業人員不妨「與抗拒『共舞』」，例如表示：「您若
覺得這些方式都不盡理想，也沒關係，但您若是願意跟我分享一些您試過
的方法，也許我們能找出更為適合的方案。」

　　動機訪談法早在 1980 年代初便已問世，但一直到近年來才被視為適
合兒童族群的治療工具。有研究回顧了過去評估兒童族群之行為健康介入
方案與動機訪談技巧的實效研究，並初步指出動機訪談法的效果頗為令人
振奮（Suarez & Mullins, 2008）。雖然其中多數研究都是聚焦在身體健康
（例如糖尿病、過重等）有關的介入方案，但也有提到兒童行為控管的介
入方案。舉例來說，其中一篇研究便比較了受過動機增益（motivational
enhancement）的實驗組，以及未受特別對待的控制組。動機增益組這些
人在最初幾次見面時，會分別參加三次五至十五分鐘的動機訪談，並了解
參與及配合治療方案是相當重要的事。研究結果顯示，根據家長與治療人
員的評分，動機增益組的家長最終與臨床專業人員見了較多次面、治療動
機更強，而且也更為配合（Nock & Kazdin, 2005）。

　　「家庭檢查計畫」（Family Check-Up）是一套以家庭為主、生態獨特的
預防方案，運用動機訪談技巧，促使父母修正效果不彰的教養方式，進而
減 少 孩 子 的 行 為 規 範 問 題（Chang, Shaw, Dishion, Gardner, & Wilson,

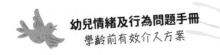

2014）。這項方法會進行兩至三次晤談，期間要完成一份方法及資訊來源皆多元的完整生態評量（ecological assessment），並給予側重於教養方式與家庭凝聚力（family strength）的回饋意見，另外也會聚焦討論個案家庭面臨的特殊挑戰和可以有所改變的事情（Smith, Stormshak, & Kavanagh, 2015）。臨床專業人員應考量個案家庭的需求，以及改變動機高低，再從生態家長管理訓練的觀點出發，為他們量身打造一套治療計畫。研究指出，母親若接受過動機訪談，會出現顯著較高的參與程度，而十二個月後再行後續追蹤時，父母接受過家庭檢查計畫的兒童，比起控制組的其他兒童，攻擊行為可說是顯著下降，但這兩個組別在二十四個月追蹤期的時候，並沒有出現顯著差異（Shaw, Dishion, Supplee, Gardner, & Arnds, 2006）。後來也有人設計了類似的「教室檢查計畫」（Classroom Check-Up），主要是學校會作為班級層級的諮詢模式（consultation model）之用（更多相關細節，請見第六章）。

　　一旦個案家庭決心參與治療方案，臨床專業人員應該加以解釋家長行為訓練計畫背後的原理，強調這項訓練能幫助他們管控孩子的行為規範問題，而且早期介入也可說是避免問題持續惡化的至要關鍵。臨床專業人員要讓家長了解，他們的行為會大大影響到孩子，但要注意的是，別把孩子的行為規範問題都怪在他們身上。一般來說，只需要告訴他們家長的行為會決定孩子的回應，所以若是改變自身行為，就可以跟著改善孩子的行為，效果通常會相當不錯。另外，孩子若有行為規範問題，多半會出現不同的行為模式，因此家長也會需要學習不同的因應方式，以求減少負向行為出現的頻率，並且促進正向行為發生。再來，臨床專業人員也必須承認，教養子女確實是壓力很大的一件事，尤其孩子若有行為規範問題，那就更是沉重的負擔。通常來說，我們若正視且肯定這股壓力會為家長帶來挫折感，會有助於事情進展，但同時也要提醒家長，這些負面反應最終只

會導致孩子更常出現負向行為，因此改變仍有其必要。換言之，家長的教養行為若是有所改變，後續結果就會大有不同，孩子的負向行為可能會有所減少、家長自身的壓力也會減輕，甚至連親子關係都會改善。只要我們多加強調這件事，家長便會更有動力去做出改變。

❀ 實施家長行為訓練計畫

一般的家長行為訓練計畫是如何進行，接下來的內容都會加以說明。這裡提到的計畫內容，跟其他人（如 Barkley, 2013; McMahon & Forehand, 2003; McNeil & Hembree-Kigin, 2011; Webster-Stratton, 2011）先前討論過的家長行為訓練計畫其實相去不遠。如前所述，目前許多較為知名的家長行為訓練計畫，都是奠基於 Hanf 在 1969 年設計的兩階段家長訓練操作制約模型。第一階段強調要培養父母的傾聽能力及運用區分性注意的能力，以求提升親子關係；而第二階段則聚焦在如何有效祭出偏差行為的後果。若要查看家長行為訓練計畫的要點，可參見表 3.1。

表 3.1　家長行為訓練計畫要點

- 解釋及介紹行為術語
- 運用策略性注意力
- 進行「兒童遊戲」
- 祭出有效指令
- 遇上不當行為，祭出管教技巧
  暫時隔離
  給予特權
- 在公共場合表現得宜（靈活運用先前學到的技巧）
- 維持期（如加強課程或晤談等）

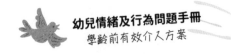

解釋行為原理

　　如前所述，社會學習跟操作制約的原理，同樣是家長行為訓練的根基所在。臨床專業人員若能講解特定教養技巧背後的學理，家長也會更了解自己「為什麼」要這麼做，並進而肯定這些技巧（Patterson, Chamberlain, & Reid, 1982）。不但如此，他們將來若遇到了不同的行為問題，也可靈活運用所學，解決眼前的挑戰。最後一點，知道這些原理的家長，未來即使治療服務結束，也更可能繼續應用這些技巧。要注意的是，排山倒海而來的理論細節多半會讓家長暈頭轉向，但其實往往只需要簡短地講解幾個重要的行為原理，就能發揮很大的幫助。臨床專業人員應該發給家長一份講義（見表單 3.1），向他們簡單扼要地講解增強、懲罰和消弱（extinction）等行為原理，並且設法援引個案的行為為例子，藉此讓這些原理更活靈活現一些。臨床專業人員若是自己先拋出例子，再請家長補充自己最近和孩子發生的互動，效果通常會很不錯。

運用策略性注意力

　　家長行為訓練的第一階段，便是要教導他們如何有策略地運用自己的注意力，也就是學著去注意、讚美孩子表現出來的合宜舉止，例如表單 3.2 提到的「好事不管大小，都值得關注」（catching your child being good）。家長若是用心注意孩子的合宜行為，便能：（1）增加這些行為出現的頻率；（2）讓他知道自己該做哪些行為，而不只是不能做哪些事情。這些積極正面的效果，可以緊接著打造更加正向且融洽的親子關係。除此之外，正面回饋也可能幫助孩子提升自尊，而低自尊一向是不少家長的共同擔憂。

　　事實上，家中孩子若有行為問題，家長常會忙於監督及遏止他們的負向行為，以至於忽略了正向的行為。這樣太過一面倒的互動模式，很可能

會演變為第一章所提到的「高壓式教養」。家長要想建立正向的親子關係，增進孩子的合宜行為，應該一方面要給予正向注意，另一方面則祭出穩定一致的管教，才是適當的做法。臨床專業人員在治療的第一階段，不妨詢問家長跟孩子互動的「黃金比例」，也就是他們之間正向及負向互動的比例究竟多少，例如後面會提到的 5：1 法則，意思就是家長每給孩子一次負向關注，或是每管教孩子一次，就要另外找五次跟孩子正向互動的機會。如此一來，孩子自己便能明顯區別出哪些是合宜或不當的行為。話說回來，這個「黃金比例」雖是源自伴侶衝突解決的研究（Gottman & Levenson, 1992），但在教育及家庭的領域中也是廣受使用（Armstrong & Field, 2012; Flora, 2000）。不過還是要說明，目前還沒有實證研究找出教養幼兒最為理想的比例，有人說是 5：1，也有人認為是 4：1。

再來，臨床專業人員除了告訴家長要針對合宜行為給予關注，也要教他們如何運用刻意忽視（planned ignoring）的技巧。兒童為了取得父母的注意力，常常會因此出現不當的行為舉止，而這些行為可能包括發牢騷、噘嘴發脾氣、抱怨和哭泣。訓斥、責罵，或是其他管教手段，常常是家長用於反制的做法，但由於孩子因此而獲得關注（即便是負向關注亦然），這種回應方式反而只會進一步增強不理想的行為。有鑑於此，若想遏止這些行為，刻意忽視可說是極為有用的策略。要是碰上孩子刻意尋求注意的舉止，家長便可不做任何回應，包括不做視線接觸、不做肢體回應，就連口頭上也是不予回應。但臨床專業人員應記得提醒家長，第一次動用這項策略時，孩子的行為舉止恐怕會短暫惡化，也就是所謂的「消弱增強」（extinction burst）。不但如此，他們也要提醒家長，要是這時有所退讓，接下來很可能要面對越發急轉直下的行為，因為孩子會發現自己只要表現得更加脫序，最終還是能盼到增強。當然，臨床專業人員還應加以強調「持之以恆」的重要，並且向家長保證這些行為終究會有所改善，好讓對方放心。

進行「兒童遊戲」

臨床專業人員在治療期間，除了向家長示範如何「策略性地使用自己的注意力」，以及鼓勵他們與孩子自然互動時實際操作一番，也要教導他們正向積極的傾聽技巧，並且進一步在以孩子為主的遊戲情境下實際演練，也就是人們常聽到的「兒童遊戲」（Child's Game）或「Time-In」。在這個階段，常常會用到樂高、益智積木、Tinker Toys[1]、林肯積木（Lincoln Logs），以及繪畫材料等不同的玩具。這些玩具適合此一年齡層的兒童，而且可以為孩子帶來不少幫助，並且增加遊戲過程的互動程度。相反而言，舉凡無法讓親子間自然產生互動的玩具、規則較為死板或預期僵化的遊戲，例如圖板遊戲（board game）、組合方式固定的樂高等，還有會導致攻擊行為的遊戲，都應該有所避免。遊戲期間，家長的注意力應該全然放在孩子身上，並且讓孩子主導遊戲的進程，而為了讓他能專心一志，家長應避免問問題、給指令，或是出言批評。這時若碰上了情事較輕微的偏差行為，家長也可以暫時視而不見，但若出現較為嚴重的偏差舉止，還是應該立刻遊戲喊停。遊戲進行期間，家長應該要：（1）敘述孩子目前在做什麼（例如：「哦，你把黃色的積木放到藍色上面呀。」）；（2）回應孩子的話語（例如孩子說：「我喜歡藍色。」家長可以接著回應：「哦，你喜歡藍色呀，我也喜歡喔，藍色是很漂亮的顏色。」）；（3）模仿或參與孩子的遊戲（例如孩子要蓋一座積木塔，那麼家長也跟著在旁蓋一座）；（4）不吝稱讚孩子的合宜行為。臨床專業人員要盡量鼓勵家長雙管齊下，除了運用指涉較不明確的讚美，例如：「做得好」，也要善用具體且指涉清楚的稱讚，例如：「謝謝你拿了這塊積木給我，我剛好需要呢，你

---

1 譯註：一種結構玩具，有各種形狀的零件，兒童可用螺栓等接合零件自由組成房子、車子等結構。

真懂得分享。」這種指涉清楚的讚美，會讓孩子明確知道爸媽喜歡什麼行為，因此不妨適當地用於親子互動之間。

除此之外，教導這些正向、兒童導向的技巧時，也別忘了向家長解釋一下這個階段有何用意。家長會拿到一份講義（見表單 3.3），其中詳述兒童遊戲及此一階段所需的相關技巧。等到臨床專業人員解釋完畢後，可以實際跟個案兒童示範一次，讓家長親眼看看過程點滴。事實上，這項活動聽來簡單，但不少家長剛剛上手的時候，都會覺得尷尬不已，尤其是有臨床專業人員在場，更是做什麼都綁手綁腳，而且許多人剛開始學習這個「遊戲」的時候，也覺得很難克制問問題的慾望。畢竟，問問題是父母跟孩子常見的互動模式，也因此他們常常不解為什麼不該這麼做。臨床專業人員應該加以解釋，這個遊戲活動是為了讓家長熟練積極傾聽的技巧，任何礙及「兒童主導」的因素都應該屏除。而既然「你怎麼不畫一畫我們一家人呢？」等問題常會改變遊戲的整體方向，「這些積木是什麼顏色呀？」等聊天內容也會讓整個活動的主導者轉至父母身上，自然都該是要盡量避免的互動模式。不過也要記得提醒家長，家長行為訓練歸家長行為訓練，他們平常跟孩子互動來往時，倒不必刻意不問問題。

臨床專業人員實際示範過後，可以讓家長慢慢參與進來，最後讓他們全盤接管跟孩子的互動，而專業人員則改為在旁觀察、指導。舉例來說，若是家長不小心脫口而出：「這些積木真是五顏六色的，對吧？」卻沒意識到自己犯了錯誤，臨床專業人員就要加以指正：「噢，你剛剛是不是問了問題？下次可以說『你玩的那些積木真是五顏六色的』就好。」除此之外，要是家長不曉得該說什麼，導致場面安靜了很長一段時間，臨床專業人員不妨鼓勵他描述一下現在發生的事，或是促其給予讚美，例如：「艾拉跟你分享了她的蠟筆耶，這可是表達肯定的好時機喔！」當然，正如前面所述，臨床專業人員若覺得家長表現良好，也別忘了給予正面回饋，例

如：「你剛剛稱讚了山米，做得很好呢！」

臨床專業人員不但要指導家長該跟孩子「說什麼話」，也要注意他們的「表達方式」。事實上，很多家長剛剛進入這一階段時，語調聽起來都是興味索然，沒有太多抑揚頓挫。有鑑於此，臨床專業人員在示範時不妨盡量熱情一些，若有必要的話，也要提醒家長該拿出更多熱忱。畢竟，他們要是表現冷淡，或者看起來只是虛應其事，孩子都會有所察覺，並且因此較不容易全心投入眼下的活動。

另外，家長回去後也要練習這些技巧，每天至少五至十五分鐘，並且追蹤自己的練習情況，以及記錄練習期間碰到的問題（見表單 3.4）。若家中有一名以上的孩子，家長也不妨跟非個案的孩子練習這些技巧，但要避免同時進行，每次應該只跟其中一位練習。除此之外，家中若有兩位家長，那麼兩位都加以練習這些技巧，會是較為理想的做法，但同樣也要記得分開進行。

家長在治療期間應該不斷練習這些技巧，直到完全熟練為止。有些家長行為訓練計畫訂有具體明確的指導準則，供臨床專業人員判斷何時才算是達到熟練的地步。舉例來說，「親子互動療法」（parent–child interaction therapy）這套訓練計畫，便認為家長若在五分鐘的遊戲期間，可以明確地讚美孩子、順著他的話語往下回應，以及描述他的行為舉止共十次，並且克制自己別說出三個以上的指令、問題及批評，就算是符合「熟練」程度（McNeil & Hembree-Kigin, 2011）。

祭出有效指令

家長熟練了前述種種正向教養技巧後，臨床專業人員便要教導他們怎麼給出有效且適當的指令，再來才是落實管教策略。事實上，爸媽常常會給出難以執行或是壓根執行不來的指令。舉例來說，他們可能會給出一連

串不同的指令，而且中間沒給孩子時間去好好吸收和執行，他們也可能給出資訊不足、過度模糊的指令，讓孩子不知道究竟該做什麼。有些家長甚至常常「以問題代替指令」，例如：「你把積木撿起來好不好？」但這樣一來，無非便是傳達了「做或不做都可以」的印象。除此之外，有的家長雖然確實給出指令，但若是孩子不去執行，卻沒能祭出相對應的後果，長久下來反而會進一步增強孩子不服從的態度。

另外，家長要注意別給孩子不適合他們當前發展程度的指令，也要確保孩子的身體狀態足以順利完成任務（Schroeder & Gordon, 2002）。再來，家長給出指令之前，也必須確認孩子已經全神貫注。舉凡呼喊他的名字、站到他面前去，或是眼神有所接觸，都是跟孩子建立連結的可行方法。給予指令的時候，要盡量一次只給一個。假如想要孩子完成某個步驟繁多的任務，則最好一一分解，而每個分解出來的小步驟也都要（1）再次下達指令；（2）等待看看他是否聽從指示；以及（3）依照他的反應，給予適當的後果。家長同時要確保自己的指令真的是「指令」，而不是問題或是建議，例如孩子聽了「你要是能整理一下玩具就太好了」這種話，其實並不會覺得整理玩具是**馬上需要完成**的任務。若家長真心希望孩子完成這項任務，比較適當的說法也許會是：「請你把房間地板上的玩具撿起來，收到箱子裡去。」指令應該要盡量清楚具體，這樣孩子才會確切知道爸媽有何期待。

而要是該完成的任務有選擇的空間，家長也可以加到指令裡頭。舉例來說，若媽媽要孩子穿上鞋子，但穿運動鞋或靴子都行，她不妨這麼說：「艾狄，我們要去公園走走囉，快去穿鞋子吧！穿妳的白色運動鞋或棕靴都可以。」同樣需要注意的是，指令背後的原因應該盡量簡潔有力，且出現的時機不是在下達指令以前（如前述公園的例子），就是在孩子照做之後。這裡借用一下前面的例子，也就是孩子先去穿上鞋子，家長才解釋

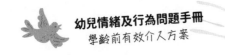

說：「謝謝妳聽話去穿了靴子，我要妳去穿鞋子，是因為我們準備要去公園走走了。」一般而言，學齡前兒童不會需要長篇大論的解釋；他們之所以問「為什麼」，多半只是因為想拖延時間而已。

　　臨床專業人員應該要教導父母，唯有當他們確實會因應孩子遵從與否，而祭出適當後果，才可以下達指令。臨床專業人員也可以跟家長談談「選擇戰場」的重要程度，並且強調祭出後果這件事，不能三天打魚兩天曬網。「吃角子老虎機」會是很好的例子，要是家長不能標準一致地給予後果，孩子便會去「賭上一把」（例如不聽指令），看能不能「中頭獎」（例如既不聽話，又不會受到懲罰）。但臨床專業人員要提醒家長「莊家永遠不敗」這個定律，也就是他們必須確實祭出後果，不能放任孩子不守規矩。只要他們：（1）去蕪存菁，只給父母最為重視的指令；（2）每次都貫徹始終，祭出適當的後果；（3）適當地表達自己的要求，未來便可預期孩子會越來越願意配合。臨床專業人員可於治療期間跟家長討論這些指導準則，並且發給他們摘要整理的講義（見表單 3.5）。

運用管教技巧

　　家長知道該如何恰當地給予指令後，下一步就是要學怎麼運用管教技巧，以便應付孩子的不聽話。臨床專業人員要提醒家長，學習新的管教技巧時，也別忘了繼續使用先前學到的正向教養技巧。不僅如此，他們也要固定投入各種結構化的遊戲活動，例如前述的兒童遊戲等等，並且每天都要抓住機會，慢慢習慣去正向注意孩子的合宜行為。當然，一旦孩子聽從指令，家長也務必立刻提供正增強。

　　若要說哪種管教方式最適合學齡前及幼兒園年紀的兒童，那麼無疑就是暫時隔離（time-out）。絕大多數的家長都有祭出這類懲罰的經驗，但也往往堅持這方法對孩子「並不管用」。有鑑於此，臨床專業人員一開始的

時候，常得跟家長「推銷」這個多數人不太會用的技巧。不過，要是暫時隔離法不管用，通常是因為方法不對。有效的暫時隔離法需要讓孩子置身於「無增強物」的情境，很多父母在孩子處於隔離狀況時，還會一再跟他們說話，即便內容可能負向意味較濃厚，例如「給我坐下來，好好反省一下，否則就一直罰坐下去吧」，但其實還是給了他們具增強效果的注意力。換言之，這種情況根本不算是真正的「暫時隔離」。

　　另外一個問題，就是家長常常祭出太長的暫時隔離。一般而言，經驗法則是孩子每年長一歲，暫時隔離的時間就可以多加一分鐘，但最多以不超過五分鐘為限。時間太長的暫時隔離既不好實施，也讓兒童失去了學習的機會，所以隔離時間應盡量簡短，好讓孩子可以重新回到情境中，持續投入負向或正向的行為，並且據此獲得適當的後果。兒童若是反覆出現不當行為遭到暫時隔離懲罰，或是展現合宜行為得到正增強，便會漸漸知道哪些是適當的行為，哪些則不是。另外，家長之所以會認為暫時隔離不管用，有時也是因為孩子不會乖乖待在受罰地點，而是會自己決定懲罰何時結束。這種情況可能會讓家長不知該做何反應，只得放任孩子這麼做，最終弄得自己挫折不已。不但如此，這種情形也會讓孩子知道，自己就算犯了錯也可以逃過一劫，進而弱化暫時隔離的效果。

　　臨床專業人員應負責在治療期間向家長解釋「暫時隔離」，並發給他們如何有效運用的講義（見表單 3.6），而家長先前若有用過暫時隔離的方法，臨床專業人員也應該有所知悉及處理。最一開始，家長會先學著怎麼運用暫時隔離法，去回應孩子的不合作行為。臨床專業人員通常會教他們先給予指令，例如「請把外套穿起來喔」，接著等候十秒鐘，看看孩子會不會聽從指令。家長要盡量避免大聲數出秒數，以免孩子學會忽視指令，而且拖到某個秒數才開始動作。要是孩子未在秒數內聽從指令，家長則應重複指令，並且告知會有暫時隔離的懲罰，例如：「請把外套穿起來，不

然就要去罰站了。」這次，孩子同樣會有十秒鐘的回應時間，但若仍是不聽從指令，就應該立刻受罰。舉例來說，家長可以說：「我講兩次了，你都沒有穿上外套，我只能請你去罰站了。」

當然，大多數的兒童並不會心甘情願地去罰站、面壁或到小房間裡靜坐，家長必然常常得親自帶著他們去暫時隔離的地點，但要是對方不願意，便要進一步引導孩子，或是直接從後抱起，放到暫時隔離該去的地方，並且簡短有力地下達指令，例如：「你得乖乖坐在這裡，我叫你出來才可以出來。」當孩子身在暫時隔離場所的時候，不管說什麼話、做什麼事，家長都應該有所忽視。這件事情非常重要，原因在於只要家長去理會或傾聽孩子，就會變相帶來增強效果，也完全失掉了原本懲罰的意義。另外，若是孩子自行離開隔離場所，家長應該立刻「撥亂反正」，但同時還要維持忽視的態度，例如全程閉口不言等。剛開始的時候，家長可能需要站在隔離場所旁邊，以便隨時把孩子送回去罰站、面壁，或到小房間靜坐。

這種「請神回甕」的方法通常可行，但若碰上某些執意不肯乖乖待著的孩子，也許會需要用上「支援房間」（back-up room）。若要採取此法，臨床專業人員首先得協助家長，找出住家內的合適空間。該空間應有可關上的門、燈光明亮、有足夠四下走動的空間，而一切跟娛樂（如玩具）或危險（如藥物、易碎物及大型家具）扯得上關係的物件，都不該出現在裡頭。一旦支援房間布置妥當，家長便要學著實行以下步驟。首先，若是孩子自行離開靜坐的椅子，家長就該表示：「你沒經過允許就離開椅子，我現在要請你去支援房間裡。」隨後親自引導或帶著他到房間內，再確實關上房門，但可不要鎖上了。家長等候一分鐘後，則可再帶孩子回到原本的靜坐椅。若有必要的話，這一系列步驟可以一再重複。不過在此期間，家長不應給予孩子任何「獎賞」。如果在暫時隔離中，孩子要第三次進到支

援房間，那麼整個暫時隔離的懲罰最後則應在房間內完成。若發生這種情況，先前提到的種種要求（例如時間到了、孩子保持安靜等）也都需要有所符合，整個懲罰便會告終。或者，家長也可以索性找個房間，作為實行暫時隔離的主要場所。該房間的必備條件與支援房間相同，舉凡燈光明亮、空間寬敞、沒有任何增強物等都要達到。若採行這個方法的話，每當家長要懲罰孩子，一開始便可將他請到房間裡，等到懲罰時間過了，或是他終於安靜下來，才可放他離開。值得注意的是，要是兒童出現明顯具破壞性或自我傷害的舉動，家長應該暫時停止使用暫時隔離法，並與心理健康相關的專家諮商討論，再行決定要不要繼續使用這項方法。

首次使用暫時隔離法的時候，兒童通常得耗上很長一段時間才會安靜，並且停止哭泣。因此，臨床專業人員應告訴家長，只要孩子暫時安靜下來（例如十秒鐘），就可以立刻結束暫時隔離。懲罰的時間會慢慢增加上去，例如每長一歲便多一分鐘，最多五分鐘，才能讓孩子接受適當時間長短的暫時隔離。到了最後，孩子便得接受足足五分鐘長的暫時隔離，但在此期間他若至少維持十五到三十秒的安靜，則可以獲得解禁。這樣一來，家長便可避免不經意地增強了某些懲罰時間結束時會出現的偏差行為。除此之外，這個方法也讓家長得以培養孩子的情緒自我控管能力，因為他們會發現自己若能冷靜下來，往往便可結束懲罰（Shelleby et al., 2012）。孩子若是維持足夠長度的安靜，家長便應結束懲罰，並且向他解釋：「看來你冷靜下來了，懲罰現在結束。」不過，即便是暫時隔離結束後，家長仍要重複一次原先的指令，並且給予適當的後果，例如他剛剛因為不聽話而遭罰，現在聽話則可獲得讚賞。最後這個「重述原先指令」的步驟非常重要，若家長沒有確實執行，最後孩子可能會認為暫時隔離不過是自己逃避任務的方法。

究竟該在哪裡實行暫時隔離，也是臨床專業人員需要和家長在治療期

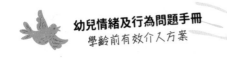

間討論的重點。畢竟，不少家長有時會讓孩子去自己看不到的地方罰站或面壁，例如走廊另一端，又或者讓他身邊出現觸手可及且可破壞的物品，像是伸手便可推落的桌燈，那麼暫時隔離的效果自然會受到減損。一般而言，臨床專業人員會建議家長使用成人尺寸的直背椅，而且孩子坐上去後，雙腳不應碰到地面。這張椅子所在的地點，應該是家長看得到的地方，也應該是周遭沒有潛在增強物的地方，例如孩子要是看得到電視，那麼便不是適合的位置。另外，椅子周遭自然也不該有觸手可及的物件，以免無意間增強了孩子。即便椅子是最容易使用的物件，但其他「特別定義」的空間或事物也同樣是可行方案，例如讓孩子坐在階梯的底層，或是待在一小塊地毯上等。

儘管不少家長會用計時器來追蹤記錄孩子的懲罰時間，但這恐怕會帶來問題，也就是親子雙方可能會認為「計時器聲響」就是代表懲罰時間結束。需要強調的是，真正能決定暫時隔離結束的是家長本人，等到孩子安靜下來，而不是計時器聲響。因此，要是家長有用計時器，則務必要講明是「爸媽表示時間到，才算時間到」，而非計時器有沒有響。通常容易「忘記」孩子正處於暫時隔離中的家長，最適合使用計時器，但臨床專業人員會希望家長親自監督孩子，以便：（1）如果孩子逃開的話，隨時「請神回甕」；（2）確認孩子安靜了沒，隨時解除暫時隔離狀況；許多人因此認為計時器並不必要，甚至可能會為家長造成困擾。換言之，家長若想用計時器，臨床專業人員多不會予以支持。

因為暫時隔離法常會帶來一些問題，所以家長若能在治療期間先行演練一番，必然助益良多。一旦臨床專業人員解釋完指令該怎麼下，以及暫時隔離法該怎麼用，便可從旁指導家長實際操作。第一步是要請家長跟孩子在遊戲的情境中互動，接著慢慢開始給予指令。指令應該由簡入難，剛開始要容易執行，例如請孩子把一旁沒在玩的紅色積木遞過來，但隨著時

間推移，指令要越來越複雜，像是：「請把積木都放一邊」，以便引出孩子不合作的反應。當然，臨床專業人員要記得指導家長正確的用字遣詞，好讓指令確實發揮功用。若是孩子聽從指令，家長一定要加以鼓勵，例如：「謝謝你把紅色積木拿給我。」但他若拒絕合作，臨床專業人員就按部就班地帶著家長執行暫時隔離法，並且請他們在懲罰期間不得理會孩子。多數家長一開始會難以貫徹「不理會」的原則，因為許多幼兒為了取得爸媽關注，除了會大哭大鬧，也可能口出傷人之言，像是「你根本不愛我」或「我討厭你」等等。有些幼兒在暫時隔離期間，甚至會表示自己需要去上廁所。家長與臨床專業人員雙方自然要事先討論這種情形，並且擬定因應計畫，未來才能一致地處理這種問題。這裡提供兩項可行方案：（1）忽略孩子的請求，直到暫時隔離結束為止（即便他「尿出來」也是如此）；（2）同意讓孩子去上廁所，但上完就馬上帶他回來，繼續執行懲罰。值得注意的是，臨床專業人員應提醒採取第二項方案的家長，他們帶孩子去上廁所的期間，仍要盡量減少對他投以關注。

這些教學結束以後，家長便要回家實作，並且追蹤效果如何，以及記錄遇到的問題（見表單 3.7）。另外，臨床專業人員也可協助家長，訂出一些「家規」，只要孩子有所違反，就立刻祭出暫時隔離。這些家規不必太多，若以幼兒為例的話，二至三項家規算是初始可行的數目，而且規則內容應該著重在最為重要的行為上，例如：「不要隨便動手動腳」。只要孩子違反規則，就會直接受罰，事前不會有任何警告。

其他增強／管教方法

儘管暫時隔離法是最適合幼兒的管教方法，但諸如後效契約（contingency contracting）等方法也不妨一試。後效契約包含所謂的代幣制（token economy），也就是孩子只要做出適當行為，便會得到籌碼或點數

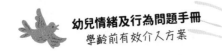

（可用於換取實體增強物），但要是出現偏差舉止，這些籌碼及點數則會遭到剝奪。然而，對家長而言，代幣制可能會變得太過複雜及累贅，若直接給予孩子某些「特權」（privilege），而不是給予代幣或點數，多半會是比較簡單的方法。不過，若要採行這套方法，家長一開始得先說明清楚，表現良好可以換得哪些特權，而偏差行為又會導致哪些特權遭到剝奪（見表單 3.8 和 3.9）。當然，作為獎勵的特權應該要比原本來得更多、更好，而不是孩子本來就天天都能做的事情，例如孩子原本每天可以看一小時的電視，這件事情就不適合當作獎勵。同理，家長要加以取消的特權，最好是孩子本來天天能享受到的事情。舉例來說，假設他今天弄斷了一支尺，或是沒有完成某項任務，就會失去「看電視一小時」的特權。另外，特權也可搭配實體增強物一起使用。

家長也可以建立一套正增強系統，若孩子想要某項增強物，便得努力賺取點數來換取。舉例來說，家長如果知道他想看某部電影，就可以製作一張「路線圖」，並把這部電影任一位角色的照片貼在終點。只要孩子表現良好，就可以往前一格，離電影角色更近一些，而最後抵達終點時，便能換取增強物，例如去看電影。不過，這項方法若要用在幼兒身上，應該要讓他們能快速贏得增強物。畢竟，他們若得等上好幾天或好幾週，表現良好跟增強物之間就會間隔太久，進而失去原本的效果。因此，家長不妨考慮在過程中給予較小的增強物。舉例而言，如果孩子至少得努力兩週，才能順利贏得增強物，一償看電影的心願，不妨讓他每往前一步，就能獲得可立即兌現的小增強物，例如跟家長玩一場遊戲，或是吃點心等。

維持和類化各項技巧

前述所提及的技巧，最初教習的時候，都是以「家庭情境」為主。但家長還有另一項重要的任務，便是學習如何類化（generalize）這些技巧至

其他情境，例如便利商店、**餐廳**，以及百貨公司等等。不過，臨床專業人員讓家長到外頭嘗試種種技巧以前，應先確保他們在治療期間已能輕易做到這些事。若是家長即便在家中，仍然難以確實一致的下達指令或運用管教技巧，到了公共場合必然會碰到更多挑戰。因此，教導他們如何類化這些技巧至其他情境，通常會是整個家長行為訓練計畫的最後一步。欲知此一步驟的詳細教學，請見表單 3.10 的講義。

真正開始以前，家長應該先安排幾次短暫的「練習之旅」，模擬一下真實的情況。舉例來說，家長可以帶孩子去一趟超市，隨意買些東西，並在出發之前，就把規矩說明清楚。例如超市的購物規矩應包括：（1）待在手推車周遭；（2）除非獲得大人同意，否則不許擅自拿取架上商品；（3）不要大聲喧譁。至於違反這些規矩會帶來何種後果，也應該有所提及。

一旦進到店裡，家長便要注意孩子的行為，若他遵守規則且表現良好，便應該適時給予鼓勵。當然，家長其實不妨引導孩子去幫忙拿取架上的商品，並且放入手推車中，讓他也能參與購物過程。另外，家長也可考慮設計一套獎勵系統，只要孩子遵守規則，或是出現其他合宜行為，便可獲得代幣一枚。孩子若在購物行程結束前，集滿一定數量的代幣，則可以此換取增強物，舉凡糖果、回家看一部電影，或是跟爸媽一起去公園玩耍等都是可行方案。

然而，孩子若出現不當行為，家長也可考慮動用暫時隔離法，例如讓他在店裡較不會影響到他人的地方罰站或罰坐，並且在此期間不得讓他接觸任何喜愛的事物，或是得到任何關注。這種暫時隔離通常會較為短暫，只要孩子保持安靜十五至三十秒便可喊停。不過，假設孩子拒絕在店裡執行暫時隔離，出現諸如大哭大鬧、一再起身亂走動等行為，家長則可選擇將他帶至較為隱密的地方，例如車內或廁所。但臨床專業人員提醒家長，一旦暫時隔離結束，務必要把孩子帶回原本的地方，完成未竟的任務，而

不是直接回家了事。畢竟，若是處罰一結束就立即回家，未來恐怕會導致其他偏差行為。

　　有些家長不大願意在大庭廣眾下動用暫時隔離法，甚至覺得有些尷尬。若是如此，其實不妨在獎勵系統加入一些「反應代價法」（response-cost）的元素，意即「孩子若出現不當行為，則扣除些許點數」。另外，要是碰到孩子大發脾氣，臨床專業人員應提醒家長，不論情況多麼令人尷尬，務必不能有所屈服。舉例來說，假設孩子之所以大發雷霆，是由於媽媽不肯把糖果拿給他，那麼家長萬萬不能為了安撫孩子而交出糖果。否則這樣一來，孩子便會覺得只要自己吵鬧得夠長、夠久，最終就可以得償所願。事實上，在這種情況之下，家長應該徹底忽視孩子。但要是家長覺得在店裡不好這麼做，則應該把他帶到外頭去。然而，臨床專業人員也務必要提醒家長，千萬別讓孩子獨處。例如讓他們獨自待在車子裡頭，就是絕對不該發生的事。另外，正如方才所說，只要孩子停止大哭大鬧，最好要先帶他回到原本的情境，接著才是回家。

　　除此之外，臨床專業人員不但要教導家長如何將學會的技巧應用到家庭以外的情境，也要幫忙協調「家長未能親身參與」的情境，例如學齡前學校便是一例。若是孩子在許多情境皆出現問題行為，更是會需要這方面的協助。臨床專業人員可以陪伴家長，一同去請教幼兒園老師，討論看看能否在學校也建立一套類似的行為管理計畫。另外一項可行的方案，則是所謂的「家庭—學校聯絡系統」（如 Barkley, 2013），這項方案到第六章會更深入探討。

　　確保這些技巧得以熬過時間的考驗，順利維持下來，也是另一項重要的任務。可惜的是，介入方案結束後的治療成效，到了後續追蹤階段多半都會有所減損（Lundahl, Risser, & Lovejoy, 2006）。截至目前，雖然有研究提出了不同維持治療成效的方法，但還未有太多實證研究指出何者為最佳

解方（Eyberg et al., 2008）。最常為人使用的方法包括提供給家長的「增強課程／晤談」（booster session; Kolko & Lindhiem, 2014）。通常來說，這類課程通常會要求家長與臨床專業人員，每個月固定晤談或上幾次課，每次時間不必長，半小時至一小時皆有可能，期間會回顧及練習先前學過的技巧，並且討論有問題的地方。

🌸 家長團體行為訓練計畫

　　臨床專業人員若時間或資源不足，不妨考慮以團體形式進行家長行為訓練計畫。基本上，兩者的進行方式並無二致，但團體訓練計畫通常不會讓兒童在場，自然也沒辦法現場跟孩子實際演練教學內容。家長多半會彼此扮演不同角色，模擬真實情境，回家後才跟各自的孩子演練相關技巧。另外，由於兒童不在場，這一類型的行為訓練計畫常常使用示範影片，好讓家長看看這些技巧實際應用的情況如何。

　　最為人所知且最廣為研究的家長團體行為訓練計畫，或許是以示範短片為主力的「驚奇歲月」（The Incredible Years, IY; Webster-Stratton, 2011）。這套方案應用 Hanf 的兩階段模型，除了著重正向教養，也教導家長如何拋下不當的教養方式，改行更有效的教養策略。除此之外，此方案也致力於促進師長間的合作，確保他們不論身處何種情境，都能維持規則及做法一致。團體行為訓練期間，臨床專業人員會播放短片，示範各式各樣的相關技巧。這些短片會分別呈現父母使用技巧不當或運用得宜的情境，並且作為接下來團體討論、問題解決（problem solving），以及合作學習的材料。事實上，播放示範短片這一點可說是這套方案的一大關鍵。Webster-Stratton 和 Hancock（1998）便指出，這套方案若加入示範短片的教學環節，效果會比起未使用影片來得良好。此方案會聚焦於特定的教養策略，其中包括以兒童主導的互動遊戲，強化親子間的正向關係，稱讚兒童的良

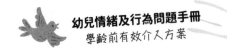

好行為，以及建立激勵計畫（incentive program）等。接下來，家長也會學習有效給予指令、忽略、監督，以及暫時隔離法等管教方法。

　　近來有後設分析研究回顧了五十份採用「驚奇歲月」的研究，並指出這套家長行為訓練計畫效果良好，改善了不少兒童的侵擾性行為，尤其是初始問題行為較為顯著的兒童更是如此，另外也頗受家長肯定（Menting, de Castro, & Matthys, 2013）。舉例來說，參與美國「啟蒙方案」的家長接受這套訓練方案後，教養技巧有顯著提升，不但減少了過於嚴苛的教養做法，也開始給予兒童更多照顧及情緒支持（Hurlburt, Nguyen, Reid, Webster-Stratton, & Zhang, 2013）。其他研究也指出，這套家長行為訓練計畫結束幾年以後，仍可觀察到教養方式明顯改善，以及兒童的行為規範問題明顯減少（Posthumus, Raaijmakers, Maassen, Engeland, & Matthys, 2012）。

　　Webster-Stratton 除了設計開發基本版的「驚奇歲月」家長行為訓練計畫，也打造了另外一套附加計畫，用於處理其他教養上的需求。舉凡家長自我控制、溝通技巧、合作問題解決技巧，以及加強社交支持與自我照護等議題，皆有製作示範短片說明。研究也發現，參與附加計畫的家長在臨床上的目標（如改善溝通能力）、母親憂鬱（maternal depression），以及兒童的社交及問題解決能力，皆有更為長足的進步（Webster-Stratton, 2011）。

　　根據研究，團體及一對一的行為訓練計畫，看來是同樣有效（Menting et al., 2013），而團體行為訓練甚至能以較低的成本，達到較多的效益（Chronis, Chacko, Fabiano, Wymbs, & Pelham, 2004）。不過，家長團體行為訓練仍有其缺陷。首先，參與此計畫的家長雖然能互相分享知識及經驗，達到互助的功效（Webster-Stratton, 2009），但由於其中可能涉及個人資訊，有些家長恐怕會覺得不大舒服。另外，教養技巧較差、具精神問題以及（或）承受嚴重心理社會壓力源的家長，也會需要更多關注與協助，這點也是團體訓練較為欠缺的部分。換言之，個人形式的家長行為訓練計

畫，可讓臨床專業人員去處理該家庭特殊的需求，並且為他們量身打造步調合適的治療方案。

 ## 善用接受與承諾療法，提升家長行為訓練計畫

✿ 簡介

　　誠然，若要治療具有行為規範問題的幼兒，目前最適合且最具實證研究基礎的方案，咸認仍是家長行為訓練計畫（Eyberg et al., 2008），而最近亦有研究評估是否要再加入一些接受與承諾療法的元素（Coyne & Murrell, 2009）。所謂的接受與承諾療法（acceptance and commitment therapy, ACT）強調要承認並接納個人經驗，並借助正念（mindfulness）及行為改變策略，提升個案的心理彈性（Hayes, Strosahl, & Wilson, 2012；請見圖 3.1）。至於所謂的心理彈性（psychological flexibility），則是指個案要活在當下，並且改變或堅持某些行為，以實現自己選定的價值（Hayes et al., 2012）。接下來，我們會介紹一些相關的練習方法、暗喻，以及行為任務，臨床專業人員可以此向家長宣導接受與承諾療法的原則。不過，我們無意深入且全面地講解，也不會談如何將這些原則應用到個案之中，只會簡短介紹其中幾項較為關鍵的概念，並提供實用建議，說明該如何將這些原則融入治療方案之中。

✿ 價值

　　價值（value）即是賦予我們生活意義、方向，以及特定目的之原則。價值與目標（goal）不同，目標是一系列欲待實現的任務或成就，價值則是另外一回事。若是人們找出自己的價值，便能得到面對痛苦感受或體驗的意義，也較能投入特定行為，以彰顯自身價值。舉例來說，家長的價值

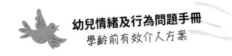

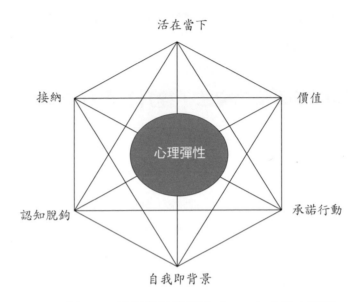

▶▶ 圖 3.1　接受與承諾療法（ACT）之核心歷程

資料來源：取自 Hayes、Strosahl 和 Wilson（2012）。Copyright © 2012 The Guilford Press.

若是要「教出情緒調適良好的孩子」，或許便較願意投入耗時且令人厭煩的暫時隔離法。等到臨床專業人員把這些原則整合進治療方案後，便應該與家長共同釐清他的價值所在。此一釐清價值的過程，首先要請家長跳脫日常的種種掙扎，試著找出是什麼事情賦予他生活的意義。事實上，坊間有不少練習可用於協助這個過程，其中包括評量法〔例如個人價值觀調查問卷（Personal Values Questionnaire）〕、卡片揀選法（card identification task；拿出一系列本身寫有價值觀的卡片供家長挑選），或是「弔辭練習法」（eulogy exercise）等（Hayes et al., 2012）。

卡片揀選法的另一項替代方案，是拿十六張白紙給家長寫下不同的價值，內容可與教養方式有關，也可拓展至生活中的其他價值。這個步驟完成後，臨床專業人員即請家長丟棄其中較不重要的四張，接著便重複這個

步驟，直到剩下四項價值為止。最後，臨床專業人員可與家長討論一下他過程中的感受，例如：「這些就是你最後留下來的價值，有沒有覺得很驚訝？剛剛哪些價值可以輕易割捨？又有哪些讓你揪心不已？」至於所謂的「弔辭練習法」，則是請家長想像他已經過世，但靈魂得以出席自己的葬禮，他會想聽到人們悼念時怎麼形容他？除此之外，請家長想像他們結婚五十週年或八十歲生日的時候，會希望聽到孩子上台致詞時怎麼描述他們，也是可行的替代方案。

❋ 認知脫鉤

接受與承諾療法相當強調語言的力量。人類作為「以口語溝通的生物」，自然發展出不少與周遭世界溝通的口語規則。這些規則助人有效率地處理及應對外來資訊，但若是太過遵守這些規則，或是因此呈現了不盡正確的訊息，就可能造成問題。所謂的認知混淆（cognitive fusion），就是指某些人特別容易陷在自己的思緒之中，因此未能認知及整合其他行為管控的能力（Luoma, Hayes, & Walser, 2007）。以下這則改編過的禪宗公案（Coyne & Wilson, 2004, p. 470），可說是簡潔有力地勾勒出認知混淆會帶來的負面影響。

問題一：雙手互拍會有聲音，一隻手會有什麼聲音？
答：隻手之聲即為隻手之聲。

問題二：孩子調皮搗蛋是什麼聲音？
答：孩子調皮搗蛋之聲即為孩子調皮搗蛋之聲。

問題三：我的孩子調皮搗蛋是什麼聲音？
答：我的孩子調皮搗蛋之聲，即為「我掌控不了自己的孩子」之聲、
　　「我竟然無能為力」之聲、「我是糟糕的爸媽」之聲、「我不曉得

該怎麼辦」之聲、「我討厭這孩子」之聲、「我怎麼會這麼想」之聲，同時亦是「我失敗透頂」之聲。

　　若使用接受與承諾療法，要記得提醒家長，真正會影響到教養方法的不是他們思緒的內容，而是他們如何認知這些思緒。舉例來說，家長可能有「我掌控不了這孩子」的想法，因而出現認知混淆的情況，低估了自己管教方式帶來的效果。相反而言，另一位家長可能也有同樣的想法，但只要他認知到「這就是個想法，沒什麼特別的」，便較不容易受到認知混淆的影響，也更可能祭出有效的管教策略。

　　因應這種狀況，臨床專業人員不妨教導家長一些認知脫鉤的技巧，讓他們了解如何更有效地感知這些思緒。認知脫鉤（cognitive defusion）指的是學習如何視思考為單純的行為過程，以及視思緒為純粹思緒，而不是太過聚焦於這些思緒的可能意涵（Luoma et al., 2007）。臨床專業人員要做的不是改變思緒的內容，而是要跟家長合作，改變整個語言脈絡，讓不理想的思緒不至於引發不理想的行為。「牛奶練習法」（milk exercise）是常見的認知脫鉤技巧（Hayes et al., 2012, pp. 71-72），也就是請家長在心中想像一杯牛奶，接著反覆說「牛奶」（milk）這個詞，時間至少一分鐘。接下來，家長漸漸會發現「牛奶」一詞似乎失去了部分或絕大多數的意義，反而是其他功用變得越來越明顯，例如它唸起來的語調等。這個練習也適用於其他情緒張力更強、也更為困難的字眼，例如「失敗」（failure）。

　　另一項常見的認知脫鉤技巧叫做「浮葉順水流」（leaves on a stream; Hayes et al., 2012, p. 245），目的旨在協助家長凝視思緒，而非受思緒影響。練習久了，家長便會越來越了解「我出現這個想法」跟「我掌控了這個想法」之間的差異。另外，這項技巧也幫助家長認知到，即便他們自己多半沒有注意到這件事，但他們可是無時無刻不在思考。臨床專業人員一

開始應先說明，人類雖然常常沒有意識此事，但其實內心都會不斷地「敘事」（narrate）。隨後再請家長找個舒服的位置，放鬆下來，閉上雙眼，花點時間注意自己的內心在講些什麼事情。要注意的是，家長此時僅僅是要覺察內心的思緒，包括任何看法、評論或問題都算。他們不應有所評斷，也不應嘗試改變這些思緒，只要認知到它們的存在即可。接著，家長要先在腦海中想像一條潺潺流動的小河，水面上還有樹葉漂流擺盪，隨後花個幾分鐘，辨識此刻心中的思緒，並一一將其置放在浮葉上，任由它們順流而下。練習到了最後，臨床專業人員需要跟家長討論一下方才的經驗，並且鼓勵他們固定練習。

✿ 活在當下（正念）

家長行為訓練計畫大多聚焦在如何改變操作制約，進而消除孩子的侵擾性行為。遺憾的是，對於某些家庭來說，這些操作制約已然是自動自發的反應，非常難以改變，尤其是存在於親子高壓脅迫循環（parent-child coercive cycle）中的制約反應，更是如此（Dumas, 2005）。有鑑於負增強是促成、維持如此循環的重要角色，臨床專業人員動用傳統家長行為訓練時，或許可考慮搭配接受與承諾療法的策略，藉此處理家長自身的經驗迴避。經驗迴避（experiential avoidance）指的是人們會試圖迴避或壓抑不喜歡的生理感受、想法或內心感受，這會導致他們一再祭出固定不變的教養策略、不遵從行為管理策略、不與孩子互動，甚至過度反應孩子的負面情緒或行為（Coyne & Murrell, 2009）。

有人便以「正念」（mindfulness）為基礎的教養策略，來處理家長的經驗迴避，尤其要是此一傾向影響到他們順利實施有效行為管理策略，以及改善親子互動模式的能力，更是需要有所修正。正念指的是人們以開放、不帶評判的態度，將自身注意力聚焦在當下（present moment）發生

的事件上（Kabat-Zinn, 1994）。若是專門談教養方式的話，所謂以正念為基礎的教養策略，便是鼓勵家長冷靜聚焦於當下，並且以開放包容的態度，擁抱自身的教養思想、感受及行為，另外也要接納孩子的行為（Coatsworth, Duncan, Greenberg, & Nix, 2010）。事實上，研究發現，越不常用到正念的家長，便越可能出現嚴苛的懲罰策略，尤其他們要是同時碰上了無數壓力源，更是會如此（Shea & Coyne, 2011）。Neece（2013）所做的研究指出，家有兩歲半至五歲具行為發展遲緩問題孩子的家長，參加以正念為基礎的減壓計畫後，壓力跟憂鬱症狀皆顯著下降，就連生活滿意度也比等待名單對照組（wait-list control group）的家長還高。除此之外，他們家中的孩子在此之後，也比較少出現問題行為，其中過動症的相關症狀尤其明顯。該研究的發現與其他研究相符（Singh et al., 2007）。再者，家有自閉兒的母親接受正念訓練後，也表示自己更滿意自身教養技巧以及跟孩子的互動，同時亦減少了孩子的攻擊行為、自傷行為，還有不聽話的情事（Singh et al., 2006）。

　　許多家長會發現，正念算是相對好懂的概念，但真要用在親子的日常互動中，卻不是這麼容易的事情。事實上，臨床專業人員應該提醒家長，正念是需要固定練習才得以成就的技巧，而且真要學會也不簡單。他們也應為家長尋覓適合融入日常生活的正念練習方法，例如正念呼吸法、正念行走法，以及正念進食法等。如此一來，他們便較可能固定練習正念這項技巧。

　　正念呼吸法是一種步驟較為明確的正念練習方式，可於治療期間講解及練習（Bogels & Restifo, 2014）。基本上，家長要先找個舒服的位置，閉上眼睛，並且專注在自己的呼吸上。他們不應刻意改變或控制呼吸頻率，而是保持穩定節奏即可。若是臨床專業人員注意到家長有「用力」的情況，不妨提醒他們注意一下，並且再次放鬆下來。這個過程會持續幾分鐘

的時間，在此期間，家長應繼續專注在自己的呼吸頻率上，並且注意全身上下的種種感受，例如胸口或腹部的起伏、吸吐空氣的溫度變化，以及身體當下的感覺如何。另外，臨床專業人員也應該提醒家長，要是他們發現自己浮現雜念（這是無可避免的事），應該認知並接受這些思緒，並慢慢把注意力再移轉回呼吸這件事。

家長若是運用家長行為訓練的策略，例如策略性注意及兒童遊戲，可以輕鬆應用到正念的概念。正念不只能幫助家長進一步培養專心一意（mindful）的能力，也會讓他們更有效地運用上述教養策略。事實上，家長在親子互動間越是專心一意，就越可能穩定一致地回應孩子的合宜或不當行為，並且祭出相對應的後果。至於正念要如何融入兒童遊戲之中，臨床專業人員其實可以鼓勵家長，不帶評判態度地去注意親子互動間的大小細節，例如孩子都在說些什麼或做些什麼，還有他們自己當下有何想法、感受跟情緒。最後，家長若是成功結合正念與兒童遊戲，會更能運用兒童遊戲中敘述、回應及讚美的技巧（Coyne & Murrell, 2009）。

❀ 自我即背景

人類終其一生，會無意識地發展出前後一致的故事，講述「我是誰」、「我做些什麼」，以及「我的內在經驗如何影響或造就我的行為」，舉凡「我是專業人士」、「我無能又沒用」，都是相關例子。在接受與承諾療法中，這便是所謂「**自我即內容**」（self-as-content）的概念（Hayes et al., 2012）。要是結合教養方式來談，便是指家長會根據過去經驗，發展出一套自我的概念，用於描述自己是怎樣的父母，例如：「我是個壞爸媽」。但只要借助正念與認知脫鉤的技巧，人們會漸漸認知到自己並不僅僅是生理感受、思想及情緒的總和。事實上，還有另一個超然且穩固的自我，觀察著這一切事物。從這個角度出發，家長會學著道別毫無助益的自我評

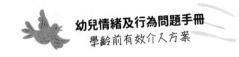

價，但同時仍保有自己的自我概念。這個過程便是「**自我即背景**」（self-as-context）。

西洋棋是常常用來區分自我概念跟自我即背景的例子（Coyne & Murrell, 2009; Hayes et al., 2012）。在這個例子裡，超然且穩固的自我即是棋盤，而自我概念則是上頭的棋子。黑棋代表不受歡迎的想法跟情緒，白棋則要力抗這些內在的負面經驗。家長若是深陷某些想法之中，並且信其為真，甚至認為這些想法囊括了「他是誰」，便可將他想像成是深陷棋盤上的戰局，無法跳脫其中。但他若是妥善運用認知脫鉤和正念技巧，則會轉化為棋盤本身，不但象徵穩固、難以動搖的自我，也可以置身事外，旁觀棋局。棋盤上的「戰事」或許慘烈無比，但只要他的內心能視其為無害，且跟超然自我有所分隔，便能捨棄那些毫無助益且負面的自我評價，改行以自身價值為取向的行為。

🌼 接納

如前所述，經驗迴避是指家長想要迴避或壓抑不喜歡的生理感受、想法或內心感受，並且可能導致不盡有效的教養策略，例如不與孩子互動、過度懲罰或控制，以及教養方式前後不一致等。在接受與承諾療法中，用於取代經驗迴避的概念便是接納（acceptance），也就是認知並接受自己的內在經驗，不去加以改變（Hayes et al., 2012）。事實上，只要家長願意接納自己的內在經驗，便較可能實現以自身價值為取向的行為。

臨床專業人員介紹這項概念時，可以先協助家長了解不論是想迴避或控制自己的情緒，到頭來都是徒勞無功的事。若要講解清楚，以心理教育的角度切入，向對方講解經驗迴避與教養風格之間的關係，或許會發揮不少作用。舉例來說，臨床專業人員可以談談具有經驗迴避傾向的家長，可能會出現過度放任型或權威型的教養方式，並強調這些教養方式會進一步

惡化孩子的侵擾性行為（Rinaldi & Howe, 2012）。這些前置作業完成後，
才是真正引入「接納」概念的時機，而根據研究，為了協助臨床專業人員
解釋此一概念，出現了許多的比喻方式（Hayes et al., 2012）。舉凡「激流／
流沙」、「拔河」或「中國指銬」（Chinese finger trap），都是常常用來形容
經驗迴避的簡易比喻。臨床專業人員用到這些例子的時候，應強調碰到這
種情況時越是「掙扎」，事情只會變得越糟。另外還有「粉紅象練習法」
（pink elephant exercise），也就是請家長不要在腦中想像一隻粉紅色的大
象，但如此一來，他即便不想想到粉紅色的大象也難了。

　　一旦家長漸漸了解經驗迴避是多麼無效的一件事，便是時候帶入接納
的概念，作為可行且助益良多的替代方案。臨床專業人員要向對方解釋，
只要不去迴避自己的負面想法與感受，就可以省下能量及專注力，用於展
現以自身價值為依歸的行為。「公車上的乘客」也是可用來解釋這項概念
的比喻（Hayes et al., 2012），基本上便是請家長想像他們是公車司機，而
公車則是自己的人生。車上有不少乘客，分別代表他們的想法、感受以及
回憶。家長會希望開往某個方向，例如以自身價值為依歸的方向，但有時
會引來乘客不快，甚至要求公車轉向。這時，公車司機可能會跟乘客大吵
一架，也可能相互達成協議，只要乘客乖乖坐著別吵，要往哪開都沒問
題。但這種互動模式便是典型的經驗迴避，而臨床專業人員此時則要請家
長勇於思考其他可能，例如單單認知到乘客的狀況即可，實際上仍然朝自
己的目的地開去。

🌼 承諾行動

　　最後一項用於增進家長行為訓練計畫的原則，便是所謂的「承諾行
動」（committed action），其中包括特意選擇某些行為，即使碰上種種困難
也不輕易喊停，努力朝著以自身價值為依歸的方向前進。此一階段的治療

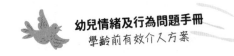

結合了較為傳統的行為改變技巧，同時也需要持續用到接受與承諾療法的元素。基本上，承諾行動包括四大具體步驟：

1. 依照自身價值，選定一個人優先考量的生活面向，並且訂定行動計畫，致力於改變行為。
2. 投入符合自身價值的行動。
3. 運用正念、認知脫鉤等治療技巧，處理並克服阻礙行動的障礙。
4. 回到步驟 1，並將計畫擴大至更多行為、生活面向，以及不同層面的心理彈性等等（Luoma et al., 2007）。

事實上，臨床專業人員跟家長討論如何持續祭出一致的行為管理策略時，不妨順帶談及承諾行動的概念，因為這必然會是相當值得的一課。尤其若是討論的行為管理策略會造成孩子情緒或行為越演越烈，例如刻意忽視、暫時隔離法等，更是適合與這項概念搭配進行。舉例來說，若家長已確立了自己的價值是要「養育出懂得應對進退的孩子」，那麼臨床專業人員便可協助他做出承諾，要是遇到孩子調皮搗蛋，應該求助正念和認知脫鉤的技巧，而非直接採取經驗迴避的做法，例如收回指令或是向哭鬧屈服等。換言之，即便孩子的行為和情緒可能越演越烈，家長還是要堅定不移地祭出有效的行為管理策略，朝著符合自身價值的方向前進。

✿ 具實證研究基礎之臨床應用

迄今，還未有太多研究提及搭配了接受與承諾療法的家長行為訓練計畫。目前已經完成的幾份研究主要是檢視整合了接受與承諾療法及家長行為訓練策略的團體課程，並探究其功效如何（Brown, Whittingham, Boyd, McKinlay, & Sofronoff, 2014; Whittingham, Sanders, McKinlay, & Boyd, 2014），但值得提醒的是，這些研究皆是針對具慢性病症的兒童，例如腦性麻痺、

創傷性腦損傷（traumatic brain injury）等。此團體課程包含兩堂討論接受與承諾療法的課，以及六堂培訓特定教養策略的課。上述研究結果皆顯示兩者搭配使用，會為個案家長帶來顯著改善，例如過度反應或冗言贅字等現象都有所改變，而且同時也會修正兒童方面的變項，例如 ECBI 量表的行為強度分數便會降低。

　　Coyne 和 Wilson（2004）發表的研究，也是探討家中若有具行為規範問題的幼兒，該如何結合接受與承諾療法以及親子互動治療（parent-child interaction therapy, PCIT），發揮治療的效果。研究提及的案例顯示，個案兒童的母親最先上了數次課程，學習價值辨別、正念、認知脫鉤，以及接納等接受與承諾療法的概念，隨後又參與 PCIT 的訓練課程，聚焦於教養技巧的習得方式。案例中也利用價值辨別來提升療程的參與程度，並整合不少承諾行動的練習，用於增進家長對於 PCIT 訓練課程的參與意願。另外還依照需求，在 PCIT 的訓練課程中，靈活地融入不少接受與承諾療法的概念。舉例來說，一位母親學習刻意忽視的時候，因為老是覺得自身的能力不足，甚至在心中暗暗為孩子設想了不甚美滿的未來，便難以堅持下去，貫徹到底。最後，研究者運用了正念及認知脫鉤等技巧（即前述提過的技巧），提升她對自身能力的信心，進而增進教養技巧。

　　綜上所述，臨床專業人員應考慮運用接受與承諾療法，處理迴避、認知混淆及父母疏離（parental disengagement）等相關教養問題，避免它們妨礙家長習得新的教養技巧，並進一步提升家長行為訓練的效果。根據目前文獻，臨床專業人員若能於療程初期帶入接受與承諾療法的概念，多半會是很划算的投資。畢竟，這些概念的基礎一旦建立起來，不論家長行為訓練計畫過程中碰上何種困難，臨床專業人員都可隨時拿出因應方案，靈活運用來解決問題。

社交技巧相關之介入方案

如前所述，學齡前階段通常是社交問題惡化或首次顯現的時期。一般而言，我們有兩種提升兒童社交技巧與社交能力的方法。第一種是**結構式學習法**（structured learning approach），主要是按部就班，一步步教導兒童社交相關的技巧，例如怎麼開話題等。另一種則是**社交問題解決法**（social problem-solving approach），教的主要是可以應用於社交場合的問題解決技巧，例如孩子玩遊戲時若覺得自己遭到排擠，該如何採取適當方式因應。根據研究，這些訓練社交技巧的介入方案多半能發揮短期的效果，但後續仍須縝密發展、認真實施，畢竟先前的效果常常會因為社會效度（social validity）、維持及類化的問題而有所削弱（Merrell, 2008a）。

坊間運用結構式學習法的社交技巧訓練計畫還不少，幾乎每個都涵蓋以下四個階段：（1）以講述教學法介紹及定義該項社交技巧；（2）示範該項社交技巧；（3）監督學生演示該項社交技巧；（4）提供回饋，告知學生他方才表現如何。這些社交技巧訓練計畫通常是以團體形式進行，可以是一整班的學生，也可以單獨拉出四至八位兒童進行教學。不過若面對的是幼童，通常會建議以班級模式進行。舉例來說，常見的「技巧流社交行為改變計畫」（Skillstreaming program）便建議相關練習應於教室或其他重視社交技巧的地點進行，例如兒童遊戲場、食堂等（McGinnis, 2011）。至於尚未就學的幼兒，則可在學齡前學校或托育機構接受訓練。不過，社交技巧相關教學會碰上的一大問題，就是兒童即便練習時沒有問題，後續卻難以將這些技巧類化到真實生活之中。有鑑於此，若是採用班級模式，也能讓教師參與教學內容，屆時兒童不僅僅會在社交技巧訓練課程中獲得增強，而是一整天都可以練習適當的社交技巧。這也是得以類化、維持這些社交技巧的一大關鍵。

在結構式學習法中，臨床專業人員指導社交技巧的第一步，便是要介紹和定義該項技巧。通常臨床專業人員會先概略描述這項技巧，接著具體解釋從頭到尾的每一個步驟。舉例來說，根據技巧流社交行為改變計畫的定義（McGinnis, 2011），所謂「遵守指示」（following directions）的技巧便包括以下步驟：（1）聆聽指示為何；（2）思考箇中意義；（3）詢問／釐清（若是有其需要）；（4）放手去做。講解完畢後，便由帶頭人員進行示範，讓孩子可以親眼看看實際操作情況。再來就要進到角色扮演的階段，讓孩子可以互相練習，並且聽取同儕跟帶頭人員的建議與回饋。若他們表現良好，便會獲得正增強，但要是有所不足，則應得到指正。每堂課程結束後，參與的兒童另外還有回家作業，也就是要在真實情境中演練學到的各項社交技巧。

有鑑於兒童剛開始多半表現不佳，師長不妨多多給予回饋，協助他們適當表現出特定技巧。如果社交技巧訓練計畫是拉出四到八位學生，以小組的方式進行，臨床專業人員應告知教師，他們目前教導的是哪些社交技巧，以便未來到了真實的情境中，教師仍可協助指導，鞏固學習成果。

除此之外，臨床專業人員應鼓勵家長檢查孩子帶回家的作業內容，或是跟分組的帶頭人員保持聯繫，以便了解整體訓練計畫的進展。當然，除了遵照上述步驟，臨床專業人員也應設下基本的規則及行為後果，因應課程期間可能出現的恰當或不當行為。舉例而言，積極參與的孩子可以獲得點數或代幣，並於課程結束時換取實體增強物，但他要是大聲說話或出現攻擊性行為，就會遭到扣分或沒收代幣。

問題解決技巧訓練法也是常用於減少兒童的攻擊性行為，並且增進利社會行為的一大介入方案。相關訓練計畫會教導兒童若碰上問題，該如何經過一系列的問題解決步驟（見表 3.2），最終克服挑戰。他們首先要確定問題何在，例如：「想跟其他孩子一起玩耍，但不曉得該怎麼應對進退才

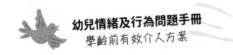

表 3.2　問題解決步驟

- 問題是什麼？
- 針對這個問題有哪些解決方案？
- 如果我……，會發生什麼事？（評估每項解決方案會帶來何種後果。）
- 我該選擇哪個方案？
- 我選擇的方法效果如何？

算得宜」。接下來，他們會接受訓練，學著腦力激盪出可能的解決方案。在此階段，重點是要想出越多解決方案越好，而這些方案中通常會包括利社會行為，當然也會有反社會行為。臨床專業人員應告誡師長，盡量別在此階段便評斷孩子提出的解決方案。畢竟，他們聽到孩子口中說出反社會的解決方案後，常常就會忍不住立即出言勸阻，以至於阻礙了後續步驟的進展。以上文為例，孩子想出的某些解決方案，很可能是「上前詢問自己能不能一起玩」、「拿球丟對方，藉此吸引注意力」，或是「拜託老師幫自己說話，讓對方同意讓其他人一起玩耍」。這一長串的解決方案列舉出來後，孩子便要嘗試評估每一項方案，例如：「我要是拜託老師幫忙，別人會不會覺得我是『抓耙子』？」經過一番思考及評估後，他會再從中選出最合適的方案，並且加以執行，等到解決方案執行完畢後，孩子還要進一步評估效果如何，例如：「我原本怕得不敢開口，但他們竟然說『沒問題』耶，太好了。」

　　問題解決訓練法不論是單獨使用，抑或是跟其他方法搭配使用，對於七至十三歲年齡較長的兒童，多少都會帶來正面效果。舉例來說，最近有研究回顧過去文獻，探討問題解決技巧訓練、家長行為訓練，以及兩者結合等方案的功效如何，結果發現兩者結合的介入方案相較於單獨使用的介入方案，通常會帶來較好的功效（Kazdin, 2010）。不過，探討幼兒學習問題解決技巧的研究，目前數量還不多。在此之中，有研究調查四至八歲的

幼兒，比較家長行為訓練、兒童行為訓練（運用問題解決訓練法）、教師行為訓練、兒童與教師行為訓練、家長與教師及兒童行為訓練，或是完全不治療等方案的功效如何，結果發現不論何種方案組合皆有正面治療效果。不過結果也顯示，加入了家長行為訓練的介入方案，較能夠為兒童的行為問題帶來正向改變，但即便如此，其他以兒童為中心的介入方案仍然增進了他們的問題解決技巧，同儕間也較少出現負面互動。另外，若是家長行為訓練和（或）兒童行為訓練能夠搭配教師行為訓練一起實施，也可以進一步改善兒童在教室情境中出現的偏差行為（Pidano & Allen, 2015）。

　　然而，不僅僅是探討幼兒問題解決技巧的研究不多，其實專門為幼兒設計的社交技巧計畫皆是少有研究關注。坊間有些社交技巧訓練計畫雖是特別為學齡前兒童設計，例如技巧流社交行為改變計畫便有學齡前版本，但絕大多數相關的成效研究較少是聚焦於正常發展的兒童，而多是發展遲緩的兒童。不過綜觀過去探討社交技巧訓練的成效研究，結果都算不上是非常正面。如前所述，社交技巧相關介入方案表現出來的類化效果有限，而且社會效度也不高（Merrell, 2008a）。如果要完全發揮社交技巧相關介入方案的功效，這些方案必須具備社會效度、在真實情境中教學及練習、不分情境皆須有所協調及增強，並且要具實證研究基礎。

預防及早期介入計畫

　　如第一章所述，學齡前階段即出現外顯症狀的兒童，到了兒童期及青少年期多半仍會表現出問題行為。但是這些具行為規範問題的幼兒常常為人忽略，約略有 70% 的人未曾接受任何治療，即便接受治療也少是具實證研究基礎的療程（Webster-Stratton & Reid, 2003）。其中有些孩子最終仍會接受治療，但無疑是錯過了黃金時段。有鑑於這些早期便已現形的行為

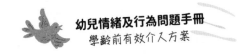
規範問題會帶來極其嚴重的後果，若要發揮預防及早期介入方案的效果，
務必要選在兒童還未年屆學齡以前早早實施（Campbell, 2002）。若是個案
兒童跟他的家庭越晚接受治療，就越難以帶來重大改變。

人們如今越來越了解行為規範問題有關的風險與保護因素，也因此有
越來越多人開發起適用於具外顯行為問題兒童的預防及早期介入方案。這
些預防方案多著重於「選擇預防」（selective prevention）及「特定預防」
（indicated prevention）兩個層面。換言之，這些方案要治療的目標族群除
了是可能會出現行為規範問題的兒童，也是已頻繁出現相關問題，甚或已
達確診標準的兒童。舉例來說，他們鎖定的兒童可能已達對立反抗症的診
斷標準，不過目前還未滿足行為規範障礙症的標準，所以才需要進一步預
防。不少預防方案皆是以多個適用於不同情境的介入方案組成，也就是將
不少我們前面談過的介入方案整合起來，變成更為全面且完整的綜合方
案。舉凡教養技巧（家長行為訓練）、兒童的社交能力（社交技巧／社交
能力訓練），以及一般攻擊性／侵擾性行為（以家庭和學校為本位的行為
介入方案），都是這些預防方案希望增強或改善的面向。其中諸如學業技
巧低下等可能導致行為規範問題的風險因素，有時也會是它們的守備範
圍。另外，這些預防方案亦常常致力於改善教師、家長、同儕，甚或是整
體社群之間的合作關係，以確保方案不論到了哪個情境，皆能一致落實。
不過，因為本章稍早已經談過其中幾個較為重要的介入方案，接下來便直
接回顧一下幾個現有的預防方案。

「早期行為問題預防方案」（Fast Track program）是一套綜合且全面的
早期介入／預防方案，不但整合以家長為主的治療方案、以兒童為主的介
入方案，也納入班級層級的介入方案。在此方案中，目標學校的兒童會接
受班級層級的介入方案，一方面了解自己的情緒，另一方面也學習交友技
巧、自我控制技巧，以及問題解決技巧等。另外，若兒童被鑑定為高危險

群，除了家庭需要接受教養介入方案，他也要接受社交技巧訓練及學業輔導。根據評估，該方案實施一年後，也就是孩子剛剛結束國小一年級課業時，高危險群的學生出現顯著的正面影響，例如社交問題解決能力提升、同儕正向互動增加，以及父母也越來越少祭出體罰。不過綜觀許多跟侵擾性行為有關的變項（如 CBCL 量表和 TRF 報告表的外顯問題分數），其實並未顯示顯著的改善（Conduct Problems Prevention Research Group [CPPRG], 1999a）。對於非高風險但接受過班級層級介入方案的兒童群體，同儕之間明顯較少出現攻擊行為，過動—侵擾性行為也顯著減少，就連班級層級的介入方案也獲正面評價。然而，由教師負責評量的兒童行為，分數並未見上升（CPPRG, 1999b）。有縱向研究調查了該方案實施三年後的效果，並指出該方案仍維持一定的正面影響，包括攻擊行為減少、利社會行為增加（教師跟同儕評分皆是如此），以及學業表現越發積極（教師評分顯示如此；CPPRG, 2010）等。但值得一提的是，同儕回報的評分僅對男孩呈現顯著水準、社經條件較佳的學校顯示出來的成效較佳，而攻擊行為原本就較為嚴重的兒童，也越容易受到正面影響（CPPRG, 2010）。

Barkley 及其同僚也深入了解早期介入方案，並且比較了以學校為本位的綜合早期介入方案，和以家庭為本位的介入方案，以及學校跟家庭整合為一的介入方案。參與其中的兒童在幼兒園入學以前，便已鑑定為具高度侵擾性行為。以學校為本位的綜合介入方案包括社交技巧訓練（遵循技巧流的社交行為改變模型，以按部就班的方式學習社交技巧、自我控制能力及怒氣控制）、教室代幣系統（其中納入反應代價法的元素），還有其他行為後效的介入方案。至於以家庭為本位的介入方案，則是一套為期十週的標準家長團體行為訓練計畫。研究結果顯示，以學校為本位的介入方案得以改善兒童的侵擾性行為、社交技巧、自我控制能力，顯然效果不錯，但家長團體行為訓練計畫卻未如此有效。研究者認為，家長團體行為

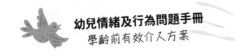
訓練之所以沒能帶來顯著改變，多少是因為許多家長並未確實參與，也沒有積極尋求協助（Barkley et al., 2000）。但值得一提的是，以學校為本位的介入方案雖然一開始有所成效，只是這些成效到了第二年的後續追蹤調查時並未能維持。

「3P 正向教養課程」（Triple P; Sanders, 1999）是一套多層次的示範方案，其中共有五個不同層級的介入方案，目的是要讓每個階段的目標較容易達成，並進一步提升家長的教養能力。此一課程原本是為出生至十二歲的兒童設計，但目前經過修改，也適用於十二至十六歲的青少年。第一級的課程屬廣泛預防（universal prevention），主要利用媒體來源、講義，以及影片，來向家長宣導適合的教養策略。第二級的課程則是一堂二十至三十分鐘的諮商課程，主要是由一名初級照護的從業人員來處理輕度行為問題，他會提供講義並講解如何解決常見的兒童管理及發展問題。第三級的課為四堂二十分鐘左右的諮商課程，會由初級照護的從業人員教導家長適當的教養技巧，協助他們解決輕度至中度的行為規範問題。再來，第四級的課程是針對行為嚴重脫序的兒童，提供個人或團體治療。而第五級的課程則是針對出現嚴重危機的家庭（如父母衝突、不當管教兒童等），提供密集的協助。這兩個層級的課程會由專業受訓過的心理健康專業人員主持，而且療程會為期較久，通常最少會有十到十二堂課（Sanders, 2010）。迄今為止，研究的重點多放在第四級和第五級的課程上，原因是這兩級課程恰好構成了以家長行為訓練為基礎的標準臨床治療。

有個針對家有三歲兒童的隨機對照試驗便比較了第四級課程、第五級課程，以及等待名單對照組各自顯示出來的效果。結果發現接受前兩項治療的家庭，皆回報孩子的行為規範問題減少，不過唯一達到顯著水準的只有第五級課程的家庭。另外，這兩組的家長也表示自己較少使用令人反感的教養做法，雖然根據成效測量，組別間並無顯著差異。後續一年的追蹤

調查則指出，治療的效果仍得以維持（Bor, Sanders, & Markie-Dadds, 2002）。近來，研究者也致力於向學齡前兒童及其家長，廣泛宣導 3P 正向教養第四級的課程。舉例來說，有研究從當地的學齡前學校隨機挑選了 186 個家庭，參加團體形式的 3P 正向教養預防方案。結果顯示，功能不彰的教養行為及兒童的行為問題皆顯著下降。第四年後續追蹤調查時，家長功能不彰的教養行為仍未見惡化，至於兒童的行為問題則不見長期療效（Heinrichs, Kliem, & Hahlweg, 2014）。總結來說，各種形式的 3P 正向教養課程對於兒童本身及家長的教養行為，皆顯示出中度至強的效果，唯一效果較弱的則是第一級的 3P 正向教養課程（Thomas & Zimmer-Gembeck, 2007）。

對於家長團體行為訓練著力頗深的 Webster-Stratton，也將「驚奇歲月」方案的用途從「介入」延伸至「預防」。在其中一份研究中（Reid, Webster-Stratton, & Baydar, 2004），家裡孩子正在參與「啟蒙方案」的母親，參加了為期八至十二週、每次兩小時且採取影片示範教學的家長團體行為訓練，而「啟蒙方案」的教師也接受了二至六天的在職訓練，學習的教材及內容跟這些母親一模一樣，例如正向行為管理技巧及適當的管教技巧等。結果顯示，效果會隨著兒童最初問題行為的嚴重程度，以及母親原先多常使用效果不彰的教養策略而變化。換言之，兒童若原本就表現出嚴重的行為規範問題，以及母親若起初就很挑剔，並且常常祭出效果不彰的教養策略，就會是最大的受益者。

近來，「驚奇歲月」及其他家長行為訓練課程若要融入醫療情境使用，皆是被評定為預防方案，而非介入方案。事實上，在小兒科初級照護這塊，活用預防方案可以協助處理一些障礙，讓有需要的人獲得適當且足夠的照護服務。舉例而言，Reedtz、Handegard 和 Morch（2011）向某個公共醫療照護中心的非臨床社群樣本（nonclinical community sample），實施

了簡易版的「驚奇歲月」。這份研究旨在確認簡易版的家長行為訓練計畫，能否降低可能導致孩子行為問題的風險因素，例如嚴苛的教養方式、家長自身勝任感，以及正向教養策略等。簡易版的「驚奇歲月」比起標準版來得短，前者僅有六堂課程，後者則有十二堂，而且簡易版也僅談及玩耍、讚美及獎勵等正向教養策略，不談設立界線、刻意忽視及暫時隔離法等主題。家有二至八歲孩子（平均年齡 3.88 歲）的家長被隨機分配至治療組與控制組，結果顯示兩個組別間存在顯著差異，治療組的家長較少出現嚴苛的教養方式，孩子的行為問題也有所降低，正向教養及家長自身的勝任感同時也獲得增強。

另外也有其他研究探討，該如何將幼兒的早期鑑定與介入用於初級照護體系中。其中一份研究（Berkovitz, O'Brien, Carter, & Eyberg, 2010）便在小兒科的初級照護體系中，利用 ECBI 篩選出分數比常模平均高一個標準差，並且母親方面也表態孩子行為需要協助的兒童。這些兒童接著被隨機分配到兩個不同組別，接受簡易、適用於小兒科初級照護體系的 PCIT 訓練課程，內容分別是：（1）共四次課程、由治療師主持的團體介入方案；（2）講述基本 PCIT 概念及實務操作的書面教材。結果顯示兩個組別皆顯示中等至強的治療效果，兒童的問題行為有所減少，父母也較少祭出功能不彰的教養策略。

總體而言，目前證據顯示預防和早期介入方案，確實對家長及兒童的行為具有中等的正面效果，但要注意的是，這些正面的發現並不一定是以一致的方式產製出來，後續追蹤的時候也未必總是得以維持。這些正面結果多少可能是因為絕大多數的預防方案，原本鎖定的兒童族群就已是侵權性行為具臨床上須受關注的水準。過去研究顯示，年齡較小的兒童更可能治療成功，而且他們的家庭也有較高機率走完整個療程（Lundahl et al., 2006）。多虧過去豐富的研究，人們現在越發了解外顯行為病症從無到有

的發展軌跡，也正因為如此，我們更需要及早介入去協助這些兒童。另外，隨著越來越多研究探討行為規範問題及相關治療與預防方案，未來也希望找出更多有所助益的特定技巧，以及具有影響力的程序變項（如家長參與、治療處遇），促成更為正向且得以延續的成效。

📖 本章摘要

　　本章講述了一系列常見且具實證研究基礎的技巧，可用於協助已出現外顯行為問題的幼兒。這些行為問題可能會對他們帶來長期的不良後果，因此必定要盡早鑑定，並且實施恰當的介入方案。目前為止，若想處理行為規範問題，實證研究基礎最為深厚的介入方案便是家長行為訓練計畫。因此，若孩子出現侵擾性行為，務必要考慮祭出此一介入方案。不過最近研究也顯示，要是針對不同的情境，整合數個介入方案，或許會產生更多正面成效。有鑑於此，臨床專業人員不妨考慮使用多元的介入方案，針對孩子在家中、學校，以及托育機構的行為進行處理。

基礎行為原理

　　若能了解基礎的行為原理，便可進一步了解孩子的行為模式，而若是動用奠基於這些原理之上的技巧，則有助於促進孩子的良好行為，並且減少他的負面行為。

行為的「ABC」

A ＝前事（Antecedent）：行為出現前發生的事情。

B ＝行為（Behavior）：出現的行為本身。

C ＝後果（Consequence）：行為出現後發生的事情。要是後果對孩子是利大於弊，行為便較可能再次出現，而要是後果是弊大於利，該行為就較不會再次出現。

以下舉幾個例子，實際看看究竟「ABC」是什麼意思。

範例一：

　　前事（A）：孩子在結帳櫃台看到糖果。

　　行為（B）：孩子不斷要求媽媽買糖果給他吃。

　　後果（C）：媽媽屈服，買糖果給他吃。

　　長期後果：孩子未來如果想要什麼事物，更會變本加厲地煩擾父母，直到「再次得逞」為止。

範例二：

　　前事（A）：孩子在結帳櫃台看到糖果。

　　行為（B）：孩子不斷要求媽媽買糖果給他吃。

　　後果（C）：媽媽置之不理，不買糖果給他。

　　長期後果：孩子未來如果想要什麼事物，便較不會煩擾父母，畢竟這個行為當初可沒得逞。

正增強（positive reinforcement）

● 提供對方喜愛的後果（增強物）以促進特定行為。增強物可包含玩具、特權、關注及讚美等。

（基礎行為原理 1-3）

—有些不討喜的事物也可以是增強物。舉例來說，家長的關注常是兒童的一大增強物，就連負向的關注（如大吼大叫）也可能增加特定行為的頻率。

—增強物若要徹底發揮作用，必須在行為結束後立即給予。

逃離（escape）

- 又稱「負增強」，主要是「除去不受歡迎的事物，藉此促進特定行為」。

—舉例來說，孩子若願意多吃幾口晚餐，便可獲准離開（逃離）餐桌。

—事實上，我們有時認為是「懲罰」的事情，反而會增強孩子的特定行為。舉例來說，孩子若本來就不喜歡坐在餐桌前，結果父母又跟他說：「你要是不乖乖坐好，就給我離開這裡」，那麼他更可能會刻意作亂，以便離開座位。

區分性增強（differential reinforcement）

- 增強理想行為，同時忽略不受歡迎的行為。

—舉例來說，孩子為了獲得家長注意力，而到處亂丟玩具，家長便應忽略亂丟東西的行為，轉而注意他是否出現「任何」適當行為，並立刻增強該適當行為。

消弱（extinction）

- 若停止增強特定的行為，便可**降低該行為**出現的頻率。

—舉例來說，若孩子總是要求家長買糖果給他吃，家長也順其所願，但如果之後家長不再買給他吃，即可降低孩子吵著買糖果此行為的頻率。

消弱陡增（extinction burst）

- 消弱特定行為時，該行為**一開始可能會惡化**，後來才慢慢好轉。

—這種反應相當常見，但只要站穩立場，情況便會漸漸好轉。記得，「**站穩立場**」非常重要。相反而言，要是家長屈服於壓力，又繼續買糖果給孩子吃，他就會知道「只要他表現得更加脫序」，終究會獲得增強。換言之，問題會變得更糟！因此，一旦祭出消弱這項策略，務必要貫徹到底。

（基礎行為原理 2-3）

懲罰（punishment）

● 實施特定後果，以減少特定行為的發生頻率。其中或許會包括祭出厭惡後果（如額外家務），或是拿走受歡迎的事物（如失去特權）。一般而言，拿走對方喜歡的事物，會是最有效的懲罰方式。

（基礎行為原理 3-3）

運用策略性注意力

正向陪伴（time-in）

　　要培養有效的教養之道，首要之務便是建立正向的親子互動，也就是所謂的正向陪伴。正向陪伴有助於促進正向親子關係，並在「關注孩子的適當行為」及「管教孩子的不當行為」之間取得絕佳平衡。只要以妥善規劃的身體接觸及口頭表揚去鼓勵兒童，便能幫助他們養成恰當的社交行為，進而提升自信及自尊。

5：1 法則

　　正向陪伴加上固定一致的管教方式，可以營造出強大的差異感，讓孩子清楚知道哪些是家長期待的行為，哪些又是家長不希望看到的行為。正向陪伴與管教方式之間的微妙平衡，正是達到此目標的關鍵。有人認為正向與負向互動的「黃金比例」，應該是每責備或管教孩子一次，便要找到另外五次機會來進行正向互動。換言之，所謂的「5：1 法則」便是「每五次正向互動換一次負向互動」。

好事不管大小，都值得關注

　　因為孩子出現不當行為而進行管教，只會讓他知道哪些行為不該做，但若是口頭表揚或關注他的適當行為，則會讓他知道哪些是應該做的事，這也就是所謂的「好事不管大小，都值得關注」。孩子安靜做事，表現良好的時候，家長常會因此忽略了他，但若要稱讚孩子或給予關注，其實並不用等到孩子做了什麼驚人的好事。舉例來說，若家長打電話的時候，孩子乖乖在旁等待，沒有亂吵亂鬧，結果家長卻沒有給予讚美，那麼他就會發現自己的正向行為遭到忽略，未來表現良好的動機也會下降。

提供正向關注的方法

　　家長一旦看到孩子出現理想行為，務必**立刻**讚美或給予關注。讚美的時候，要**具體說明**他的行為有**哪些可取之處**。舉例來說：「你安安靜靜地玩玩具，我覺得這樣很棒。」家長也可將特別的活動作為獎勵，但可別把親子之

（運用策略性注意力 1-2）

間一切的有趣互動，通通變成表現良好才有的獎勵，這樣可就本末倒置了。

其他讚美的例子包括：

肢體語言	口頭讚美
擁抱	「你真的很棒，因為你……」
拍頭或肩膀	「謝謝你！你剛剛……，真的很棒！」
微笑、親吻、眨眼示意	「很棒！非常好！做得很棒！超級超級棒！」
擊掌	「因為你表現很好，所以我們要……」
豎起大拇指	「你剛剛……，我真為你驕傲！」

務必記得，稱讚要誠心誠意。舉例來說，家長要避免說出這種話：「你跟妹妹這樣一起玩很好啊，沒有動手動腳的，為什麼你不能每次都這樣呢？」讚美要讓孩子為自己剛剛的行為感到高興，而不是讓他想起過去的不當行為。

刻意忽視

許多兒童會有「吸引注意力」的行為，例如發牢騷、噘嘴發脾氣、抱怨，以及哭泣等。父母面對這些行為時，也常抱以責罵或譴責，但對孩子來說，這種反應可能恰恰是他的「獎勵」，因為即便爸媽的關注屬負面，但還是比毫無關注來得好。

刻意忽視會是有助於減少這些行為的策略，意即面對刻意尋求關注的行為，家長不應給予任何關注，例如眼神不要接觸、肢體上無反應，以及口頭上也無回應。運用此策略時，孩子的不當行為可能會短暫增強，而後慢慢轉弱，這便是前面提到的消弱陡增。若是如此，家長務必**不能屈服**，並且要了解「持之以恆」才是讓孩子改善行為的關鍵。另外，動用此策略時，也別忘了針對孩子第一個出現的恰當行為，給予正面關注。

（運用策略性注意力 2-2）

兒童遊戲

　　欲促進兒童的良好行為，便得給予關注，藉此增強這些行為。最適合練習這件事的場合，便是遊戲情境。畢竟遊戲中的互動有助於促進親子連結，並且加強雙方的正向關係。

　　以下是進行這些遊戲的一些準則：

1. **選擇時間。**每天挑五至十五分鐘的時間跟孩子玩。

2. **跟單一一位兒童互動。**遊戲時間中，一次應只跟一位兒童互動。當然，每個孩子都能參與遊戲活動，但過程中應分別跟孩子玩耍，並盡量減少會讓他們分心的事物，以及避免他們一次處理太多任務。

3. **選擇適當的玩具。**挑選三至四個有建設性、未有既定玩法，以及不暴力的玩具，例如積木、樂高，以及林肯積木等。

4. **使用兒童導向的語言。**跟孩子玩耍的時候，應使用下列幾種口語表達及互動方式：

　　(1) **讚美：**只要孩子表現良好，便應給予讚美。讚美應具體而清楚，並且目標應是孩子的「努力付出」，而非「結果」。另外，稱讚時也應真誠且熱情。

　　　　● 範例：

　　　　　「你有乖乖坐在位置上，很棒喔！」

　　　　　「你疊積木疊得很小心呢，這座『塔』蓋得很棒喔！」

　　(2) **描述：**具體描述孩子在做什麼事，語氣真誠且熱情。不妨將此想作是另一種形式的「實況報導」。

　　　　● 範例：

　　　　　「你把藍色積木放到了紅色積木上頭。」

　　　　　「你拿了綠色的蠟筆，現在畫起了一個圓圈。」

　　(3) **反映：**反映孩子意欲表達的基本訊息，表示自己認真傾聽。

　　　　● 範例：

　　　　　孩子說：「我要畫一隻怪獸。」你說：「你要畫一隻怪獸？我等不及想看成品了！」

（兒童遊戲 1-2）

孩子説：「我最喜歡綠色。」你説：「你喜歡綠色呀，這個顏色很不錯呢。」

(4) **參與其中／模擬**：跟孩子一起玩耍或模擬孩子玩耍的內容。

- 範例：

   如果孩子正在用積木蓋一座塔，你也跟著一起蓋。

5. **避免命令用語**。遊戲時間中，你要避免做出以下的事情：

   (1) **提問**：例如「你畫的這是什麼？」或「這是什麼顏色？」

   (2) **下指令**：例如「你怎麼不畫我們的房子哩？」

   (3) **任意評斷**：例如「你把我們家畫得不是很好，我們家明明是白色的，怎麼畫成紅色的。」

6. 孩子在遊戲期間，偶爾會出現搗蛋之舉。要是不當行為情節輕微，直接忽視即可，等到孩子回復正常，再繼續跟他一起玩。但要是不當行為嚴重，請直接結束遊戲時間。

（兒童遊戲 2-2）

兒童遊戲作業單

兒童姓名：＿＿＿＿＿＿＿＿＿＿

日期	有無練習？ （是／否）	評論

給予有效指令

　　針對孩子的適當行為給予策略性的關注，是非常重要的事，但卻未必保證孩子會持續表現良好。事實上，兒童在規定清楚、期待明確且可預測的情況之下，才會茁壯成長。有鑑於此，如何給予有效的指令，便是教導孩子何謂恰當行為的重要環節。以下提供一些簡單卻重要的指導原則，幫助孩子更加聽話。

1. **選擇你的戰場。**只在真正需要的時候，或是後續可以執行到底的情況下，才給予孩子指令。如果孩子出現不合作行為，務必要穩定一致地祭出相應後果。

2. **吸引孩子的注意力。**務必要先吸引孩子的注意力，才可以給予指令。舉凡眼神交會、說出他的名字、起身接近他等，都是可行方法。另外，下達指令的時候，務必要跟孩子同處一室，並盡量減少會令人分心的事物，例如若房間內有電視，應該要將其關掉。

3. **只下達合理的指令。**不要下達讓孩子無法理解或難以完成的任務。

4. **指令要簡單且直截了當。**指令要簡單、直接，例如：「撿起鞋子」，語氣也要堅定不移。如果真要孩子去做某件事，千萬不要用「問句」，例如：「你可不可以去把鞋子穿起來？」這是因為問句代表孩子有所選擇，也代表家長可能要接受「不可以」的答案。

5. **一次一指令。**兒童一般不容易遵循多個步驟的指令，所以一次不妨只給一個指令，而且每次指令後都要因應孩子遵循與否，而考慮祭出獎勵或懲罰等後果。

6. **正面陳述。**與其告誡孩子**不要做**哪些事，例如：「別在沙發上亂跳」，不妨告訴他**該做**什麼事，例如：「請好好坐下」。

7. **少做解釋。**兒童常會假借「解釋一下」之名，行「不遵循指令」之實。不僅如此，給完指令後還要加以解釋，無疑是模糊了下指令的重點。因此，如果真要解釋，最好是下達指令前便加以解釋，例如：「我們要去看奶奶，外頭冷，快去穿上外套」，或是等孩子遵守指令後再行解釋，例如：「你穿上外套了，很棒！我們要去拜訪奶奶，外頭冷，這樣才不會凍壞了。」

8. **情況允許的話，不妨給予選項。**孩子若有選項可挑，通常會更願意配合，例如：「把外套穿上，紅色或藍色那件都可以。」

本表取自《幼兒情緒及行為問題手冊：學齡前有效介入方案》，英文版由 The Gilford Press（2017）出版；中文版由心理出版社（2020）出版。僅供本書購買者個人或教學使用（參照目次頁最後授權複印限制的詳細說明）。

有效運用暫時隔離法

　　若要減少孩子的不當行為，暫時隔離會是有效的方法。然而，動用暫時隔離的時候，務必要搭配其他先前學過的正向技巧。另外，面對孩子的適當行為，也要記得正面以待，且活用有效的指令。絕對不要下達指令，卻不去貫徹執行，也不要吝於給聽話的孩子讚美。欲有效運用暫時隔離法，請見以下要點。

1. **給簡單且直接的指令。** 下達適當的指令時，語調務必堅定、不帶情緒（見表單 3.5）。

2. **等待十秒鐘。** 下達指令後，在心中默數十秒鐘（千萬別大聲倒數），等待孩子遵循照做。

3. **孩子若遵循指令，則予以讚美。** 如果孩子在十秒鐘內遵循指令，應該立即稱讚他。

4. **孩子若不遵循照做，請再次下達指令。** 如果孩子十秒鐘內沒有動作，請重述自己的指令，並祭出暫時隔離的警告，例如：「你要是不＿＿＿＿（重述指令），就要去罰站了。」祭出警告後再等候十秒鐘，看看孩子是否照做。

   附註：若以暫時隔離因應其他不當行為，例如毆打兄弟姊妹等違反家規的行為，請直接將孩子送去隔離，不必事先警告。

5. **孩子若遵循指令，應予以讚美。** 警告後，如果孩子遵循指令，應立即給予讚美。

6. **孩子若不遵循指令，請帶他去暫時隔離。** 如果孩子十秒後仍不遵循指令，請直接帶他去暫時隔離，並表示：「既然你不照我的話去做，那麼我必須把你送去暫時隔離。」此時，孩子不得辯解，也不得故意拖延受罰。剛開始的時候，也許會要刻意指引孩子至暫時隔離的地點，但動作盡量不要過於粗暴。若有必要的話，可以直接從後面抱起孩子，把他帶到處罰的地點。一旦他處在暫時隔離地點後，要堅定地告訴他：「乖乖坐在這裡，不要說話，除非我叫你出來，否則不准離開。」

（有效運用暫時隔離法 1-3）

7. **不要給予孩子關注**。若孩子處在暫時隔離中，請勿給予任何關注。不要跟孩子說話。繼續做自己原本在做的事情，但還是得注意孩子的動向，如果他未經同意就要離開，便要請他回去繼續隔離。等到孩子安靜待上一段時間後（見下文），即可放他自由，並且告訴他：「你表現很好，現在解除隔離狀態。」

8. **重述當初的指令**。隔離狀態解除後，請重述當初的指令。若有必要的話，可以重複前述提到的步驟。

暫時隔離常見問題

暫時隔離應該要維持多久？

經驗法則是孩子每長一歲，暫時隔離的時間就可以多加一分鐘，但最多以不超過五分鐘為限。不過，剛開始使用暫時隔離時，這個時間也許還是太長，因此最好慢慢往上增加。另外，第一次使用暫時隔離時，孩子常會長時間哭鬧、抱怨或尖叫等，若碰到這種情況，便應延長處罰時間，除非他保持安靜十五到三十秒，否則不得解除。另外，暫時隔離期間不應使用計時器，而是要注意時鐘。

暫時隔離應該在哪裡進行？

一般而言，椅子會是進行暫時隔離的合適地點，而且應該使用家中飯廳會用的椅子，尺寸則為成人大小。這張椅子要遠離任何事物（包括牆壁），這樣孩子進行暫時隔離時才不會踢打東西。此外，孩子周遭也不應有任何具增強效果的事物，例如電視、玩具等。最後，這張椅子應擺在家長看得到的地點，例如走廊便是適合的地點，而不要在衣櫃或廁所裡。

孩子若是離開椅子，該怎麼辦？

多數孩子不會測試爸媽的底線，但要是他們在椅子上扭動不停、彈來跳去，或是四處滾動等，家長便不應解除隔離的狀態，並且忽視這些不當行為。不少兒童被送到椅子上後，會立刻起身離開，而此時應立即安靜地把他帶回位子上。孩子首次面臨暫時隔離的時候，通常會想離開椅子，因此家長不妨直接站在椅子旁邊，以防這種情況發生，或是便於立刻做出反應。不只

（有效運用暫時隔離法 2-3）

如此，家長此時也要記得不要直接看著孩子，也不要做任何會增強他的事情。如果孩子不斷想要離開椅子，則應跟治療師談談有無其他可行方案。

孩子若說他得離開椅子，該怎麼辦？

要是孩子的隔離時間還沒到，而且還沒完成原本的任務，便不應讓他離開椅子去上廁所或喝水。若他獲准離開椅子去進行某件事，未來便可能會以此為藉口，逃避接受暫時隔離的懲罰。如果碰到這種事，直接忽略孩子的要求即可。

（有效運用暫時隔離法 3-3）

暫時隔離作業表

兒童姓名：_____

日期	時間	暫時隔離長度	評論（陳述任何問題）

運用「特權」來管理行為

　　特權可用於增強孩子的適當行為，並且管教他的不當行為。要是遇到用不了暫時隔離的情況，或是單有暫時隔離無法解決問題，特權便是可行的替代方案。

以特權為獎勵，促進適當行為

1. 跟孩子一起列出可供贏取的特權清單，其中除了包括常見的特權（例如晚十五分鐘就寢、多吃點心、多看一集電視劇等），另外也應包括「超級特權」（如買新玩具、跟爸媽出門吃大餐等）。

2. 列出孩子可用於贏取特權的行為及家務清單，但要考量到他的能力，不要給出不合理的期待。適合幼兒的家事任務包括：收拾玩具、幫忙擺餐具、整理乾淨衣物、餵狗等。

3. 一旦孩子完成清單上的任務後，便可給予他其中一項特權，並加以讚許，例如：「謝謝你把玩具都收拾好了，客廳現在看起來好乾淨！你今天可以多看一集電視劇。」家長應該定期給予孩子常見的特權，並偶爾給出超級特權。

4. 提供大量增強，一開始尤其如此。此方法剛開始實行時，要多多以特權來增強孩子的適當行為，即便該行為並未列在清單上，也可以此加以鼓勵。家長一開始常會期待太高，不等到「大魚」不罷休，但這會導致兒童難以取得特權，進而降低此方法帶來的效果。

以剝奪特權為懲罰，管教不當行為

1. 列出孩子每天會自動取得的特權，也就是孩子每天不必做任何特別之事，即可享受的權利（例如看一小時電視、不受限的暢玩各種玩具，以及邀請朋友來家中作客等）。

2. 列出孩子要自動取得特權所必須做的行為與家務。這份清單不必太長，但要包括孩子每日皆應達成的任務（例如自己穿好衣服、睡前要刷牙等）。

3. 列出你不容許孩子做的不當行為清單（例如打兄弟姊妹、把食物吐到桌上等）。

（運用「特權」來管理行為 1-2）

4. 只要孩子每天皆有完成步驟 2 所列舉的任務，便可持續保有他的特權。若他沒有達成這些任務，或是出現步驟 3 所提到的不當行為，某些自動享有的特權便會遭到剝奪。最簡單的做法，便是每項負向行為都搭配一項特定的特權，只要該行為一出現，便會失去這項特權。當然，別忘了讓孩子知道這些事，如此一來，他才知道家長的期待為何，也才知道自己若表現不好，或是沒有完成每日任務，會迎來何種後果。

　　請記得，這並不是「賄賂」孩子。許多家長會覺得，孩子之所以要遵守家規，是因為這是他們的責任。但別忘了，只要是工作付出，便應得到報酬。遵守家規便是孩子的工作，而他們就跟家長上班領薪資一樣，也應得到特權作為回報。

（運用「特權」來管理行為 2-2）

特權作業單

以特權為獎勵，促進適當行為

額外／可選擇的行為及家務

1. _____
2. _____
3. _____
4. _____
5. _____
6. _____
7. _____
8. _____
9. _____
10. _____

常見特權

1. _____
2. _____
3. _____
4. _____
5. _____
6. _____
7. _____
8. _____
9. _____
10. _____

超級特權

1. _____
2. _____
3. _____
4. _____
5. _____

以剝奪特權為懲罰，管教不當行為

預期要做的行為及家務

1. _____
2. _____
3. _____
4. _____
5. _____

自動取得之特權

1. _____
2. _____
3. _____
4. _____
5. _____

（特權作業單 1-2）

預期要做的行為及家務 　　　　　　　自動取得之特權

　　6. ＿＿＿＿＿＿＿＿＿＿　　　　　　6. ＿＿＿＿＿＿＿＿＿＿

　　7. ＿＿＿＿＿＿＿＿＿＿　　　　　　7. ＿＿＿＿＿＿＿＿＿＿

　　8. ＿＿＿＿＿＿＿＿＿＿　　　　　　8. ＿＿＿＿＿＿＿＿＿＿

　　9. ＿＿＿＿＿＿＿＿＿＿　　　　　　9. ＿＿＿＿＿＿＿＿＿＿

　10. ＿＿＿＿＿＿＿＿＿＿　　　　　10. ＿＿＿＿＿＿＿＿＿＿

不當行為

　　1. ＿＿＿＿＿＿＿＿＿＿＿＿＿＿＿＿＿＿＿＿＿＿＿＿＿

　　2. ＿＿＿＿＿＿＿＿＿＿＿＿＿＿＿＿＿＿＿＿＿＿＿＿＿

　　3. ＿＿＿＿＿＿＿＿＿＿＿＿＿＿＿＿＿＿＿＿＿＿＿＿＿

　　4. ＿＿＿＿＿＿＿＿＿＿＿＿＿＿＿＿＿＿＿＿＿＿＿＿＿

　　5. ＿＿＿＿＿＿＿＿＿＿＿＿＿＿＿＿＿＿＿＿＿＿＿＿＿

（特權作業單 2-2）

如何管理公共場所的行為問題

　　孩子學會在家中遵循規矩及指令後,便較容易學會如何在商店及餐廳等公共場所管理自身的行為。身處公共場所時,務必要記得讚美孩子的適當行為,並針對他的不當行為祭出相應後果,跟在家並無二致。以下是值得注意的要點,希望能有所幫助。

實地演練
- 帶孩子到外頭逛個十五至二十分鐘,實際演練下列的要點。

制定規則,明訂何謂良好行為,並跟孩子一同審視這些規則
- 最多制定三至四條規則。

  範例:帶孩子去採買日常用品時,規則可以是:「待在手推車旁邊,不要擅自拿取架上商品,並且不得大聲喧譁。」

稱讚孩子的表現良好
- 針對孩子的適當行為提供正增強。
- 使用具體且指涉清楚的稱讚。

  範例:「你一整趟都乖乖待在手推車旁真的很棒。」
- 行程結束後,可考慮給孩子特殊獎勵。
- 可考慮使用點數或代幣系統,只要孩子表現良好,便可贏得點數或代幣,並以此換取增強物。

針對不當行為制定後果
- 事先制定好相關後果,並解釋給孩子知道。
- 若要動用點數或代幣系統,不妨加入反應代價法的元素,也就是孩子若出現不當行為,便會扣除點數或代幣。

（如何管理公共場所的行為問題 1-2）

- 如果在家中已順利用過修改版本的暫時隔離，不妨也在公共場合使用看看。

  要求孩子安靜地坐或站在某個位置一小段時間（如三十至四十五秒）。

讓孩子有事情做

- 多跟孩子對話，要求他完成一些小任務。

  範例：帶孩子去採買日常用品時，可以指出下層架上的特定商品，並請他幫忙拿取。

如果孩子大哭大鬧──絕對不要屈服

- 忽略孩子的哭鬧行為。

- 有必要的話，可直接離開店裡、餐廳等地點，等到孩子冷靜下來才回去。

  （注意：如果要離開公共場所，務必要陪著孩子，不要讓他落單。）

  一旦孩子冷靜下來，務必重拾剛剛在做的事情，否則他未來只要想逃離某個情況，便會藉由大哭大鬧來達到目的。

（如何管理公共場所的行為問題 2-2）

Chapter 4

內隱問題
該怎麼治療？

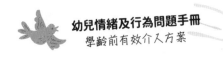

　　如第一章所述，內隱問題包含了一系列的症狀，例如憂鬱、焦慮、身體（心）症狀，以及社交孤立等。相較於外顯的病症，這些內隱問題通常較難以察覺，尤其對幼童來說更是如此。難以察覺加上治療不易，不少內隱問題不是遭到誤診，就是壓根沒有受到治療。不但如此，前來協助的臨床專業人員也要注意，幼兒表現出來的症狀常跟年齡較大的兒童不同。本章將會介紹針對出現焦慮、選擇性緘默症、身心症狀，以及憂鬱的幼兒所設計的預防及介入方案。其中也會回顧過去文獻，探討該如何協助曾經歷創傷事件或虐待的幼兒。最後，本章也會討論正念的介入方案，以及兒童若出現內隱病症，有哪些技巧能夠幫助他們。

焦慮症

　　如前所述，幼兒的焦慮症百百種，但其中都是涉及超出情境下應有的正常反應，且不符孩子自身發展水準的恐懼及焦慮情緒。此時若以「你真笨耶」或「你怎麼這麼傻」回應孩子，試圖降低他的恐懼跟焦慮感，必然只會造成反效果。反之，孩子如果出現這些感受，應該要獲得同理及肯定。有些人認為孩子的焦慮情緒會隨著時間消散，也有人認為孩子只是「難搞」或「想要吸引別人注意」，但確實有證據指出，有些出現於幼兒期的焦慮問題，會一路延續至兒童期，甚至長大成人以後也脫離不了（Merrell, 2008b）。有鑑於此，若孩子的恐懼及焦慮情緒極度嚴重，或是比預期來得更為嚴重，便應採行介入方案。

　　一旦發現焦慮問題，並且經過評估鑑定（見第二章）確認特定症狀，便可開始設計一套治療計畫。事實上，許多不同的障礙症及症狀組合，通常會動用到相似但本質各有不同的介入方案。接下來就列舉適用於幼兒的治療計畫和介入方案，舉凡特定畏懼症、分離焦慮症等焦慮問題皆會有所

提及。若家長要更了解焦慮問題的介入方案，可見表單 4.1 的講義。

✿ 恐懼及特定畏懼症

特定畏懼症的預防方案

　　若要防止童年恐懼演變為畏懼反應，有數種可行的預防方法。首先要避免為了降低這些恐懼感而刻意冷處理，舉凡「這太可笑了，窗戶外面才沒有怪獸哩」這樣的回應，可能只會引起反作用，讓孩子不敢跟大人談論自己的恐懼。比較好的方法，會是同理並釐清孩子的恐懼，但同時不去證實這些恐懼是否為真。舉例而言，家長可以說：「伊莉，我知道窗外那些樹的影子很嚇人，而且妳真的嚇壞了。不過我也知道，妳曉得外頭那些只是樹對吧？每到了晚上，這些樹真的很會搖來擺去，對不對？」這種回應方式能讓孩子一方面覺得受到理解，也幫助他們進一步理解造成自身恐懼的刺激物為何（Garber, Garber, & Spizman, 1992）。

　　除此之外，我們也要小心謹慎，以免無意間增強了孩子的恐懼感。畢竟孩子可能會因為別人（通常是孩子的重要他人）告訴他「何時要感到害怕」，進而習得、維持及增強自身的恐懼跟畏懼感。舉例來說，家長若是跟怕狗的孩子說：「馬修，那邊有條狗耶，我們走另一條避開牠吧，我知道你怕狗」，反而只會使情況惡化。家長想讓孩子冷靜下來，所以可能會忍不住動用這項策略，只是放長遠來看，這一類型的回應多半會加強孩子內心的恐懼感（Ollendick, Davis, & Muris, 2004）。

恐懼及特定畏懼症的治療方案

　　若想治療恐懼及特定畏懼症，除了動用到系統減敏法、示範法、後效管理法等行為改變技巧，也得用上正向自我對話等認知改變技巧。除此之

外,近來也有人把正念練習應用於較為年幼的族群,所以本章也會概略介紹。越來越多實證研究指出,上述這些技巧確實對學齡前及幼兒園年紀的兒童有效,另外研究也發現,許多原本用於國小年齡兒童的技巧,對年紀更小的兒童也同樣有用,但前提是臨床專業人員要確認過相關的說明及程序已有所調整,使其符合幼兒的認知水準。

● 系統減敏法

系統減敏法(systematic desensitization)指的是讓個案逐步接觸恐懼的刺激物,並且輔以放鬆法(relaxation)等技巧來減緩焦慮的情緒。首先要請孩子列出可能遇到刺激物的情境,然後一一為每種情境評分,整理出一份從最不恐懼到最恐懼的「恐懼等級表」。接下來就是讓孩子接觸恐懼的刺激物,並同時動用漸進式肌肉放鬆(progressive muscle relaxation)等減緩焦慮的技巧,幫助他們度過這段期間。接觸恐懼的形式不拘,可以是真實生活的情境,也可以是想像出來的情境。若要減緩兒童的恐懼及畏懼感,上述這是相當常見且有效的介入方案(Morris et al., 2008; Ollendick et al., 2004),另外也有研究指出,深呼吸及漸進式肌肉放鬆等技巧確實對幼兒具有效果(Friedberg et al., 2011)。

接下來會以臨床專業人員及個案兒童對話的形式呈現一則「孩子害怕蜘蛛」的案例,說明如何應用系統減敏法。個案的名字是蘇菲,她對於蜘蛛出現極端畏懼反應,例如逃跑、大哭和尖叫等,也因此拒絕參與某些活動,像是跟朋友到院子裡玩耍。這樣的畏懼症狀顯然影響她的社交功能,她也因而被轉介給某位臨床專業人員。

臨床專業人員:蘇菲,我們來談談蜘蛛好嗎?
蘇菲:蜘蛛超級可怕的⋯⋯我討厭蜘蛛。

臨床專業人員：妳為什麼覺得蜘蛛可怕呢？

蘇菲：牠們黑黑的又多毛，還有很大的腳，而且還會吃人。

臨床專業人員：原來如此，還有嗎？

蘇菲：我看過一部電影，裡面有個小孩被蜘蛛網困住，然後蜘蛛先是咬他，再把他吃掉。

臨床專業人員：妳如果看到蜘蛛，會怎麼做呢？

蘇菲：我會邊叫邊逃跑，有一次我在學校看到一隻蜘蛛，就跑去廁所躲了起來。

　　事實上，讓孩子有機會暢談自己為何很害怕某個刺激物，以及他接觸到該刺激物時會做出什麼反應，都有助於蒐集資訊，深入了解孩子的畏懼症狀，並且藉此建構出他的恐懼等級表。不過若要幼兒詳述自己的畏懼症狀及相關行為，通常會碰上一些困難，所以除了需要個案的家長協助指出孩子遇到刺激物時的反應，也要他們幫忙建構恐懼等級表。這份等級表應從最不可怕的情境開始，例如凝視書中的蜘蛛圖片，並以最可怕的情境為結尾，例如實際觸碰一隻蜘蛛。至於等級表上究竟該有多少項情境，全然取決於個案恐懼的複雜程度。

　　個案需要為每項情境評分，藉此決定其恐懼等級究竟多高。對於幼兒來說，若是詢問他「這個情境到底多可怕」的時候，有一套如同表單 4.2 的視覺輔助評分系統供他參照，會是助益良多的做法。舉例來說，他或許能說自己「怕到了膝蓋／胃部／頭部」，以此表示「有點怕」、「還蠻怕」，以及「非常怕」等不同的畏懼程度。以下仍是蘇菲跟臨床專業人員之間的對話，用以示範該怎麼問出這類資訊。

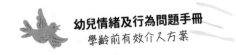
臨床專業人員：我大概知道蜘蛛對妳來說多可怕了。現在我們來幫妳
　　的恐懼程度打打分數吧，如果只是說到蜘蛛這件事，妳會覺得
　　多可怕？

蘇菲：怕到了膝蓋。

臨床專業人員：了解，那麼要是看到書裡有蜘蛛的圖片呢？

蘇菲：怕到了肚子。（指向自己的肚子。）

臨床專業人員：了解，那麼要是看到電視上有蜘蛛呢？

蘇菲：怕到肩膀了。

臨床專業人員：原來如此，如果真的在牆上看到一隻活生生的蜘蛛
　　呢？

蘇菲：一路怕到脖子了。（指向自己的下巴。）

臨床專業人員：要是真的去抓蜘蛛呢？

蘇菲：怕過頭了！（指向天花板。）

　　臨床專業人員若運用上述的詢問方式，便能定位出各項刺激物的恐懼
程度所在，未來也能依此協助蘇菲克服自身的恐懼。至於實際的例子，可
以參考表 4.1。值得一提的是，構建這份表格的時候，有可能會讓孩子產
生焦慮情緒，也因此通常不會一次到位，而要分成數次實行。另外如前所
述，個案幼兒的家長多半也會參與其中，協助指出孩子會固定避開哪些事
物或情境，以及這些恐懼刺激物會帶來何種反應（例如哭泣或依偎他人
等）。

　　一旦恐懼等級表建構完成，臨床專業人員便可依此找出相對應的方案
來緩解這些恐懼，通常來說，放鬆法會是較常使用的因應方案。有鑑於
此，接下來便會介紹一些兒童常用的放鬆技巧。

表 4.1　恐懼等級表

恐懼程度最高

> 看到一旁的桌上有蜘蛛
> 看到牆上有蜘蛛
> 在電影裡看到蜘蛛
> 看到書本裡有蜘蛛圖片
> 講出「蜘蛛」這個詞

恐懼程度最低

● 深呼吸

　　不論是成人或兒童的生理機能，都會因為壓力太大而受到影響。舉例而言，人們要是感到焦慮，除了呼吸次數減少（因為忘記要呼吸），吸氣也會變得較淺及短促。若想紓解這種情況，深呼吸可說是相當重要的技能。而若是面對的個案為兒童，練習場所應該選在安靜且隱密的空間。接下來，臨床專業人員和個案要雙雙在地板上躺平。孩子要一手放在胸口，另一手置於腹部，若是他的呼吸方式正確，放在腹部上的手應會隨著呼吸頻率上下起伏，而放在胸口的手則不會移動。臨床專業人員可以示範正確的呼吸方式給孩子看，告訴他要「把腹部充飽氣，像氣球一樣充飽氣」。絕大多數的時候，臨床專業人員會需要適時給予回饋，例如告訴孩子「腰不要彎」或「腹部不要凸出來」等。另外，臨床專業人員除了要讓孩子知道，學會這種「腹式呼吸法」可能需要大量練習，並且鼓勵他們每天都加以練習，也要告訴家長應多加讚美確實做到這點的孩子，以及若有時間和精力的話，不妨身體力行跟他們一同練習。等到孩子熟練了躺著時的腹式呼吸法後，便可進一步練習坐著及站著時的腹式呼吸法，就連其他不同的情況也能一併訓練（Friedberg, Gorman, Hollar Witt, Biuckian, & Murray, 2011）。更多呼吸技巧介紹，請見本章後文「正念」的部分。

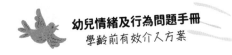

● **放緩呼吸**

深呼吸的技巧學會以後，下一步就是要幫助孩子放緩自己的呼吸頻率。常見的做法是吸氣四秒、屏住呼吸四秒、吐氣四秒，最後再屏住呼吸四秒。不過，取決個案的年紀及肺活量，這些秒數都可以有所調整。重點還是一樣，臨床專業人員應先向孩子示範數次，並且陪同練習，讓他更容易習得這項技巧。本章後文「正念」的部分，會談及更多呼吸方式的相關資訊，也會提到適用於幼兒的變化呼吸方式。

● **漸進式肌肉放鬆**

當我們壓力太大或過度焦慮時，肌肉通常會為之緊繃，帶來許多生理上的不適，例如頭痛、背痛、腿痛跟胃痛等都有可能。兒童也是一樣，只要心情焦躁不安，就會出現許多身心或生理狀況。碰上了這種情況，漸進式肌肉放鬆就是特地用於紓解生理狀況及焦慮情緒的技巧。漸進式肌肉放鬆奠基於肌肉生理學的原理，也就是肌肉緊繃後再釋放壓力，便可以放鬆下來。

漸進式肌肉放鬆的第一步就是讓孩子找個舒服的姿勢坐下來，或是讓他微微斜靠在舒適的椅子上，並且搭配深呼吸及放緩呼吸的技巧，以便進入狀況。除此之外，臨床專業人員要讓孩子知道，他接下來必須進行一系列不同的練習來放鬆自己的肌肉。當然，若能陪同孩子練習，示範各項練習，並且討論箇中好處，會是比較好的做法。另外，若要讓過程更為順利，不少人也會使用事先擬好的腳本（見表單 4.3）。依據不同個案的年齡及發展程度，這份腳本都可以有所修改。最後，每次練習之間的空檔，應該要讓孩子深呼吸及放緩呼吸。

所謂的心像法及想像法也是可以整合進系統減敏法的策略，接下來會有較詳細的解說。

● 心像法

心像法（imagery）可與深呼吸和（或）漸進式肌肉放鬆一同操作。基本上，這個方法便是要孩子想像自己正在進行某個好玩的活動，或是處於某個能夠放鬆的場所。要是他想不到任何活動或地點，臨床專業人員可建議他想像看看「盪鞦韆」、「在遊戲場玩耍」，或是「到海邊玩」等情境。另外，他在心中想像放鬆、有趣情境的時候，也可以帶入觸覺、味道及聲音等元素。舉例來說，孩子想像自己在盪鞦韆時，臨床專業人員可以從旁指引他體會一下微風吹拂髮梢、聽聽遊戲場傳來的吵鬧聲、嗅聞隨風而來的草香，還有感受鞦韆盪至高處時腹部的癢搔感。

● 情緒心像法

情緒心像法（emotive imagery）是要找出孩子心目中的超級英雄，並把這位英雄帶入某個孩子也參與其中的幻想故事。根據研究，孩子的超級英雄若是出現在他的幻想故事中，可以有效提升他對療程的興趣及投入程度（King, Heyne, Gullone, & Molloy, 2001）。首先，臨床專業人員會請孩子閉上雙眼，想像一個得以引發正面情緒的故事，並描述自己的超級英雄在其中會發生哪些事。故事一旦創作完成，臨床專業人員便可先把恐懼等級表上程度最低的情境或事物帶入其中，讓原本的正面情緒來緩解這些恐懼。換言之，故事本身便成了某種用來放鬆的方式，陪伴孩子一一度過恐懼等級表上的種種情境。但臨床專業人員也要留心孩子有無出現焦慮的行為舉止或跡象，以免進展過快，反而引起反效果。

不過儘管放鬆法和心像法是系統減敏法最常見的紓解策略，卻不一定適合某些學齡前兒童。若碰到這種情況，不妨改採所謂的「分心法」（distraction technique）。舉例來說，臨床專業人員可以請孩子帶著他最喜愛的玩具來進行療程，一邊讓他接觸會引起焦慮及恐懼的事物或情境，一

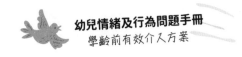

邊則鼓勵他玩玩具。不但如此，研究也指出，讓孩子跟喜愛的人互動，或是參與會逗得他們哈哈大笑的事情，都是可行且有效的替代方案（Schroeder & Gordon, 2002）。

臨床專業人員在確定孩子熟練放鬆的方法（或是其他替代方案）後，則可進到系統減敏法的下一個階段，也就是從恐懼等級表上的第一項情境或事物開始，依序替它們找到相對應的放鬆方式。這裡還是以蘇菲為例子，我們首先要處理的是她「講出『蜘蛛』這個詞」（見表 4.1）時會出現的恐懼感。臨床專業人員應於蘇菲說「蜘蛛」這個詞前後，陪她一起練習放鬆效果良好的技巧。這種配對法的原理在於孩子不可能同時既焦慮又放鬆，這是生理上的限制。正因如此，若是孩子面對恐懼及畏懼的情緒之際，同時又要放鬆下來，便會自動解除或「關閉」負面的焦慮情緒，並讓他們覺得自己得以掌控情勢，也比較不會害怕這些事物或情境。這整個過程通常得花上好幾次的療程，但臨床專業人員不應操之過急，反而要給予大量時間，讓孩子確定自己已經克服恐懼等級表上的前面幾項情境或事物，接著才繼續往下進行。接下來的這段對話，恰恰展現了如何應用及整合這些技巧。

> **臨床專業人員**：用腹部呼吸，放鬆肌肉，很好，妳做得很好。依照我們的恐懼等級表，妳說自己現在的恐懼等級大概到「腳」的程度。能不能請妳說出「蜘蛛」這個詞？來，先深深吸氣，一邊吐氣一邊說「蜘——蛛」。（示範練習方式。）
>
> **蘇菲**：（深深吸了一口氣。）蜘——蛛。
>
> **臨床專業人員**：表現很棒。現在多吸幾次氣，然後吐出來。（示範深呼吸。）來，依照我們的等級表，妳現在的恐懼程度又在哪兒呢？腳、膝蓋、肚子、肩膀、脖子，還是頭部呢？

蘇菲：是膝蓋。

臨床專業人員：我們多深呼吸幾次，順便放鬆一下肌肉。（示範漸進
　　　　式肌肉放鬆。）好，現在妳感覺如何？還覺得害怕嗎？

蘇菲：現在到腳了。

臨床專業人員：非常好，再深深吸一次氣，慢慢吐掉。接下來，我要
　　　　妳先深呼吸一次後，一邊吐氣一邊說「蜘──蛛」，像我這樣
　　　　做就對了。（親自示範。）

蘇菲：（深深吸了一口氣。）蜘──蛛。

臨床專業人員：非常好，我們再深深吸一口氣，再吐出來。現在妳覺
　　　　得自己多害怕呢？

蘇菲：還是在腳。

臨床專業人員：沒關係，做得非常好喔。現在再深深吸一口氣，吐氣
　　　　的時候再說一次「蜘──蛛」。

　　值得注意的是，如同此例所示，這位臨床專業人員並未一口氣解決掉
整份恐懼等級表，反而是聚焦於單一的情境或事物，一直到蘇菲較為放鬆
後才暫告一段落。等到蘇菲克服了說出「蜘蛛」這個詞後，便會進到下一
項情境：「書中有蜘蛛圖片」，並且運用相同的放鬆技巧去處理伴隨而來
的恐懼情緒。事實上，每次療程期間，臨床專業人員都應先從恐懼等級表
上程度最低的情境或事物開始，以免孩子才一開始就被恐懼感淹沒，反而
失去了治療的意義。另外，只要孩子有所進步，便應給予讚美及正增強，
這也是接下來論及「後效管理」段落的時候，會較深入介紹的幾項概念。

　　對於兒童來說，這種讓他們與恐懼面對面的治療方法，例如系統減敏
法，已證實是減緩焦慮情緒的一大良方（Higa-McMillan, Francis, Rith-
Najarian, & Chorpita, 2016）。如前所述，接觸恐懼的形式不拘，可以是真

實生活的情境（在現實生活中慢慢讓孩子接觸恐懼刺激物），也可以是想像出來的情境（讓孩子想像某項恐懼刺激物），前者雖會有實務上的限制，但卻是較能減少兒童畏懼反應的做法。檢視兩者效果差異的研究便發現，對三至十歲兒童而言，「真實情境刺激」比起完全無治療或「想像情境刺激」來得有效（Cowart & Ollendick, 2013; Ollendick & King, 1998）。因此以前述的例子來看，蘇菲若能漸進式地接觸她所害怕的刺激物（蜘蛛），先從書中文字開始，慢慢轉至蜘蛛的圖片、塑膠假蜘蛛，最後再到真正的蜘蛛，同時輔以放鬆練習，會發揮較大的效果。

治療期間家長也應參與其中，了解專業人員所用的放鬆技巧為何，如此一來，若是他們的孩子在家碰到會引起焦慮的刺激物，這些家長也能有所因應，協助孩子緩和情緒。不過臨床專業人員也要提醒家長，千萬不要自己操之過急，躁進地想解決恐懼等級表上的每個項目。他們要著眼的部分，應是已在療程期間實行過的項目。舉例來說，若是某位「恐狗症」的孩子在療程時已能直視圖片中的狗，那麼等他回到家中以後，家長不妨也讓他多看看跟狗有關的書籍，進一步強化這方面的技巧，並且適時給他讚美。

● 恐懼及特定畏懼症的其他介入技巧

如前所述，系統減敏法是最常用於緩解恐懼及畏懼症的技巧，但其實還是有其他效果也不錯的方法。因此若有需要，也不妨試試看接下來介紹的幾種方法。

• 認知取向方法

若要協助心生焦慮的兒童，包括正向自我對話在內的「認知行為治療」（cognitive-behavioral therapy, CBT）是常見的介入方案。當然，太過複雜的認知行為治療技巧，可能不太適合年紀幼小的孩子，但較為簡單的認

知技巧卻可能效果卓絕。Hirshfeld-Becker 等人（2010）發表的研究便指出，接受親子認知行為治療的四至七歲兒童，明顯更能控制自身的社交畏懼症／迴避性人格障礙（效果量＝0.95）及特定對象畏懼症（效果量＝0.78），而且這些效果到了一年後的追蹤期仍然存在。不僅如此，另一項研究也回顧過去文獻，檢視用於治療三至十八歲兒童及青少年焦慮症狀的方法，結果發現認知行為治療確實是有效的介入方案，整體效果量達 1.19（Higa-McMillan et al., 2016）。

對於有焦慮或憂鬱症狀的兒童來說，正向積極的自我陳述（self-statement）也是相當有用的方法，能夠讓他們更為樂觀、自信。臨床專業人員可跟孩子合作，共同列出一份正向自我陳述的清單，指涉的對象可以是孩子本人，也可以是某個特定的情境。只要碰上負面的想法或陳述，就該找出相對應的正向想法，為幼兒量身訂做他們的「煩惱橡皮擦」。舉例而言，有位小朋友很怕去幼兒園上學，他便可鼓勵自己：「我才不怕！」「爸爸放學就會來接我了，我沒問題的！」或是「我很勇敢，我會交很多朋友。」臨床專業人員及家長要多讓孩子練習這一類型的正向自我對話，首先請他們大聲說出特定的陳述句，再慢慢轉至內在的自我對話（例如在腦中輕聲肯定自己），最後才踏入特定的社交情境（例如幼兒園，面對原本會造成焦慮情緒的刺激物）。

• 示範（或稱模仿／仿效）

有研究回顧過去的文獻後指出，對於二至十六歲有焦慮症狀的兒童來說，示範（modeling，或稱模仿／仿效）不只是相當常用，也是頗為有效的治療方法（Higa-McMillan et al., 2016）。對孩子來說，這項方法讓他們得以觀察其他人如何不帶恐懼地跟恐懼刺激物互動，例如有「恐狗症」的孩子便可觀察其他小孩跟狗狗玩耍的樣子，藉此緩解內心恐懼。再來，所謂

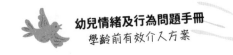

的示範既可以是現場示範，也可以是象徵性示範（symbolic modeling）。前者意指「孩子親眼見證另一個真人與恐懼刺激物互動」，而後者則是「以影片的形式呈現示範內容，或是由孩子自行想像」。另外還有參與式仿效（participant modeling），意思是孩子不僅僅看別人示範，自己也要有所參與（例如有恐狗症的孩子也一起去跟狗玩）。其他諸如自我對話跟深呼吸等技巧，也常常和示範一起搭配使用，藉由這些應對策略及認知重構的技巧，解決負面或適應不良的想法（Dasari & Knell, 2015; Schoenfield & Morris, 2009）。舉例來說，示範者實行參與式仿效的時候，可以一邊慢慢接近那隻狗兒，一邊說：「我雖然有點害怕，但一切都會沒事的，我可以再靠近一點點，沒問題的。」接下來，臨床專業人員便能鼓勵害怕狗的孩子依樣畫葫蘆，一方面運用相似的應對策略／正向自我對話，另一方面慢慢朝那隻狗接近。根據研究，示範者若是漸進式地與恐懼刺激物互動，會達到最佳的效果（Morris et al., 2008）。

針對三至五歲兒童所做的研究顯示，接受「有人示範接近恐懼刺激物，有所畏懼的兒童在旁觀察」這種團體治療方式的兒童，會比「未有人示範，自己得親身接觸恐懼刺激物」的兒童，出現較少的恐懼情緒，並且更願意接近該項刺激物（Ollendick & King, 1998）。不論是現場示範或象徵性示範，都是想要治療過度恐懼及畏懼症狀的有效方法，但參與式仿效的效果又比前述兩者為佳，原因是多了引導式參與的元素（Cowart & Ollendick, 2013; Ollendick & King, 1998）。雖然示範者常常是找同齡的孩子，但家長、教師與其他成人也可以身作則，用不懼不怕的方式應對孩子所害怕的刺激物。

• **後效管理**

對出現恐懼行為的兒童來說，後效管理（contingency management）無

疑是另一項常見的治療方法。若對象是幼兒的話，又以塑造（shaping）及正增強為重心，常常也會搭配家長訓練一同進行（Cowart & Ollendick, 2013; Lewin, 2011）。塑造指的是以正增強為驅動力，連續且漸進地引導現有行為，使其越來越接近理想中的模樣。舉例來說，剛剛那位恐狗的孩子若與狗共處一室，便會得到增強，接下來若是繼續接近那隻狗，又會得到增強，最後等他終於跟狗玩在一塊兒，則會再次獲得增強。至於正增強的用途，是加強及維持任何取得的成果，舉凡讚美或實體增強物（tangible reinforcer，例如小玩具或貼紙）都是相關的例子。根據研究，同時運用多項增強物，會是最能維持孩子興致的方式（Friedberg et al., 2011）。另外，若要視覺呈現孩子克服恐懼時的重大成就，圖表也會是很有幫助的工具。舉例而言，臨床專業人員或家長可找張紙板來，為怕狗的孩子設計一條彎彎曲曲的道路，途中列出不同的成就項目，例如注視圖片中的狗、跟狗共處一室、慢慢向狗接近，以及跟狗一起玩等，並且用麥克筆一路記下他的「解鎖成就之旅」。再來臨床專業人員及家長便要祭出「消弱」（extinction）的策略，避免增強孩子的迴避行為（Morris et al., 2008; Ollendick et al., 2004），意即家長及照顧者不再關注或屈服於孩子的迴避行為，也不再因為迴避行為而過度安撫孩子。

　　Ollendick 和 King（1998）曾回顧後效管理的相關研究，並指出若以增強為手段，引導孩子漸進式地接觸恐懼刺激物，比起完全未接受治療來得有效，也比現場示範及口語相關的應對技巧（如自我對話）來得效果卓越。換言之，學齡前及幼兒園年紀的孩子要是駕馭不了正向自我對話，或是系統減敏法等較需認知能力的治療方案，那麼後效管理會是相當有用的替代方案。

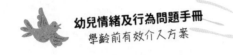
❀ 分離焦慮症（包括拒學或拒托育機構症）

孩子跟主要照顧者分開的時候，幾乎多少都會覺得焦慮，難以避免。事實上，對於十八至二十四個月大的幼兒來說，這種分離焦慮是很理所當然的事。他們要跟父母分離前，通常會出現哭泣、發脾氣，以及依偎等。不過有些孩子即便過了此一成長階段，仍會出現這些焦慮的症狀，或是過了學步期，相關症狀卻還是超出合理範圍，這時就會需要臨床專業人員加以關注（Huberty, 2010）。如第一章所述，分離焦慮症的特點便是「與依附的對象分離或離開家的時候，表現出與成長階段不符的過度恐懼及焦慮，並且持續至少四週」（American Psychiatric Association, 2013）。

每個孩子剛開始上學或去托育機構時，都會歷經壓力頗大的分離期，許多人因為陌生的人事物，再加上與父母分開，都會感到侷促不安。不過很多兒童也會克服焦慮情緒，很快便融入環境，享受起新的生活。但有些孩子到了分離時刻或即將分離之際，仍會持續表現出分離焦慮的症狀，這時就需要介入處理，而接下來的這一部分，便會談及如何預防及治療這一類型的問題。另外要注意的是，以下提及的介入方案雖是以學校或托育機構為背景，但若是孩子對於保母或陌生親戚感到焦慮，或是懼怕某個全新的情境，其中許多方法也能派上用場。

分離焦慮症的預防方案

對心理健康領域的從業人員而言，因為幼兒的分離焦慮症狀多是在他們上學或前往托育機構前首次出現，想要加以預防可說是相當困難。有鑑於此，這裡提到的預防方案或許要著重於避免問題惡化，以及減緩焦慮症狀所帶來的後果（Huberty, 2008）。不過家長在孩子踏入新環境前，其實也能有所作為，避免孩子變得過於焦慮。首先，家長本人必須慎選孩子接下來要面對的新環境，例如要送他們去學齡前學校或托育機構的時候，最

好事先拜訪幾家相關機構，以便評估何者才是孩子最適合的去處。拜訪期間，不妨跟托育機構人員及教師談談，並且觀察那裡正常的作息為何，如此一來，家長本人便可以安心不少，進而讓孩子也比較有信心。如果孩子因為新來的保母而心生焦慮，也不妨先請對方到家裡坐坐，讓家長帶著保母跟孩子認識一下。同理，換作是新的托育機構或學校，家長也應考慮選個週末或夜晚，帶著孩子去認識一下該處的建築物及場地，幫助他融入新的環境。

　　若是家中孩子即將進入新的環境，家長應傳達出積極正面的態度，例如討論新環境有哪些令人振奮的事情，像是各種不同的比賽、美術作業，以及校外教學等。另外在此過程中他們也應提及教師、保母或是托育機構人員的名字，好讓孩子慢慢熟悉這些即將走入自己生活中的成人。

　　等到「大日子」到來，家長應該帶著孩子一同前去新環境報到，並在現場待個一時片刻，稍微陪伴一下孩子，以免他覺得自己遭人遺棄。要是爸媽屆時不忍離開，或許可以多找一位孩子熟悉的成人陪同，在必要時提供協助。除此之外，家長也可鼓勵孩子參與當天初始的一些活動，要是他不費吹灰之力就融入其中，家長便可先行離去，但要記得告知孩子自己放學後會來接他。當然，家長務必要準時抵達，尤其是剛開學的幾天更是要小心戒慎。但若是孩子不大願意參與那些活動，或是一看到爸媽要離開便大哭大鬧起來，家長稍陪片刻後，還是應該向孩子告別，並允諾會來接他回家。一般而言，托育機構人員跟學齡前學校或幼兒園教師都很習慣這種場面，可以協助轉移孩子的注意力到學校活動上。

　　一天落幕後，家長也應撥空跟孩子討論他們在新的環境做了哪些事，並抱持熱情地回應。另外他們也要多加讚美孩子的成就，不論孩子帶了何種作品回家，不妨都貼在冰箱門或剪貼簿上，好好「展示」一番。

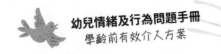
分離焦慮症的治療方案

如果想要辨別出托育或學校機構情境下的分離焦慮症，第一個明顯徵兆便是拒學。孩子可能會直截了當地表明自己寧可跟爸媽待在家中，也不願去上學，但他們更常是以較為迂迴的方式傳達出這種焦慮情緒。舉例來說，他可能一早起來就會抱怨腹痛或頭痛，而等到家長四下張羅，準備要帶他去上學時，又突然大吵大鬧起來，怎樣就是不肯去上學。除此之外，這一類型的孩子若要與家長分離，獨自一人待在新環境，通常也會變得極其依附爸媽。不過，要是孩子對托育或學校機構真的有擔憂之處，大人務必仔細傾聽，並審慎判斷是否確有此事。例如孩子若表示托育機構的人員很「壞」，家長便應請他明確敘述對方是怎樣「壞」，像是問：「所以你覺得湯普森老師很壞囉？她做了什麼事情呢？」這樣一來，家長便能進一步確定該機構是否有不當對待的情事。若有必要的話，也不妨無預警造訪該機構，當場觀察看看工作人員如何與孩子互動，藉此判斷有無可疑情事。值得注意的是，雖然托育及學校機構極少出現不當對待的情況，但並不能完全排除這種可能。若當真有跡可循，便應追查到底，甚至把孩子轉置到其他機構或學校。不過大多數的時候，孩子只是對新環境感到焦慮，而這種焦慮情緒務必要有所處理，以免越來越嚴重。

然而，不是每個拒學症的案例都與分離焦慮症有關。要是孩子的擔憂情緒源自於某特定事件，例如其他孩子常常捉弄他，那麼也可能出現拒學症或社交畏懼症。有拒學症或社交畏懼症的孩子，多半是因為害怕特定的人事物，但有分離焦慮症的孩子則主要是擔心與父母分離。因此找出孩子為何想要待在家中，例如他是否想要逃避令人厭惡的社交或評估場合等，可說是相當重要。若是孩子可以直指困擾自己的事物為何，家長便應和托育機構的人員或教師一起合作，盡快解決相關問題（Huberty, 2011; Kearney,

2006）。另外，孩子之所以想要待在家中，也可能單純是因為他沒去上學或托育機構的時候，在家都能得到爸媽的關注，而且家中也有其他增強物存在，例如電視等等。

再來，幼兒常會抱怨身體不舒服，不想去上學，一開始可能會讓人信以為真，但實情有時並非如此。當然，許多抱怨身體不舒服的孩子確實得了感冒或其他病症，只是家長不得不正視他們可能是在裝病的可行性，而且要盡快做出判斷。足堪判斷的跡象包括（但不限於這些）：上學或去托育機構前常常抱怨身體微恙，但只要得以待在家中就會「起死回生」；沒有明顯的病徵，例如流鼻水或發燒；週間或要返回特定場合時常常抱怨身體不舒服，但跟爸媽相處的時候卻又病情全無；以及明明看來健康無虞，但剛好在回去學校或托育機構前頻頻表示自己不大舒服，可能沒法前去上學。面對這些情況，求助小兒科醫師是可行的解方，讓專家來判斷孩子是否真有病情。若是找不出足以讓孩子請假缺課的原因，則應送他回去托育或學校機構。更多身心症狀的相關介入方案，本章後續會深入探討。另外，家長及其他成人務必避免增強孩子的焦慮及迴避行為，例如若是同意讓孩子待在家中，反倒往往會惡化他的焦慮症狀，所以要是他想逃避上學或去托育機構，應該盡快帶他回去該場所，即使沒有要待滿整天，也至少要待上一陣子；要是孩子仍然待在家中沒去上課，也要禁止他接觸特定的增強物，例如電視等。另一方面，家長也應運用正增強（如讚美），增加孩子上學的意願，並且忽略他們為了逃避上學而做出的種種行為（例如哭泣及發牢騷等）。除此之外，家長也不妨建立一套機制，只要孩子願意上學，不要出現負向行為，便可贏得實體增強物。分離焦慮症的詳細治療方案，請見表單 4.4。

柯蕾特是一位不願去幼兒園上學的小女孩，以下會以她的案例說明分離焦慮症該如何治療。

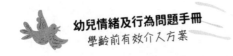

1. 開學前一天，媽媽告訴柯蕾特她明天就要回去學校了。面對柯蕾特又哭又鬧又懇求要待在家中，媽媽全然置之不理。

2. 隔天早上，媽媽叫醒柯蕾特，替她打理好服裝，並準備好早餐給她吃，最後以不帶感情的口吻告訴柯蕾特，自己上班途中會送她去上學。無論柯蕾特怎麼懇求不要去上學，都被媽媽所忽略。

3. 柯蕾特會拿到一項「過渡物」（transitional object），讓她在學校也會覺得安全。所謂的「過渡物」指的是孩子的主要依附對象給予的物件，讓他得以想到這位照顧者。舉凡放有父母照片的盒式項鍊、「幸運幣」、「力量戒」，或是父母手寫和手繪的紙條及圖畫，都是能讓孩子覺得自己很特別、為人所愛，而且充滿力量的過渡物。柯蕾特的媽媽就給了她一枚幸運幣放在口袋裡，幫助她在放學見到自己以前，能夠保持「力量滿滿」且「心情快樂」。

4. 柯蕾特的媽媽已事先告知老師，自己的女兒有分離焦慮症的情況，因此老師當天便有協助安撫柯蕾特。那天，即便柯蕾特還是時不時會哭，甚至不大跟其他孩子互動來往，但總算還是得以整天待在教室中，沒有出現其他狀況。只要她願意跟其他小朋友一起玩耍，老師也會大力稱讚她。

5. 放學後媽媽來接柯蕾特，並跟老師談談女兒今天適應如何。晚上，媽媽告訴柯蕾特她知道要柯蕾特去學校不是件容易的事，但接下來一天會比一天好。當然，柯蕾特還是哭鬧了一陣子，並且表示明天不想去上學，只是媽媽還是努力忽略這些懇求，並且設法增強她去上學的動機。

6. 隔天一早，柯蕾特又重演了昨天的戲碼，先是哭鬧尖叫，接著表示自己不想去上學。媽媽也祭出昨天的同一套方法，並且最終還是帶著柯蕾特去上學。放學去接她回家時，老師說柯蕾特今天更能融入

其他孩子之中，表現比昨天來得好。當晚，媽媽為了獎勵這項成
就，並且增強柯蕾特的動機，就帶著她去她最喜歡的餐廳用餐。

7. 好幾週的時間過去，柯蕾特的態度才轉正面，不必大哭大鬧爭吵才
能去上學。柯蕾特已經克服了自己的分離焦慮症，得以擁有較為正
面積極的幼兒園經驗。

這個例子顯示家長是否態度一致，是決定柯蕾特能否重返學校環境的
關鍵。換作是焦慮症狀相當嚴重的孩子，或是因為焦慮而得以長期不去上
學的孩子，或許會需要更為漸進式的方法，讓他們慢慢接觸、習慣學校環
境。舉例來說，這類孩子也許剛開始一天去上學一小時，接著才慢慢向上
調整，直到他們能待滿一整天為止。對這種較為嚴重的案例而言，先「培
養技巧」再讓孩子「重新融入教室」可能是必要之舉，而舉凡認知、社交
及放鬆都是需要培養建立起來的技巧（Doobay, 2008）。然而，單就絕大多
數的案例而言，讓孩子直接全面返回學校會是恰當的做法。研究便指出，
讓孩子重返他們亟欲逃避的環境，是用於治療分離焦慮症的主要介入方
案，另外也會動用到認知行為的相關技巧（American Academy of Child and
Adolescent Psychiatry, 2007）。有研究對四至七歲的兒童實行親子認知行為
治療，其中包括技巧培養、接觸恐懼刺激物等以孩子為重點的介入方案，
也有家長行為訓練及焦慮管理策略等父母相關的技巧，結果發現分離焦慮
症的兒童症狀大有減輕（效果量＝0.82），比起等待名單對照組還來得顯
著，而且效果一年後追蹤仍然存在（Hirshfeld-Becker et al., 2010）。另外，
以下也有其他可行的技巧不妨參考：

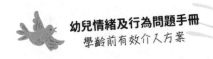
技巧	例子
放鬆技巧	深呼吸及放緩呼吸 漸進式肌肉放鬆 心像法
正向自我對話	「我做得到！」 「我很勇敢！」
集點卡	孩子每上學一天，便能得到一張貼紙，集滿一定數量後即可換取特別的增強物（例如放學後跟媽媽去買冰淇淋吃）
合約	跟孩子簽署一份書面合約，上面載明他若上學前不要大哭大鬧，放學後即可看一小時的電視

選擇性緘默症

　　等到心理健康專業人員察覺孩子有選擇性緘默症時，這種行為早已為其環境所支持及增強，所以，會是頗為棘手的挑戰。因此臨床專業人員不論是要預防或治療選擇性緘默症，也都必須協助孩子所處環境中的大人調整自身行為及應對方式。

選擇性緘默症之起因及預防方案

　　選擇性緘默症的成因眾說紛紜，有可能是孩子可以藉由沉默不語來避開某些自己不喜的事物或任務，也因此這個行為會反覆遭到負增強，最終變得根深蒂固，難以介入改變。舉例來說，班上的其他孩子會為沉默不語的同學「腦補」他的需求，並讓他因為沉默而受到特別關注（一種正增強）。不但如此，老師也會較少向他提出要求，生怕會影響或惹惱他（Kehle, Bray, & Theodore, 2010）。因此，若想預防選擇性緘默症，便應要求孩子親自回答問題，而不是等別人去揣測他的心理。若他仍決定沉默，

大人應該確保他不會因而獲得特別關注，或是因而得以避開某些任務。另外，焦慮也可能是孩子噤聲不語的一大因素，尤其現在 DSM-5 把選擇性緘默症列為一項焦慮症，處理相關問題時務必要檢視可能的焦慮症狀，並且加以治療（Manassis, 2013）。通常人們會在選擇性緘默症演變為顯著問題時，才會意識到其存在。

✳ 選擇性緘默症之治療方案

學校是兒童最常出現選擇性緘默症的環境，而這一類型的孩子在學校顯然會帶來教育上極大的問題，也因此要及早採取相關治療方案。針對選擇性緘默症來說，最有效的治療方案即是在學校環境中實行以行為為基礎的介入方案。有鑑於此，負責教育家長及教師的多半是學校單位中的心理師，他們要協助宣導關於這項病症的種種事情，以及設計相關的介入策略。根據研究，教育家長有關選擇性緘默症的治療方案極其重要，如此一來，孩子即便在家中也能獲得支持，進而取得進展（Luby, 2013）。

最常用於治療選擇性緘默症的方法，便是塑造及類化孩子的說話行為（Manassis, 2013）。如前所述，塑造指的是以正增強為驅動力，連續且漸進地引導現有行為，使其越來越接近理想行為的模樣──而這裡所謂的理想行為便是讓孩子開口說話。正增強的策略包括口頭稱讚、給予關注、貼紙、小玩具，或是其他獎勵物。至於值得增強的連續漸進行為則包括孩子用：（1）單一字彙回答問題；（2）數個字彙回答問題；（3）不需他人詢問直接回答問題。舉例來說，治療剛剛開始的時候，教師會問孩子：「你想要什麼顏色的蠟筆呢？」孩子若是回答「紅色」，便遞給他紅色的蠟筆，並且口頭給予讚美。接下來再拋出更複雜的問題，並要求用字更多的回應。

另外，療程一開始除了要求孩子開口說話，也可動用同儕的力量。舉

例來說，與其讓孩子在整班同學面前說話，不妨先分成小組活動，並鼓勵他開口說話。等到他面對一小群人也能說話無礙時，再逐漸加入越來越多人。

自我為楷模（self-modeling）也是治療選擇性緘默症的可行方案，具體方法便是錄下孩子回應父母的樣子，接著編輯影片，讓他看起來像是在回應教師的提問。孩子在學校的期間，一天要看這個影片數次。若有需要，不妨提供小小的獎勵物來增強他看影片的動機。另外這個影片也可讓孩子的同儕觀看，以便增進他們對於「適當口語回應」的期待（Kehle et al., 2010）。

如前所述，若孩子因為沉默不語而獲得某些增強，我們務必要加以排除。他若想要什麼事物，不應用手指或其他方式表達，事實上，只要他是以非語言的方式溝通，都不應得到關注。這點不論是在家中或學校皆是如此。班上的其他同學或家中的兄弟姊妹也不該為他發聲，他們應該要了解孩子現在必須為自己發聲，自己的需求自己說。

等到孩子越來越常開口說話，而且也漸漸習慣人群後，便可慢慢「褪除」（fade out）先前所用的提示（prompt）跟增強物。但值得注意的是，我們還是要維持增強孩子的語言行為，並且持續忽略非語言的溝通行為，一直到他表現出流暢的語言行為，以及認為口語行為具有增強效果為止（例如他若以口語表達要求，別人便會有所回應；他若開口說話，便能交到更多朋友；以及他若回答問題，老師便會報以積極正面的回應）。

另一項可用的補充策略，則是讓孩子邀請他在學校的朋友週末來家中玩耍，再由家長施以增強的策略，促進他們之間的語言交流及遊戲玩耍。這項策略的目的是讓孩子即便到了學校環境，也會開始跟朋友溝通交流。另外，若孩子在家會跟兄弟姊妹交流，老師也可以邀請他們放學後到教室裡跟孩子一起玩耍。理論上，原本沉默不語的孩子在遊戲期間較會開口說

話，這時老師便可接著邀請一些孩子的同學加入一起玩（Kehle et al., 2010）。

有些時候，家長可能會因為孩子在家交談無礙，所以沒能察覺到他在學校環境遭遇的困難。面對此種情況，家長不妨去孩子的班上當志工，藉此一窺他的問題有多嚴重或普遍，並和校方搭建起合作的橋梁。家長只應增強孩子的語言行為，且應鼓勵他在不同環境中開口為自己發聲（Kehle et al., 2010）。

上述技巧及策略多半效果良好，但也往往需要耗費教師、同儕、家長，以及前來協助的專業人員許多時間和精力。不過只要動用了這些介入技巧，務必持之以恆，徹底治療孩子的選擇性緘默症，絕對不能半途而廢。前後不一致的情形很可能只會增強相關症狀。

抱怨身體有狀況（身體症狀及相關障礙症）

如第一章所言，身體（心）症狀是幼兒常見的問題，但往往還不會構成特定的身體障礙症，只是可能會與焦慮、憂鬱等內隱病症併發出現。值得注意的是，孩子若抱怨自己身體有情況，首先得釐清他是單純生病不適，還是另有其他原因。要是他之所以出現狀況，可能是近來恰好都沒有與主要照顧者見面，那麼轉介給臨床專業人員就會是適當的初步處理方式。

我們決定要用何種介入方案治療身體症狀時，多少需要考慮到這些症狀的起因。舉例來說，這位孩子也許是因為跟爸媽分離而深感焦慮，才會進而出現身體症狀。他同時也可能覺得憂鬱，因為有憂鬱症的幼兒常會抱怨身體有狀況。又或者家長本身便有壓力或身體症狀，因此孩子也跟著覺得身體不對勁。Wolff 等人（2010）的研究指出，母親的親職壓力及身體症狀跟幼兒的身體症狀發展尤其相關。因此在上述的案例中，我們首先要

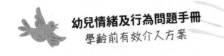

處理家庭內部的壓力及家長的身體症狀，才能妥善幫助到孩子。

　　許多治療身體症狀的方法，也都能用於有效治療憂鬱或焦慮症狀。「焦慮及身體症狀治療方案」（Treatment for Anxiety and Physical Symptoms, TAPS; Warner et al., 2006）為一治療計畫（treatment protocol），旨在處理非因生病而造成的身體症狀，並把認知行為治療計畫及家庭的心理教育相互結合。此治療計畫最初是為國中小學生所設計，且尚未針對八歲以下的兒童進行評估，但只要加以改良調整，仍能適用於年紀較小的兒童。針對兒童的療程一開始會以簡短的心理教育開場，接著會幫助孩子辨別及開口表達自己的感受，而非總是以身體症狀的形式體驗這些感受。再來會概略講述「焦慮及疼痛會引起何種身體反應」，並帶著孩子練習腹式呼吸，再輔以李克特量表來追蹤他身體不適的情形。另外也引入認知重構的技巧，幫助孩子檢視自身的負面思維，再替換以較為健康正面的想法。焦慮等級表也是用得到的技巧，意即讓孩子逐步接觸會讓他感到焦慮的情形，慢慢學會適應。至於各項放鬆技巧及正向自我對話，也都是派得上用場的策略。這項治療計畫也涵蓋針對家長的療程，其中會幫助他們了解孩子的身體症狀及相關焦慮症狀，並且教導他們如何增強孩子表現出來的進展（Reigada, Fisher, Cutler, & Warner, 2008）。若幼兒還沒辦法進行認知重構，或許可以多加練習正向積極的自我陳述及放鬆技巧，而非要他去拒絕或替換特定思維。根據研究，「焦慮及身體症狀治療方案」的效果良好，治療組中八至十六歲的兒童有多達八成的身體不適及焦慮情況得以改善，而等待名單對照組的兒童則未見好轉，而且這些成效到了後續三個月追蹤時仍然存在（Warner et al., 2011）。不過，這些結果雖然令人振奮，而且研究也發現改良版的認知行為治療計畫對幼兒有效（Hirshfeld-Becker et al., 2010），但我們若要動用「焦慮及身體症狀治療方案」來協助年紀較小的兒童，還需要更多研究從旁佐證。

創傷後壓力症及創傷經驗／虐待

　　如第一章所述，創傷後壓力症（PTSD）是兒童接觸到創傷事件後所出現的病症。雖說不是每個有此經驗的兒童，都會出現創傷後壓力症的症狀，或甚至是符合診斷標準，但若是他曾遭受虐待或其他的創傷事件，就可能浮現出某些相關症狀，包括再經驗（reexperience）該創傷事件、逃避與該創傷事件有關的刺激物，或是認知上出現負面改變，以及因為警醒及反應行為改變而造成令人不快之症狀等（American Psychiatric Association, 2013）。

　　幼兒最常見的創傷事件，包括遭到虐待及疏於照料，目睹家暴事件，目睹公眾場合之暴力事件、自然災害，以及意外事件等（Nickerson, Reeves, Brock, & Jimerson, 2009）。這些壓力源多是難以掌控或預測的事件，也因此要「預防」可說是難上加難。不同兒童面對不同的壓力源，也會因為過去經驗、生理構造、有無社會支持，以及自身的應對策略，而出現不一樣的反應。若孩子經歷過創傷事件，並且出現創傷後壓力症的症狀，應該立即接受介入，以求緩解這些症狀。要是沒有介入治療，創傷後壓力症或許會影響到孩子未來的社交、學業及心理功能，甚至可能引起發展上更大的問題（Nickerson et al., 2009）。

　　在美國（包括哥倫比亞特區、美屬薩摩亞、關島、北馬里亞納群島自由邦、波多黎各，以及美屬維京群島），各州的法令皆明訂有些人依法必須向適當的兒童保護機構回報虐待事件。絕大多數的地區皆特別指定心理健康領域的臨床專業人員、教師，以及其他相關專業人員，只要合理懷疑有虐待事件發生，即應依法回報（Child Welfare Information Gateway, 2014）。若是經查並無虐待事件，只要該回報者是「出於好意」，大部分的州也會豁免相關責任。不過，若上述人員察覺疑似虐待事件卻不加以回報，依照

情節嚴重程度，可能會面臨罰鍰、吊銷執照或監禁等懲罰。有鑑於此，相關的專業人員應確實查看該州的相關虐童回報法規，了解何時及該如何填寫舉報的報告。

除此之外，負責介入治療的臨床專業人員，也要了解各文化習慣如何管教兒童。不同文化會有不同的教養方式，臨床專業人員應該多加了解對方家庭的相關做法、傳統及宗教信仰等，並且納入治療時的考量（Bornstein, 2013）。舉例來說，若有孩子回報說自己在家「被打」，務必要問清楚是指：（1）他偶爾不乖時，家長用單手手掌拍打；（2）家長單手握拳打他；（3）家長用其他物件打他；還是（4）家長打他身上多個不同部位。不過這裡仍要強調，要是確有疑似虐待或疏於照料的情事，不管有什麼得以從輕處置的狀況，都仍要依法回報事件。臨床專業人員沒有責任去判斷該事件究竟是怎麼一回事，但他有責任舉報任何疑似虐待的事件，以便有關當局調查及深入了解。

面對學齡前及幼兒園年紀的兒童，想要一窺他們世界最好的方法，無非是觀其言、察其行。兒童鮮少會以口頭舉發虐待事件，尤其要是動手的人是他的爸媽，更是有口難開。然而要是他真的口頭控訴，務必要填寫並提交相關報告。

虐待事件帶來的心理及情緒影響，往往比生理影響來得難察覺，而且遺憾的是，心理上的影響多半會給孩子帶來更長期的折磨，甚至可能引發成年期後的心理健康問題（Nickerson et al., 2009）。有鑑於此，察覺症狀並加以治療，可說是重要至極。曾遭虐待的兒童可能會有各式各樣的心理障礙，而不是每個人都是固定不變的症狀。常受身體虐待的幼兒較不喜歡依附他人，並且會出現攻擊行為，此外也可能會表現退縮或焦慮。至於遭到性侵害的兒童，除了出現行為問題、焦慮等相同的症狀，也會有模仿性交的行為，或甚至是性意味過於濃厚的舉止。根據研究，二至六歲遭受過性

侵害的幼兒可能會表現出不恰當的性行為（例如過度自慰）、了解大多數同儕都不知道的性知識、在公共場合向他人展示生殖器，或是其他性意味極度濃厚的行為舉止（Lowenstein, 2011）。

　　當然，雖然多數受虐兒會歷經某種心理困擾，但並不是所有人都會出現心理症狀。有些兒童一開始並無顯著症狀，要等到後來才會浮現〔這就是所謂的睡眠者效應（sleeper effect）〕，但也有人永遠不會經歷這些心理上的影響。根據研究，這些從不出現相關症狀的兒童或許有幾項復原因子（resiliency factor），例如家庭成員能夠支持他、他的社交技巧很優秀等，另外也可能是虐待事件並未造成太大的創傷，因此並未產生有害的心理影響（Saywitz, Mannarino, Berliner, & Cohen, 2000）。

❋ 創傷後壓力症之治療方案

　　治療創傷後壓力症的第一步，是要確保孩子安全無虞，並且不要讓他繼續接觸創傷的事件和環境。畢竟他要是持續經歷創傷，想要治療幾乎是不可能的事。當然，孩子的心理安全感也很重要，務必要顧及到這點。

　　儘管目前尚無太多實證依據支持以傳統的遊戲治療，作為協助受創傷兒童的唯一介入方案，但我們仍能以遊戲為基礎的技巧跟孩子建立默契，進而讓他在療程中感到自在，並預先為後續的步驟做好準備。根據研究，遊戲讓兒童得以表露自己的想法、印象及感覺狀態（feeling state），還有隨之而來卻常常難以訴諸言語的種種感知（Gil, 2010）。有後設分析回顧93 份過去的研究，發現以遊戲相關方法去治療多項兒童期的病症，效果量達到 0.80，顯示這類方法多少有其用處（Bratton, Ray, Rhine, & Jones, 2005）。一項較為近期的後設分析則採用更加嚴謹的方式（Lin & Bratton, 2015），並指出以兒童為中心的遊戲療法效果量達 0.47，效果中等，而那些讓家長充分參與的研究成效更大（效果量＝0.59），高於未有家長參與

或僅有限參與的研究（效果量＝0.33）。

　　這些以遊戲為基礎的方法常會用到木偶、（一整個家族的）玩偶和玩偶屋、蠟筆／顏料和紙、黏土、恐龍及其他動物模型、遊戲用食物、沙盤（sand tray），還有嬰兒娃娃。進行前不妨回顧一下遊戲室的相關規則，以及治療師自身應扮演何種角色（見圖 4.1）。對於歷經創傷的兒童，重複性遊戲行為能讓他們以治療及發展上恰當的方式去重新演繹這項創傷事件。兒童若在遊戲期間展現出攻擊行為或真的動手打人，雖然家長和新進臨床專業人員常會覺得惱人，但這卻也是孩子拋下恐懼情緒，表現出掌控感、安全感、權力感的方式（Gil, 2010）。然而，若孩子是在治療環境（如學校或托育機構）以外出現攻擊行為，便應考慮進一步介入，詳細方案在第三章及本章皆有談到。總結來說，以遊戲為基礎的方式若搭配 PCIT 療法或認知行為療法，能有助於建立治療同盟，並讓他更願意配合治療。

　　我叫做凱莉，別的小朋友會來找我玩耍，或是告訴我一些困擾他們的事情。我們有時候會在這裡談各種事情，有時候也會一起玩耍。你看看這裡，你喜歡什麼都可以玩。我們每週會見面四十五分鐘左右。這裡只有三項規則：第一項規則是你不能傷害自己；第二項規則是你不能傷害我；第三項規則是你不能傷害這裡的玩具。另外，這裡的玩具不能帶回家，要記得物歸原處。但除了這些規則外，我們可以一起做你想做的事。不管你在這裡做什麼，或是跟我說什麼，都會是我們之間的祕密，我絕對不會說出去。除非你要傷害自己或別人，那就另當別論，因為我得確保你的人身安全，一定得告訴別人才行。但你要是出現這些感覺或衝動，我們可以好好談一談。好，我剛剛說的這些事，你有什麼問題想問嗎？

▶▶ 圖 4.1　治療師和個案間的範例對話：遊戲療程開場白

在治療創傷後壓力症兒童的方法中，擁有最多實證支持的便是認知行為療法。許多專門處理創傷的認知行為治療方案，都涉及家長及兒童雙方。過去的文獻也支持治療創傷後壓力症狀時，採用這種雙軌並行的認知行為療法（Higa-McMillan et al., 2016; Nickerson et al., 2009），尤其面對的若是幼兒，雙管齊下可能會是效果最佳的做法。

家長可以用不同方式參與這些介入方案。舉例來說，許多家長需要知道兒童創傷後壓力症的基本資訊，包括診斷標準、表現型態，以及療程的進程。若有必要的話，不妨教育父母哪些是兒童期正常的生理、情緒及性發展，以免某些正常行為遭錯認為是問題病症，另外也可教導他們如何幫助孩子覺得自己是安全的。除此之外，許多家長常會因為孩子的創傷而覺得精神痛苦，所以也會需要心理上的協助。這時不妨引介特定介入方案給這些家長，例如以認知技巧去減少自責的情況，或是以暴露療法（exposure therapy）去因應他們對孩子的經歷及症狀所產生的感覺和想法（Cohen, Mannarino, Berliner, & Deblinger, 2000; Yule, Smith, Perrin, & Clark, 2013）。家長行為訓練（見第三章）也可納入認知行為治療方案之中，以便讓家長了解如何處理孩子的攻擊或哭鬧行為、增強孩子的適當行為，以及在家提供正向且以孩子為主的時間（King et al., 2000）。另外，因為嚴厲管教或懲罰可能會讓孩子更為自卑及沒有安全感，臨床專業人員應告知家長，管教孩子要盡量保持耐心，並採用非懲罰性的方式（Yule et al., 2013）。家庭治療（family therapy）也可用於搭配認知行為治療方案（James & Mennen, 2001）。最後，讓家庭及學校的活動更有條有理且按部就班，例如建立例行活動、減少自由放任的時間等，皆可幫助減少孩子的焦慮情緒。整體來說，若在治療受過創傷的兒童時，能讓家長一起參與，會是效果更佳的做法（Sharma-Patel et al., 2011）。

至於認知行為療法中以兒童為主的元素，則包括心理教育、應對技巧

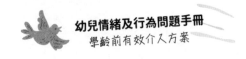

訓練、社交技巧訓練，以及逐步接觸刺激物等。心理教育通常會涵蓋適合年齡的人身安全相關資訊，若孩子曾遭性侵，也要提供性方面及性侵害的相關知識，盡可能避免孩子再次碰上同樣的事件。再來，應對技巧訓練則包括協助兒童應對與創傷事件有關的痛苦、失能思維及感受，可能用到的技巧有放鬆訓練法（見本章前文），以及用於治療憂鬱或焦慮症兒童的認知應對技巧。這些憂鬱或焦慮症兒童適用的方法，其實經研究也發現對創傷後壓力症的兒童有所幫助，其中包括以正向積極的思維替換負向思維，以及緩解自責和認知扭曲的現象等（Cohen et al., 2000; Yule et al., 2013）。另外，諸如正念（見後文「正念」段落）等放鬆的相關技巧，也可幫助孩子減少伴隨警醒反應而來的相關生理症狀（Catani et al., 2009）。兒童在歷經創傷事件（包括虐待）後，攻擊行為或不當社交行為都會有所增加，因此適時教導社交技巧／社交問題解決技巧（見第三章），會是頗有幫助的做法（King et al., 2000）。

在創傷後壓力症的認知行為介入方案中，讓孩子逐步接觸刺激物是咸認相當重要的環節，甚至關係到治療能否成功。孩子可以建構一份「焦慮等級表」，下層是引起焦慮情緒較輕微的事件或情境（例如跟施虐者在他沒有施虐時互動），往上則是焦慮情緒較強烈的項目（例如虐待事件的具體細節）。臨床專業人員會慢慢帶著孩子，接觸這份焦慮等級表上的事件或情境。至於接觸的方式可以是直接討論這些事、繪畫塗鴉、講故事、玩耍，也可以是任何適合孩子年齡及發展水準的方法。在此過程中，不妨也加入放鬆訓練及正向自我對話，作為應對焦慮情緒的機制（King et al., 2000）。

仍然處於創傷狀態的幼兒也常會做惡夢，並出現睡眠及飲食困難。他們可能說不出這些夢是何內容，但確知的是自己會因此感到焦慮不已。面對這種情況，舉凡睡前讀讀療癒人心的故事、定時準備上床睡覺及用餐，

以及家長多多安撫慰藉，都是值得推薦的做法。如果孩子記得夢中內容，臨床專業人員則可助他打造另一番敘事角度，例如夢中出現了一位超級英雄，而最終結局則變得正向積極，而非焦慮痛苦。此替換的過程可以是認知上反覆演練，也可以是重複畫在紙上等等。根據研究，若反覆演練新的敘事，晚上做夢時結局便可能有所改變（Yule et al., 2013）。最後，臨床專業人員跟父母應保持溝通聯繫，以便進一步監測及治療這些相關症狀。

🌼 兒童虐待及疏於照顧之預防方案

遭到虐待或疏於照顧的兒童若未經妥善治療，可能會造成長期的負面後果，因此許多人無不是致力於預防此類事件發生。理想上來說，任何預防措施都應建立在「了解哪些風險因素可能造成虐待及疏於照顧」上，這些資訊必須在虐待事件還未發生前，便提供給各個家庭知道。這裡會回顧這些風險因素，並且介紹現有的相關家庭服務。

最主要的預防方案，便是判斷常見的風險因素有無出現，並在虐待情事還未出現前盡早介入。這件事通常會由教師、托育機構人員，或是每天都能與幼兒見面觀察的專業人士進行。風險因素多半會一起出現，而且會逐漸累積，僅僅單一一個風險因素並不足以預測虐待事件會不會發生，但要是出現多個風險因素，的確會讓該家庭較容易出現此類事件。常見的風險因素包括早產、母親具憂鬱及焦慮症狀、單親家庭、離婚或夫妻嚴重不和、高壓式管教，還有貧窮及其相關因素，例如教育水準低、物質濫用、犯罪、居住環境擁擠等（Crossen-Tower, 2014; Juntunen, 2013）。

若是家庭存在數個風險因素，專業人士便應考慮引介適當的社會服務，以便協助家長或此一家庭。舉例來說，要是家長採取高壓式管教，我們可以：（1）給予相關資源（如講義或書籍），訓練他們正向教養的技巧；也可以（2）鼓勵他們參加有效管教幼兒策略的相關課程。多數情況

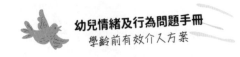

下，也不妨提供家長一對一的教養訓練（見第三章），幫助他們打破高壓式教養的循環。第三章提到的家長訓練計畫，亦可以訓練家長介入及管理兒童行為的特定策略，並且強化親子關係，促進彼此正向互動。若家長本身有心理健康方面的需求，務必鼓勵他去尋求治療。若家長正處於離婚階段或常有不和情事，則應向他們推薦適當的婚姻及家庭治療服務，或是介紹相關法律服務，協助分居事宜。要是家中面臨經濟困難，或是面臨其他跟家境困窘有關的壓力源，例如缺乏食物、工作或適當住所，社會服務也能夠提供相關協助。

幫助這些面臨風險的家庭跟其他人建立正向連結，包括讓他們更容易取得需要的幫助，也會降低兒童虐待及疏於照顧的風險（Crossen-Tower, 2014）。社會連結會讓他們心中的挫折有處宣洩，並且在他們壓力沉重的時候，除了能夠獲得幫助，也能從他人角度審視自己的情況，並且不至於覺得自己孤立無援。不論是教師、社工、托育機構人員，還是朋友、醫師和護理師、治療師，以及學校心理工作者，都可以跟這些家庭建立連結，而建立連結之後，便可進一步建議家庭去尋求資源協助，例如參與能夠解決他們需求的服務或計畫。

除此之外，保護因素（或是可提升家庭應對困境能力的事情）應要加以指出，並有所增強。這些因素可能跟兒童有關，例如先天智力或才華，也可能跟家長有關，例如管教技巧恰當，或是社會支持充足（Crossen-Tower, 2014）。保護因素跟風險因素一樣，都會有所積累，只要一個家庭擁有越多應對技巧，而且韌性越強，就越不可能出現虐待情事。因此，在家庭面臨危機的時候，若能協助他們發揮自身韌性和正向應對技巧，便可阻止虐待情事發生。社會中其實已有許多資源可供家庭利用，以便進一步預防虐待及疏於照顧的情況。當然，每個家庭應求助什麼類型的資源，全然取決於他們各自的需求，並無一體適用的做法。表 4.2 列舉了許多領域

表 4.2　高虐待風險家庭可用之預防資源

- 匿名父母（Parents Anonymous）
- 美國國家虐童及疏於照顧中心（National Center for Child Abuse and Neglect）
- 匿名戒酒會／戒毒會（Alcoholics/Narcotics Anonymous）
- 兒童保護服務
- 社會服務（城市／縣／州）
- 啟蒙方案
- 緊急托育機構及短期緊急兒童安置服務
- 緊急臨時房屋安置及服務
- 各縣提供之心理健康服務
- 兒童發展中心
- 不同的親職教養或危機熱線
- 學校心理師或諮商輔導人員

中的可用資源，而專業人士也應了解個案家庭所在地有何特定資源。其他推薦資源則包括教會或宗教的諮商團體、食物補給站（food pantry）及經濟援助、地方大學及法學院的低廉或免費諮詢服務、醫療服務附屬實習醫院所提供的醫療服務，以及地方媒體提供大眾的服務，例如食物或衣物捐贈等計畫。

　　其他預防方案較著重於兒童本身，且已證實能降低虐待事件的發生頻率、增加他們揭露自己遭到虐待的意願，即便虐待事件發生，也能預防內疚、羞恥感等負面結果（Finkelhor, 2007）。舉例來說，某些啟蒙方案會讓孩子觀看影片，了解何謂「不對的觸碰方式」及「對的觸碰方式」，並且討論遇到不對的情況該怎麼辦（例如要明確表示「不要」、離開現場，告知可以信任的成人），藉此預防他們碰上性侵害事件。這種運用影片或書籍的預防方案，也可在托育機構、學齡前學校、治療場合，或是家中進行。

　　當然，不是每個家庭皆能得益於這些計畫及服務，多少也是因為高危

險族群中的兒童跟家長其實各有不同。研究也指出，預防方案若要發揮最大作用，得要事先了解兒童及家庭的風險因素，並且因人制宜（Beckwith, 2000）。

憂鬱

成人及兒童偶爾覺得難過或憂鬱是相當正常的。不論何種年紀的人，偶爾都會心生憂鬱，而且可能有各式各樣的成因。多數幼兒出現憂鬱情緒後，很快便會恢復正常，因此也不大需要介入治療。然而，有些兒童卻常常會出現憂鬱情緒，而且不但不會自行消解，甚至會影響到日常生活中的活動，例如人際關係受到影響，以及學校和家庭功能下降等。孩子若出現這些症狀，也許會符合第一章提到任一憂鬱症的診斷標準，可能需要介入治療。

※ 兒童憂鬱症狀之預防方案

若要預防兒童出現長期憂鬱症狀，首先要及早辨別出憂鬱症的跡象和症狀。教師、家長、托育機構人員，以及孩子生活中的任何成人，都能扮演舉足輕重的角色，及早發現孩子是否有憂鬱情事。幼兒通常難以理解或訴說自身的想法和感受。但研究指出，三歲的兒童便可正確辨識自身情緒，而五歲的兒童也能訴說自己的感受，而不只是會表現出來（Luby, 2000）。

總而言之，多多為孩子提供支持，並且注意到可能導致孩子功能改變的因素，都是相當重要的預防措施。舉例來說，他要是在學校被人霸凌，教師應於教學現場介入處理，並且通知家長此一事件。如前所言，兒童受虐的跡象及伴隨而來的症狀，也是值得關注的因素。這是因為研究已發

現，母親有憂鬱症狀是一大風險因素，可能也會導致孩子出現憂鬱症狀。若有此現象，或許需要引介相關的家庭治療或家長治療。最後，家長也不妨安排一些例行活動，並且增加可供孩子參與的正向活動，一方面預防憂鬱症狀出現，另一方面也可以此為早期介入機制，及早發現兒童是否有憂鬱症狀的跡象。

憂鬱症狀之治療方案

為憂鬱症青少年及成人設計的治療方案，多半包含不少認知行為技巧，但有關學齡前及幼兒園年紀兒童的憂鬱症狀，卻一直到近期才開始有研究加以探討。只是根據先前的一些研究，除了 PCIT 療法之外，依照個案年齡有所調整的認知行為療法似乎也有其效果（Luby, 2013）。畢竟，考量到認知行為療法中存在「認知」的元素，要用在幼兒身上不是太容易的事情，自然會需要有所修改。一般而言，建議採取多管齊下的方式，包括家長教育、家庭系統，另外也不能輕忽個別治療（Lenze, Pautsch, & Luby, 2011; Luby, 2013）。

儘早跟家長建立良好且有效的治療關係，是能讓個案家庭及個案持續參與治療的重要因素。若要培養這種關係，不妨教育父母有關兒童期憂鬱症、病程及治療方案的資訊。在家長教育的過程中，常常後來會觸及到是哪些因素維持了孩子的憂鬱症狀，可能是個案家庭中的問題，也可能是家長本身具有憂鬱症。研究指出，兒童要是爸媽有憂鬱情事，也會有較高機率表現出憂鬱症狀（Lewis, Rice, Harold, Collishaw, & Thapar, 2011）。有鑑於此，要是家長本身有精神方面的問題，建議除了治療孩子的憂鬱症狀，也應提供個人層面的治療給這位家長。除此之外，親子關係不睦或家庭功能不彰，也可能導致兒童出現憂鬱症狀，治療時必須要加以鎖定並處理（Merrell, 2008b）。

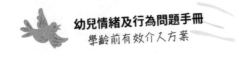
　　該用何種治療方案來協助幼童，很大程度取決於他表現出來的症狀及維持其憂鬱症狀的事情為何，而這些都需要臨床專業人員審慎評估，才能加以判斷。臨床專業人員也應善用圖片或感受圖表（feelings chart），去判斷幼兒當下的感受為何。表單 4.5 便是感受圖的例子，不妨參考。表單 4.6 則是幼兒每日感受圖，可由家長協助記錄孩子每日的心情變化。

　　幼兒若表現出許多負面想法，並且顯得自尊心低落，臨床專業人員應給予鼓勵，並且挑戰這些想法，將其換成較正面的看法，這也就是前面提到的認知重構。只要語氣溫和地探詢他對不同問題的看法，便能找出他的思考何處可能出了問題。很多時候，孩子都是因為聽了某位同儕、兄弟姊妹或家長告訴他的負面陳述，然後不斷反芻，導致自己受到影響。接下來這則例子，便呈現了該如何挑戰並置換這種有問題的負面想法。個案提姆今年五歲，總是不停在療程期間告訴臨床專業人員自己「很笨」。

　　提姆：這個拼圖我不會拼，我太笨了。
　　臨床專業人員：你覺得自己笨？為什麼呢？
　　提姆：我們在學校也要拼拼圖，但我拼不出來。
　　臨床專業人員：嗯，有些拼圖確實蠻困難的。
　　提姆：所有的拼圖對我都很難，因為我就是笨。
　　臨床專業人員：不同的人有各自擅長的領域，也有各自不擅長的事情。
　　　　　　　　　這並不表示這些人很笨，而是他們可能擅長的是其他事情。
　　提姆：對啊，但我就是什麼都做不好。
　　臨床專業人員：你上次不是跟我說你週末去學騎腳踏車，而且騎得很
　　　　　　　　　不錯嗎？我也記得你上週用黏土捏的那隻狗狗，捏得很厲害
　　　　　　　　　耶。你昨天不是還有拿來「展示與講述」（show-and-tell）用嗎？
　　提姆：是啦，大家都說蠻厲害的。

臨床專業人員：這麼說起來，我想你並不笨吧，只是不太會拼拼圖，
　　　　　　　但其實有不少其他專長。我跟你說喔，你之後要是心中又浮現
　　　　　　　「我很笨」的想法，一定要告訴自己：「我不笨，我擅長的事
　　　　　　　情可多著呢。」接著再舉例說明自己擅長什麼事情。來，我們
　　　　　　　練習看看。「我擅長的事情可多著呢，譬如……」
提姆：我擅長的事情可多著呢，譬如騎腳踏車。
臨床專業人員：你表現得很好喔，提姆。

　　幼兒若顯得焦躁不安，不妨請他在療程中和療程外練習深呼吸等本章
提過的放鬆技巧。另外研究也指出正念（接下來會深入介紹）對於治療兒
童或青少年的憂鬱症狀頗具效果（Raes, Griffith, Van der Gucht, & Williams,
2014; Semple, Lee, Rosa, & Miller, 2009），而訓練這些家長在家中示範這些
技巧給孩子看，也是另一項能鼓勵他們加以練習的方法。
　　如前所述，幼兒因為認知功能還未成熟，不太容易執行認知重構等技
巧。但有些介入方案會積極讓家長參與其中，也因此較符合學齡前及幼兒
園年紀兒童的需要。一般咸認運動或其他體能活動等足以令人愉悅的活
動，有助於排解憂鬱的情緒，因此這些介入方案會指示家長安排一些趣味
十足的體能活動來幫助孩子（Brown, Pearson, Braithwaite, Brown, & Biddle,
2013）。舉例來說，家長不妨讓孩子多多參與鬼抓人（tag）或騎自行車等
體能活動，或是建議他邀請朋友週末或放學後來家中一起玩上幾個小時。
這種讓同儕融入生活的策略，相當適合在家中孤立無伴的孩子（例如沒有
年齡接近的兄弟姊妹或鄰居）。另外，讓他們參與投入有趣的活動或美勞
實作，而不是老看電視，也是有所幫助的方法，尤其若孩子生活中的重要
成人得以從旁協助或參與其中，適時給予正增強及讚美，更是助益良多。
其他值得鼓勵孩子從事的活動包括繪畫、唱歌、跳舞、玩黏土、簡易桌

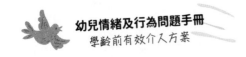

遊、塗鴉上色、騎三輪自行車，以及各種戶外體能活動。事實上，只要是
孩子覺得有趣且享受其中的活動，都值得加以鼓勵，若該活動是他先前覺
得好玩，但後來因為憂鬱症狀而興趣下滑，也不妨鼓勵他重拾嗜好。

　　活動進行期間，家長應提供大量正增強給孩子，並且針對的重點應是
特定行為及他有無認真投入參與，例如：「你顏色混得真好耶，我很喜歡
喔」，而非只是針對孩子無力控制的事物稱讚，例如「你真聰明」、「做得
好」或「你長得真漂亮」。家長還應該尋找機會，稱讚及鼓勵適當的非憂
鬱行為（nondepressive behavior）。另外，家長如果聽到孩子自我批評，應
該要溫和且語帶支持地挑戰這項陳述（Saklofske, Janzen, Hildebrand, &
Kaufmann, 1998）。對於因為親子關係不佳而導致憂鬱症狀的家庭，要是
能安排正向且結構化的遊戲活動（見第三章），或是充分參與家長行為訓
練計畫，可能是親子皆能雙贏的做法。目前雖然運用家長行為訓練計畫來
因應憂鬱的研究還不多，但其中的確有研究支持這項策略。舉例來說，有
研究便指出，調整過後的 PCIT 療法大大降低了兒童憂鬱症的嚴重分數
（Lenze et al., 2011）。該研究雖是採用常規的家長行為訓練，例如正向且以
孩子為主的時間及適當的管教技巧，但也加入專為情緒發展能力設計的模
組，其中包括放鬆技巧、了解哪些事物會觸發強烈情緒，以及同理心訓練
等內容。由於缺乏組織可能會導致兒童憂鬱，父母應盡量安排固定的時程
表，例如用餐時間、就寢時間，以及活動時間都是如此。只要盡可能減少
家庭內部的變化，便有助於減少孩子的痛苦情緒，即便有變化要發生，也
應事前告知孩子。

　　教師及托育機構人員可用下面幾項方式，幫助憂鬱症的孩子：（1）
在小圈圈時間（rug time）、午餐時間或上課期間，同意孩子跟朋友或潛在
朋友坐在一起；（2）避免讓孩子陷入可能遭人孤立的情境，例如分組作
業或分組遊戲等；（3）課堂間時常給予讚美及正增強；（4）協助孩子看

見正面事物，而非負面事物（Huberty, 2013; Saklofske et al., 1998）。除此之外，老師本身也可示範「因應陳述」（coping statement）的用法。舉例來說，有憂鬱症狀的孩子若是弄壞了手上的美術勞作，可能會抱怨：「我什麼事都做不好，永遠都做不好。」老師可以回應道：「這項勞作蠻難的，很多學生都碰上很多麻煩。沒關係，我們一起做做看。」這項策略不但可以幫孩子「保住顏面」，也讓他有機會再次表現。之後只要他順利完成勞作，教師便應加以鼓勵，而未來要是有類似的作品要完成，也要記得提醒他之前做得多好。

正念

所謂的正念，便是以反思及不帶評斷的角度去關注當下的狀況。研究也發現，此方法對於治療兒童及成人的焦慮和憂鬱症頗有效果（Vollestad, Nielson, & Nielson, 2012; Zelazo & Lyons, 2012）。事實上，很多技巧跟做法都與正念有關，例如深呼吸、接納自身想法或周遭環境、冥想、瑜伽等都是例子，而且正如第三章所言，正念（包括接受與承諾療法）會是適合家長自身的介入方案。根據研究，正念會為成人帶來正面效益，包括降低壓力及焦慮情緒、改善免疫功能，以及增進情緒控管和整體心理健康（Hanson & Mendius, 2009）。有些研究認為，正念之所以具有生理及心理上的效益，是因為大腦功能產生了結構上的變化。舉例而言，研究發現成人若練習正念，會改變大腦神經迴路的組織及活動，並連帶影響他們對壓力的反應及自身的免疫功能（Davidson et al., 2003），包括大腦前額葉及頂葉皮質和海馬迴皆會有結構上的變化（Lazar et al., 2000）。這些大腦功能上的變化，再加上交感神經系統的反應降低，便能讓練習正念的人感覺更為冷靜及幸福，並減緩焦慮、憂鬱等內隱症狀（Hanson & Mendius, 2009; Vollestad et al., 2012）。

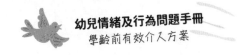
現在有越來越多研究認為，我們可以調整正念教學，使其能有效運用於孩童身上（Zelazo & Lyons, 2012）。舉例來說，九至十七歲有內隱症狀、學業問題、過動症及學習障礙的孩童如果練習冥想，可能會改善注意力及學業表現，並且減緩焦慮、憂鬱及不少外顯行為問題（Beauchemin, Hutchins, & Patterson, 2008; Raes et al., 2014; Semple et al., 2009）。另外亦有證據顯示，冥想及放鬆會是治療創傷後壓力症的學齡兒童的有效方法（Catani et al., 2009）。瑜伽也能減緩國小年齡兒童的焦慮症狀（Stueck & Gloeckner, 2005），甚至有一份研究指出，有國小二年級學生參與長達十週的瑜伽活動後，最後發現皮質醇含量下降，行為也有所改善（Butzer et al., 2014）。除此之外，參加正念練習計畫的國小四年級至國中七年級學生，也認為自己更為樂觀、正向情感更強、注意力更集中、社交—情緒能力更強，也較少出現外顯行為問題（Schonert-Reichl & Lawlor, 2010）。Harnett 和 Dawe（2012）發表了一項研究，其中回顧數十份過去文獻，並指出若要治療兒童族群，除了現有的治療方案外，以正念為基礎的介入方案會是重要的額外助力，尤其家長若也能參與正念訓練，那麼更會帶來良效。事實上，若家長也能參與正念訓練，親子關係會顯著改善，包括父母的執行功能提升、親子間更多積極傾聽，而且親職壓力也有所下降（見第三章）。

針對正念對於幼兒效益的研究，也得到了令人振奮的結果。Flook、Goldberg、Pinger 和 Davidson（2015）發表的研究指出，學齡前學校的學生參加以正念為基礎的良善課程（kindness curriculum）後，除了社交能力明顯提升，而且健康、學習和社交—情緒發展都比控制組得到更高的分數。歷經僅僅十二週的介入後，這些結果就已相當明顯，並且也支持正念作為促進幼兒利社會行為及自我調整的方法。

不過若要帶領幼兒進行正念訓練，務必要加以調整，使其符合孩子的發展水準。期望達到的目標也需要修正，因為幼兒通常無法久坐不動，也難以長時間保持注意力。面對此種情況，借助不同的姿勢來維持孩子身心上的投入程度，會是頗有幫助的做法。舉例來說，我們指導呼吸技巧的時候，常常會融入一些瑜伽動作，幫助孩子集中注意力。以下接著列舉一些可行的介入方案。

● **吸四吐六呼吸法**

所謂的「吸四吐六呼吸法」（4×6 breaths），是孩子先要從鼻子緩緩吸氣四秒，接著用嘴慢慢吐氣六秒。臨床專業人員可以幫孩子倒數，並且示範正確的呼吸頻率。若年紀較小的兒童沒辦法緩慢吐氣，可以請他想像自己在吹泡泡，而目標是要吹出越多顆泡泡越好。這是為了調節他的呼吸頻率，畢竟要是呼吸太快，是吹不出半顆泡泡的。若有必要的話，不妨真的讓孩子吹泡泡，或是以「吹紙風車」（讓紙風車轉得越久越好）為替代方案（Altman, 2014）。另外一項可行的活動，是請孩子躺下來，接著在他的腹部放上適當物件，並請他一邊練習腹式深呼吸，一邊觀察該物件上下起伏。最後，要是吐氣六秒太長，也可改為四秒。

● **傾聽鈴聲法**

「傾聽鈴聲法」（listen to the bell）是很適合幼兒練習正念的方法。首先，臨床專業人員要找個鈴鐺、鐘或是手機 app，使其發出聲響，並請孩子仔細聆聽至聲音消散為止。他可以請孩子要是發現聲音不見，就立刻舉手示意。根據 Hanson 和 Mendius（2009）發表的研究，此方法可以在冥想練習中讓人「保持注意力」。最後，這項方法既能一對一使用，也可以針對整個班級實施。

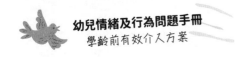

● 五種感官法

「五種感官法」（five senses）會教導孩子有關聽覺、味覺、觸覺、嗅覺及視覺等感官的知識，例如這五種感官是人類接收周遭世界訊息的媒介，雖然我們常以「思考」去感受一切的經驗，以至於我們難以活在當下，但「思考」其實並非一種感官。有人也稱此正念練習法為「單工作業」（single tasking）之力量（Willard, 2014）。首先，臨床專業人員會請孩子先進行吸四吐六呼吸法，並且閉上雙眼，專注於房內的聲音。再來，他會指出附近的聲響，例如走廊上有人說話、時鐘的滴答聲，或是窗外小鳥啾啾叫個不停等，請孩子多加留意。隨後再請孩子感覺自己坐的椅子、腳下的地板，還有皮膚感受到的溫度。另外也不妨請孩子聞聞看房間中有沒有其他氣味，或是舌頭有沒有嘗到味道。最後，臨床專業人員會請孩子張開眼睛，環視整個房間，並請他注意周遭的顏色是否比先前更明亮，或是他有沒有注意到原本沒有留意到的事物。臨床專業人員可以此為例告訴孩子，只要善用自己的五種感官，便能見常人所不能見，觀察力變得更為敏銳。除此之外，這項方法也有另一種變化，那便是加入「超級英雄」的元素，告訴他這些超級英雄因為有超能力，才得以知道周遭世界中的種種事物。舉例來說，臨床專業人員可以建議孩子啟動自己的「蜘蛛感應」（spidey-senses）或「仿生力量」（bionic powers），進而注意自己當下的各種嗅覺、味覺、視覺、觸覺及聽覺。

● 正念行走法

所謂的「正念行走法」（mindful walk），便是讓臨床專業人員帶孩子出去散散步，並且注意一下先前未曾關注的事物。臨床專業人員跟孩子一起散步的時候，可以請孩子運用前述提過的五種感官法，讓他更注意到周遭的種種事物。在此過程中，臨床專業人員要請孩子聚焦於周遭發生的事

物即可，盡量不要多做評論（Germer, 2009）。

●「思緒球」法

這項練習會以「雪景球」（snow globe）為例子，比喻人的思緒常像球中的雪花四下飄散，並且會吸引我們的注意力。練習一開始，孩子要先深呼吸數次，並在心中想像球中的雪花正漸漸落下、沉積，與此同時，他內心的想法也跟著落到了球體底部，心靈亦復歸平靜。注意到自身想法卻不至於為其所困，不但是正念的一大關鍵概念，也讓孩子知道即便自己浮現了某個想法，並不表示他必須有所關注（Willard, 2014）。練習過程中，臨床專業人員不妨利用真正的雪景球，或是在小紙張上寫上孩子的想法，並將其投入玻璃瓶中，再跟孩子一起搖動雪景球或玻璃瓶，觀察這些「想法」如何落至底部。最後，另一項替代方案則是請孩子想像自己將想法都裝入了一顆顆泡泡中，接著任其隨風飄揚，而非緊抓著不放。

● 正念進食法

若要將正念的概念介紹給孩子，正念進食法是相當常見的方式。Kabat-Zinn（1990）在研究中便建議，臨床專業人員可以給予明確指示，讓孩子不帶評斷且專注地品味眼前的食物。表單 4.7 是正念進食法的範例，不妨參考。

坊間其實有不少正規計畫可供兒童練習正念，有些可由臨床專業人員直接應用到孩子身上，例如「MindUP」（mindup.org），也有些需要特定正念組織的專業人員協助，例如「MindfulSchools.org」，還有兩者皆可的計畫，例如「內在孩子計畫」（Inner Kids Program; www.susankaisergreenland.com）及「身心感知計畫」（Mind-Body Awareness Project; www.mbaproject.org）等。至今為止，這些計畫的實際成效如何，還沒有太多相關研究，但其中的確融入了不少效度良好的正念技巧。

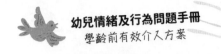

本章摘要

　　心理健康專業人員長年來忽視了幼兒內隱病症的治療，但過去幾年來，越來越多人關注到這塊領域。本章介紹了一些常見的預防及治療方案，可用於協助具有內隱問題的學齡前及幼兒園年紀兒童。目前越來越多文獻證實，認知行為技巧和正念對兒童效果良好，但若單單只談幼兒族群的話，這方面還需要更多研究結果佐證。不過，只要簡化語言、讓師長一起參與治療計畫，並多多使用具體例子，同樣的技巧也能幫助到此一族群的兒童。

家長講義：如何治療焦慮症

　　許多學齡前及幼兒園年紀的兒童，都會有恐懼的事物，例如黑暗、動物、跟爸媽或主要照顧者分離等等。換言之，幼兒會感到恐懼相當正常，但若恐懼情緒影響到他的正常功能（例如孩子拒絕上學），或是影響到家庭的功能（例如爸媽不知道怎麼處理孩子的恐懼，因此大吵一架），那麼便需要加以治療。以下介紹幾個常見的恐懼相關的介入技巧，並且講述家長可以如何協助治療。當然，若要動用這些技巧，別忘了先跟照顧孩子的臨床專業人員討論。

系統減敏法

　　此技巧是指讓孩子逐步接觸恐懼的刺激物，並同時讓他從事其他能減緩恐懼的行為，例如年紀較長的兒童便常會用到放鬆法。事實上，幼兒同時也適用放鬆法，但諸如吹泡泡、在院子裡跑跳，或玩一些能快速結束的遊戲等，也都是可用的方法。

　　重要的是，讓孩子接觸恐懼刺激物的過程要循序漸進，絕不能操之過急。舉例來說，如果孩子怕狗，我們就先讓他從狗的圖片看起，接著觀察外頭的狗，再跟狗共處一室，最後才是直接觸摸那隻狗。

　　孩子的臨床專業人員會協助建立一套系統減敏的方案，他可能會在療程期間跟孩子進行減敏訓練，並請家長也在家中協助孩子練習。

正向自我對話

　　注意傾聽孩子說出的話語，並以較為正面的想法去替換他的負面思維。舉例來說，孩子要是說：「我不能去外面啦，外面可能會有狗，狗很可怕。」你則可以回道：「有些狗狗確實很壞，但其實多數的狗都很乖，而且你這麼勇敢，對吧？告訴你自己『我很勇敢』，外頭沒什麼好怕的。」動用這項方法時，務必不要輕描淡寫或貶低孩子的恐懼情緒。目標在於肯定他的恐懼，但同時又要幫他「轉念一想」。

（如何治療焦慮症 1-2）

示範

　　親身示範如何跟恐懼刺激物進行適當互動，讓孩子知道該刺激物並不可怕。如果孩子怕狗，而你跟他剛好在外頭遇到了鄰居養的友善狗狗，不妨大聲跟牠說說話，例如：「哇，你真是又乖又棒呢，過來讓我摸摸。」

後效管理

　　這項方法是以正增強為驅動力，漸進地引導孩子跟恐懼刺激物互動。舉例來說，一開始會請怕狗的孩子從窗戶觀察鄰居家的狗，並給予增強，接著請他到院子裡跟那隻狗待上一小段時間，再給予增強，接下來把相處時間拉長，一樣給予增強，依此類推。至於增強物，則可用貼紙、糖果等事物，另外也別忘了給予口頭肯定，例如：「你剛剛到院子裡陪小白玩，真的很棒、很勇敢喔！」

（如何治療焦慮症 2-2）

兒童焦慮程度自我評估視覺輔助圖

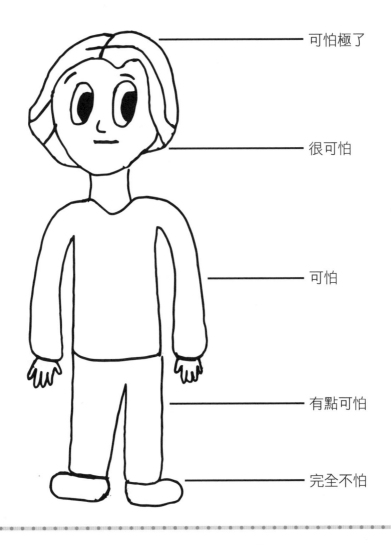

可怕極了

很可怕

可怕

有點可怕

完全不怕

幼兒放鬆訓練

首先以呼吸練習開場。

雙腳：「對，就是像這樣呼吸，很好。現在把腳趾卷曲起來，變成一顆顆扎實的小球，就像這樣，像鼠婦（roly-poly）一樣！很好，保持這個姿勢，不要動喔（維持八至十秒）。好，現在慢慢鬆開。有沒有覺得腳跟、腳趾都熱熱、刺刺的？很舒服吧？它們都徹底放鬆下來了喔。」

雙腿：「現在腳掌往脛骨部分伸展，像這樣。有沒有覺得小腿後面很緊？小貓午覺起床的時候，也會這樣伸展喔。很好，保持這個姿勢喔（維持八至十秒）。好，放鬆一下，現在雙腿也既溫暖又舒服了。」

大腿：「現在把兩腳膝蓋靠在一起，雙手從旁抓住側壓，要壓緊喔，好像要在膝蓋之間夾住東西哦。很好，再用力一點，然後保持這個姿勢，保持不要動喔（維持八至十秒），好，可以放鬆了。感覺一下，那種溫暖又舒服的感受一路從雙腿傳到腳掌，再散入十根腳趾頭裡。」

腹部：「好，現在用力把腹部縮緊，緊到好像有隻大象要踩上來一樣。保持這個姿勢（維持八至十秒），好，放鬆下來。有沒有覺得很棒、很舒服？」

雙手：「很好，現在把雙手緊握，變成很緊很緊的拳頭，好像要擠檸檬一樣。保持這個姿勢，很好，再用力一點（維持八至十秒），現在放鬆下來。有沒有覺得手指跟雙手都熱熱、刺刺的？」

雙臂／胸口：「現在雙手抬到上胸部分，雙掌互推（示範祈禱的姿勢）。好，繼續用力推壓，保持住這個姿勢喔（維持八至十秒），好，可以放開了。」

雙肩：「聳起雙肩，好像要去碰到耳朵一樣。有沒有很像猴子啊？來，雙肩抬高，再往上（維持八至十秒），現在可以放鬆了。那種溫暖、放鬆的感覺從肩膀一路傳到雙臂跟雙手，再到肚子，再到雙腿跟腳趾——整個身體暖和和放鬆了下來，輕鬆得不得了。」

（幼兒放鬆訓練1-2）

臉部：「現在把整張臉擠在一起……繃緊臉上的每一塊肌肉，不管是臉頰、嘴巴，還是鼻子跟額頭的肌肉，通通繃緊！看看你可以做出多好笑的鬼臉？很棒！保持這個表情別動，不要動喔（維持八至十秒），好，可以放鬆了。很舒服吧。」

以呼吸練習結尾。

（幼兒放鬆訓練 2-2）

家長講義：分離焦慮症及拒學症

幼兒常會不願跟爸媽分離，一旦他們預期要跟父母分開，便會出現緊緊依偎、哭泣、吵鬧等行為。拒絕上學也是分離焦慮障礙症常見的一部分，但其原因也可能是其他問題，例如懼怕學校，或是懼怕學校的某個人。對於分離焦慮症的兒童來說，害怕跟照顧者分離是主要的焦慮來源，而且只要他預期會分離（例如到學校，或是跟保母在一起等），便會表現出焦慮情緒。當然，兒童進入新的環境時，感到些許焦慮是難免的事，但要是這種症狀反覆出現，便得介入處理。

分離焦慮症預防方案

孩子進入新環境（托育機構或學齡前教育單位）的時候，如果要防止他分離時感到痛苦，並且降低分離焦慮惡化的機率，可以採取下列步驟：

1. 選擇熟悉且自在的托育機構或學齡前教育單位。
2. 跟孩子討論新環境有哪些有趣的正向活動，例如玩遊戲、認識新朋友。
3. 陪孩子去新環境，並跟他一起待上一小段時間。
4. 接到孩子後，稱讚他今天在學校表現良好，並讓他談談今天發生了什麼事。

分離焦慮症／拒學症之治療方案

分離焦慮症的兒童為了避免分離發生，通常會做出某些行為，例如他可能會直接表示不想上學，但更常會是以間接的方式表現出來，例如早上抱怨頭痛、腹痛，或是準備出門上學時就開始大哭大鬧。另外，等爸媽送孩子到托育機構或學齡前教育單位，並且準備分離的時候，他也會變得極其依附父母。如果孩子出現上述行為，務必要立即著手處理。

1. 不要增強孩子的焦慮及迴避行為。**這點非常、非常重要。**除非孩子真的生病了，否則便應該讓他去上學。不要屈服於各種抱怨和哭泣，也不要允許他待在家中。
2. 如果一直以來你都會允許孩子不去上學，請立刻送他回學校，並且未來不再缺課。

（分離焦慮症及拒學症 1-2）

3. 給孩子一項「過渡物」，讓他在學校也能感到心安。過渡物是主要依附對象給予的物件，讓他得以想到這位照顧者。舉凡放有父母照片的盒式項鍊、「幸運幣」、「力量戒」，或是父母手寫及手繪的紙條跟圖畫，都是能讓孩子覺得自己很特別、為人所愛，而且充滿力量的過渡物。

4. 事先將孩子的情形告知托育機構或教師。

5. 如果孩子有去上學，便應給予增強。

　　「前後一致」是解決孩子拒學行為的關鍵所在。如果你已經讓孩子長時間不去上學，而且他有嚴重的焦慮症狀，可能得運用較為漸進的減敏法。舉例來說，剛開始可能讓孩子每天上學一小時，再慢慢往上增加，逐漸讓他適應一整天上課。不過在大多數情況下，立即讓孩子全面復學是最合適的方法。

（分離焦慮症及拒學症 2-2）

幼兒感受圖

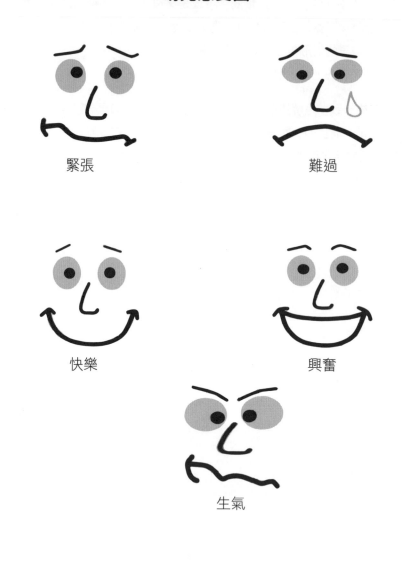

緊張　　　　　　　　難過

快樂　　　　　　　　興奮

生氣

幼兒每日感受圖

把你的感覺圈選出來。

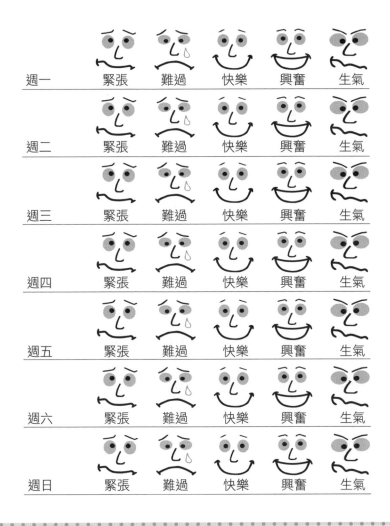

週一	緊張	難過	快樂	興奮	生氣
週二	緊張	難過	快樂	興奮	生氣
週三	緊張	難過	快樂	興奮	生氣
週四	緊張	難過	快樂	興奮	生氣
週五	緊張	難過	快樂	興奮	生氣
週六	緊張	難過	快樂	興奮	生氣
週日	緊張	難過	快樂	興奮	生氣

正念進食法

　　這項練習可以個別使用，也適用整個班級。發下食物後，告訴孩子先別急著吃掉食物，而是假裝他第一次「發現這項食物」。換言之，他要假裝自己來自外太空，因此完全不知道眼前這是什麼。這裡以鋁箔紙包裝的巧克力糖為例，不過葡萄乾也是正念進食法常見的練習用品。發下食物後，請以平靜和緩的聲音向孩子閱讀下列的字句，並且一邊示範其中的動作。

　　「注意到眼前這個東西，除非我說『吃』，否則請不要把它吃掉。現在，假裝你從沒有看過這種東西，拿起來用手指感覺一下，是凹凸不平呢？還是滑順、柔軟或堅硬？注意一下光線怎麼打在包裝上，所以有些地方正閃閃發光。注意一下顏色，現在慢慢把它拆開來，注意有沒有聽到任何聲音。現在再看一次，注意顏色，感覺表面是粗糙還是滑順。來，把這個東西舉到鼻子前，深吸一口氣，看看有沒有任何味道。再來一次，深呼吸，注意有沒有任何氣味。接下來，把這個東西放到舌頭上，但不要咬喔，注意一下你的嘴裡有沒有什麼反應，注意一下味道怎麼樣，接著慢慢咀嚼這個東西，吞下去後，感覺看看舌頭上留下了什麼味道。」

　　這項練習結束後，問問孩子的感覺如何，以及吃巧克力時注意到了哪些事情，還有這跟平常吃巧克力有何不同。接下來，告訴孩子剛剛的練習用到了五種感官，並且回顧一下這些感官為何。不僅如此，孩子未來每次用餐的時候，也不妨試試看第一口都這麼「全神貫注」，然後鼓勵孩子回顧他跟家人學到了哪些事情。

Chapter 5

日常生活問題
之處理與預防

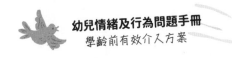
家有學齡前或幼兒園年紀孩童的家長，有時最感困擾及壓力的問題，就是諸多日常生活中的例行事項，例如進食、睡眠，以及上廁所等等。這些問題雖然常常只是短暫出現，而且不會嚴重到符合診斷標準，但若能提供適當治療，仍能減輕家長及孩童的壓力，培養更為正向的親子關係。不僅如此，我們若能在孩子年幼時便處理這些問題，即可避免問題變得根深蒂固，甚至因而招致負面結果。本章會詳細說明常見且有效的治療方案，協助處理這些日常生活的問題。

如廁

 ## 如廁訓練

對於學齡前兒童而言，如廁訓練是重要的發展里程碑，但遺憾的是，目前還沒有太多研究文獻探討該如何訓練如廁，或是該如何解決如廁訓練的相關問題。事實上，多數孩童皆能輕易學會如廁這回事，但許多家長針對此一過程會有不少問題或擔憂，而他們常問的一件事，就是何時該開始訓練自己的孩子如廁。雖說這並沒有明確的指導原則可供遵循，但除非孩童生心理皆做好準備，否則家長不應開始如廁的相關訓練。研究指出，高估了孩子準備程度的家長，可能會費上更多時間訓練，或是反倒面臨更長久的如廁問題（Choby & George, 2008）。嬰兒期的兒童會反射地淨空膀胱，他自身無法控制此一行為，但到了學步期後，他會慢慢注意到自己膀胱已滿。三歲時，多數兒童已能控制括約肌，並在白天期間抑制排尿行為。至於要在夜間控制膀胱，則是一兩年後才會學會的事情。通常只要兒童得以忍耐數個小時不排尿、排尿時完全淨空膀胱，以及想要排尿時會有所表現，即算是學會了如何控制自己的膀胱（Kuhn, Marcus, & Pitner, 1999; Rogers, 2013）。多數兒童會在二十一至三十六個月大的期間，接受如廁相

關訓練（Choby & George, 2008）。另外，孩子除了生理上要做好準備，其他方面也要做足準備，否則如廁訓練恐怕難以奏效。舉例而言，他們要能執行如廁所需的動作（motor movement），例如要可以步行至廁所、褪去特定衣物，並坐上馬桶（Rogers, 2013）。當然，他們也必須具備基礎語言技巧，才能理解並溝通如廁相關的字彙。再來，願意遵循家長指示也是一大重點，若孩子根本不聽話，且會出現侵擾性行為，那麼如廁訓練便難以順利進行。事實上，性格聽話好養育的孩子，會比性格難搞的孩子容易學會如廁，機率足足高了 33 倍（Schonwald, 2004）。若家長難以教會自己孩子如廁，就需要進一步評估孩子的行為特性，而且若有必要，還需要先實行家長行為訓練（見第三章），以便讓孩子先願意遵循父母的指令（Kuhn et al., 1999）。

如廁訓練有兩大路線，分別是以兒童為導向的訓練方式（Brazelton, 1962），以及按部就班的行為訓練（Azrin & Foxx, 1974）。目前雖然實證依據尚不足，但美國兒科學會仍根據專家意見，推薦使用以兒童為導向的方式（Kiddoo, 2012）。在少數的實效研究中，有份規模頗具前瞻性的大型分群研究（cohort study）發現，接受以兒童為導向訓練方式的孩童，約有61% 在三十六個月大時已能控制排便或排尿，而到了四十八個月大的時候，該比例更高達 98%（Taubman, 1997）。在 Brazelton 的以兒童為導向的訓練方式中，如廁訓練會從孩子十八個月大時開始，並漸進式地將相關知識介紹給他。首先會給孩子一張學習便椅（potty chair），他每天要穿著完整衣物，在上面待個幾分鐘。接下來，則要讓他不穿尿布坐在上面，而等到他對學習便椅越來越感興趣，並且越來越自在後，若是他弄髒了尿布，便可把他帶去學習便椅旁，並將髒尿布換下後投入便椅，幫助孩子認識椅子的用途為何。再來，我們要把椅子置放到孩子遊戲的場所，他若有需要即可使用。等到孩子開始會使用便椅後，即可算是「成功畢業」，並能換

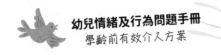

穿學習褲或棉質內衣褲。但我們仍應繼續鼓勵孩子使用便椅，不要因此打住。值得注意的是，要是孩子受訓後仍無進步跡象，Brazelton 建議暫時停止訓練，之後再行繼續。通常生心理皆準備好的孩子，會比還沒準備好的兒童進步得快，也較容易訓練。

Schroeder 和 Gordon（2002）提出了一項稍經調整的以兒童為導向的訓練方式，其中指出孩子經評估可接受如廁訓練後，家長便要固定檢查他們的尿布，追蹤他們的如廁習慣，了解孩子何時最需要使用廁所。接下來，只要到了孩子可能需要排尿或排便的時間，家長就要把他帶到廁所去（欲知更多定時蹲馬桶的資訊，請見後文「保留性遺屎症之治療方案」）。如果孩子順利排尿或排便在馬桶中，即可獲得增強物。訓練期間不必使用尿布，即便不小心尿出來，也要鎮定且不帶過多情緒地處理。Schroeder 和 Gordon 表示，多數孩童只要接受這項訓練，即可於二至四週內學會如廁。

至於想快速讓孩子學會如廁的家長，或許可考慮「一日學會如廁訓練方案」（Toilet Training in Less Than a Day; Azrin & Foxx, 1974）。該訓練方案恰如其名，目的就是要一天內讓孩子學會如廁，其中內容以家長為導向，並提供無數機會讓孩子體驗何謂成功的如廁。儘管近來未有研究實證評估過這項方案，但過去幾份分群研究皆指出，Azrin 和 Foxx 的這項訓練方案在二十五個月以下的兒童中，成功率介於 74% 至 100% 之間，而年歲較長的幼兒則達 93% 至 100% 之間（Butler, 1976）。但雖說如此，小兒科醫師大多不推薦這項方案。有研究便調查了 103 位小兒科醫師，其中只有 29% 會推薦如此高強度的訓練，而且也不是其中每個環節或做法皆會推薦，例如他們並不推薦家長懲罰不小心排便或尿褲子的孩童，也不建議使用過度矯正（overcorrection）的相關技巧（Polaha, Warzak, & Dittmer-McMahon, 2002）。不過對於動機強烈且希望孩子快快學會如廁的家長而言，這種高

強度且嚴格的方法仍有其效用，但還是要注意這並不一定適合每位孩子。

　　使用 Azrin 和 Foxx 的訓練方案時，家長需要用到具排尿功能的玩具娃娃，藉此示範喝水及排尿至馬桶中的過程給孩子看，並鼓勵孩子大量飲水，以便讓他有多次機會練習如廁。訓練方案最一開始，父母每隔十五分鐘要提示孩子若有尿意或便意，要記得使用便椅，等到他順利使用便椅數次後，再慢慢減少頻率。期間只要他做出正確無誤的如廁技巧，家長便應立即提供多樣的正增強。此外，家長要每五分鐘檢查一次孩子的褲子是否乾燥無味。若他在訓練過程中不小心尿溼褲子，家長可以祭出輕微的厭惡後果（aversive consequence），例如口頭訓斥、要求他協助清理等等。接下來則要借助方才介紹過的娃娃，模擬如廁過程，進行十次快速的「正面練習」（positive practice），讓他熟悉箇中眉角。需要注意的是，有鑑於這項訓練方案或許會帶來一些問題及副作用，孩子若是性情較不易教養，可能會出現發脾氣的情況，所以建議使用前應先洽詢專業人士（Schroeder & Gordon, 2002）。

　　多數家長無須醫療或心理健康專業人員協助，即可完成如廁的相關訓練。一般來說，除非孩子到了學齡前時期後段，仍持續出現尿褲子或大便失禁的問題，或是即便受過如廁訓練，仍繼續尿褲子或大便失禁，否則家長通常不必尋求專業協助。若要尋求協助，家長的首個求助對象多半會是熟悉的小兒科醫生，而非心理工作者或心理健康專業人員。但若家長先去尋求心理健康專業人員幫忙，該心理健康專業人員著手治療以前，應先轉介孩子去看醫生，了解是否有其他問題。雖說遺尿症及遺屎症很少是因為生理問題而起，但若要執行任何行為治療方案，還是要先排除相關問題的可能性。

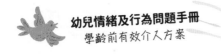
❀ 遺尿症

　　如第一章所言，遺尿症可分為日間型遺尿症及夜間型遺尿症，但有鑑於兒童至少要年滿五歲才能被診斷為遺尿症，多數學齡前兒童其實並不符合資格，但考量到個案的情況，有時可能還是需要加以治療。不過，無論是要治療日間型或夜間型的遺尿症，都必須先徹底了解問題所在。首先要做醫療評估，確認問題是否為生理因素所導致，若結論為否，心理健康專業人士便要進一步了解個案遺尿及如廁相關問題的歷史。除此之外，他也應了解個案一路成長的發展歷程，並鼓勵家長追蹤孩子初始及療程間的遺尿行為，作為評估的部分環節（追蹤表範例請見表單 5.1、5.2、5.3 及5.4）。

日間型遺尿症之治療方案

　　目前而言，學界對於夜間型遺尿症的治療方案已有許多研究，但日間型遺尿症的相關治療卻較少為人關注。有研究認為固定排尿（timed voiding）、調整攝取水分，以及正增強等行為策略，相當適合治療日間型遺尿症（Mulders, Cobussen-Boekhorst, de Gier, Feitz, & Kortmann, 2011; Wiener et al., 2000）。孩子若日間一直未能克制排尿，可能是當初沒有接受完整的如廁訓練，那麼家長便應考慮重啟相關訓練。孩子若已能克制排尿一陣子，但最近又開始出現日間遺尿情事，這便需要全盤評估，確定這項問題是否與任何情境、社交或心理因素有關。若這些因素確實有相關，治療時便應加以處理。前面提過的以兒童為導向的如廁訓練方案（Schroeder & Gordon, 2002）也是值得推薦的治療方案。家長除了固定帶孩子去蹲馬桶之外，也應於日間特定時段，檢查孩子的褲子是否仍維持乾燥。假若孩子表現良好，則可獲得增強物，但要是他仍有遺尿情形，應依年齡不同，要求他盡量協助清理。其中多半會包括更換衣物，並將溼掉的衣物置入洗衣

籃或適切地點。Schroeder 和 Gordon 也建議孩子應從事「正面練習」，也就是讓他們練習從院子或屋內各房間等不同的地點，步行至廁所使用馬桶。

夜間型遺尿症之治療方案

大多數的家長要到小學初期才會實行夜間型遺尿症的治療方案，也因此這項治療方案的相關討論，適用的較是幼兒園年紀和年齡較長的兒童。近來公布且受到美國兒科學會認可的實用共識指南（practical consensus guidelines）便提到了兩種最為重要的治療方案，分別是尿床警報器（urine alarm）和藥物治療〔準確來說是去氨加壓素（desmopressin）; Vande Walle et al., 2012）〕。至於個案適合哪項治療方案，得要看家庭的動機強弱，以及個案有何特徵（例如膀胱容量較少或是排尿量過多等）。根據研究，尿床警報器對大多數的夜間型遺尿症來說，是最有效的長期治療方案。然而，若是個案家庭動機較低，或是常會於尿床事件發生後祭出過度嚴苛的懲罰，又或是個案本身有夜間型多尿症（nocturnal polyuria），以抗利尿的去氨加壓素治療，便可發揮不錯的效果（Campbell, Cox, & Borowitz, 2009; Vande Walle et al., 2012）。去氨加壓素得以減少及濃縮尿液，服用後很快便會發揮作用，也因此孩子若要去別人家參加睡衣派對，這會是理想的解決之道。但要注意的是，一旦停藥以後，原先的症狀多會復發。儘管去氨加壓素僅是治標不治本，但近來也有證據顯示，只要按照程序停藥，或能降低停藥後的復發率（Vande Walle et al., 2012）。

目前而言，若要治療夜間型遺尿症，最成熟且具實證研究基礎的方案便是尿床警報器（Campbell et al., 2009）。假如個案兒童夜間排尿量屬正常，而且家庭動機也強烈，就相當可能受益於這項治療方案。不過，我們應提醒家長，改變通常得花上數週或數月才會出現，而且有些家庭常表示

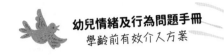

警告過於吵鬧，既會影響孩子的睡眠，甚至經常打擾到全家人的安寧，也因此有人會提早中斷這項治療方案，難以貫徹到底（Vande Walle et al., 2012）。但若要看到症狀改善、好轉，貫徹始終便是重中之重。研究即指出，個案家庭若持續使用排尿警告，近三分之二兒童的症狀獲得改善，並有近半兒童即便是治療中斷後，仍能克制排尿（Robson, 2009）。

這個警報器最初的設計是一片床鋪大小且連上警報器的尿布墊，只要孩子開始排尿，水分便會啟動墊中的感應器，引起警報大響。至於目前所使用的警報器則較為小巧輕便，通常是在兒童的內褲上裝設電極片，並將其連接至穿戴在他手腕或肩膀上的小警報器，只要裝置一感應到尿床，便會讓警報響起。尿床警報器乃是藉由古典制約／操作制約，達到提升孩童警覺心的用處，進而發揮作用（Axelrod, Tornehl, & Fontanini-Axelrod, 2014）。舉例來說，孩子可能會因為不喜歡警報器的聲音，而學會一旦膀胱脹足，便應起床去尿尿，而非任其弄溼床鋪。但有趣的是，一旦孩子不再尿床後，很多孩子夜間也不會起床上廁所，反倒都是一覺到天明（Harari, 2013），箇中的作用機制仍有待釐清。

不過，我們通常不會只用尿床警報器，而是會搭配正增強、整潔訓練（尿床後要求孩子協助換床單及衣物）等策略一起使用。另外也有研究指出，**忍耐訓練**（retention-control training；意即讓孩子攝取大量水分，忍耐到沒辦法才去上廁所）及**過度學習**（overlearning；意即讓孩子睡前攝取水），都是可以配合尿床警報器一起使用的方法。有實證研究指出，這套包含多項策略的方法，並且是全方位的家庭訓練，平均成功率為 79%，而且二至四個月內便會出現成效（Brown, Pope, & Brown, 2011）。運用尿床警報器搭配忍耐訓練〔附帶金錢報酬（monetary reward）〕、整潔訓練、自我監測夜間有無遺尿情形，以及漸進式過度學習等策略，目的是希望減少治療時間及復發機率。不過尿床警報器雖然搭配其他方法會帶來更高的

成功率，但其本身還是這些治療組合中最重要的元素（Brown et al., 2011）。

　　多家公司皆有販售尿床警報器，價格約介於 1,500元至 4,500元新台幣（台灣價格可能有些許差異）。購買產品前無需事先取得處方箋，但若是醫師建議購買，或可申請保險公司理賠。另外，家長雖然未必需要專業協助，也能順利使用警報器，但第一次嘗試相關治療方案時，不妨先請教心理健康專業人員。而且未來若有需要，也應持續與相關專業人員保持聯繫。

　　治療開始以後，臨床專業人員應向家長及兒童講解尿床警報器的使用方法，並且提供相關講義。舉例來說，表單 5.5 便是家長專用的講義，專門解釋警報器使用方法，而表單 5.6 則適用於年紀較大的孩子，可以讓他們自己閱讀，或是為較年幼的孩子說明。在此過程中，家長和兒童都應同意使用警報器，因為接下來他們都必須積極參與治療，否則難以收到療效。另外，大人和孩子雙方也都需要了解該如何安置警報器，不過孩子本人應負起就寢前安裝警報器的責任，而家長也要加以檢查，確認孩子安裝妥當，尤其他若是初次使用，更是要多加留意。除此之外，夜間警報聲若是響起，家長應立刻起床前往孩子的房間。因此若能在孩子房中放置嬰兒監視器，或是敞開家長及孩子房間的大門，讓家長更容易聽到警報聲響，都可以讓過程更為順利。第一次使用警報器的時候，要讓孩子學著去聽警報聲，只要聽到就該起床。但這並非易事，孩子常常就算警報響了，還是呼呼大睡，這時家長就必須前去將他喚醒。等到他完全醒來後，便要自行卸下警報器、起床、前往浴室，並於馬桶解決生理需求。要注意的是，即便孩子堅持自己已不用去廁所，這個步驟還是不能漏掉。接下來，孩子要協助清潔整理，例如換睡衣、換床單等，要是影響範圍很小，可以暫放一塊毛巾在上頭，不必急於當晚更換；但要是影響範圍廣泛（一開始多會如

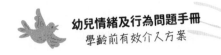

此，很正常），務必要當場更換整張床單。一切打理妥當後，就讓孩子重新安置警報器，並回去就寢。後續若又聽見警報聲響，則重複一次上述的每個步驟。家長要切記不能因此生氣，或是因此懲罰孩子，而是要鎮定且不帶情緒地處理這些事情。

到了早上，若孩子昨夜沒有尿床，或有確實遵照上述流程，即可獲得小小的獎勵。這是因為孩子會需要一些時間才能維持不尿床的習慣，所以即便只是好好遵循流程，也應該獲得鼓勵。只要夜復一夜貫徹執行，孩子將學會克制自己，不會出現尿床情事。另外在此過程中，孩子應將自己尿床或沒尿床的日子記錄下來，以便追蹤進展。如前所述，孩子夜間若是沒有尿床，家長應加以讚美鼓勵，但要是他不小心尿床，家長也不應讓他感到氣餒或口出負面言語，而是要針對他確實遵循前述流程加以讚美（若他真有遵循），或許再就事論事地補上一句：「昨晚雖然尿床了，但你有好好照著流程走，做得很棒。今晚也許就不會發生這種事了。」

尿床警報器並無法產生立竿見影的效果，孩子即便花了數個月的時間才學會不要尿床，也不是什麼奇事。不過若要檢視孩子有無進步，其一觀察重點在於床鋪溼掉的部分是否越來越小，因為只要孩子醒得快，及早克制尿意並去廁所，溼掉的地方自然會越變越小。一直到孩子得以連續十四天皆未尿床，才可以暫停使用尿床警報器。不過，尿床事件要是又出現，應立刻重用警報器，除非孩子再次滿足「連續十四天未尿床」的條件，否則便繼續使用。

❀ 遺屎症

如第一章所言，遺屎症是指個案於不適宜的地方排泄糞便，例如衣物上。至於最常見於兒童的保留性遺屎症，起因是嚴重便祕，而便祕的原因可能很多，例如行為／飲食因素、結腸蠕動減緩，以及糞便滯留（fecal retention）等（Friman, Hofstadter, & Jones, 2006）。只要孩子應排便時未排便，糞便就會回到結腸中，並漸漸變硬，讓排便變得更不容易，也更加疼痛。這時他可能會失去胃口、變得容易飽足，甚至嘔吐。若是便祕情況越來越嚴重，這些糞便就會持續阻塞在結腸中，而結腸周遭的肌肉也會越繃越緊，讓孩子更加感受不到排便的需求，也難以有效排出糞便。若是阻塞過於嚴重，通常還會有液體溢出〔如溢出性失禁（overflow incontinence）〕，並因此造成一些汙染。不過這些液體流出的時候，保留性遺屎症的兒童多半不會知道，也不會注意到褲子髒了，而且此現象有時還會伴隨大量糞便（Friman et al., 2006; Schroeder & Gordon, 2002）。相反而言，非保留性遺屎症的兒童因為未有便祕情事，所以糞便阻塞不會是個問題。他們的排便一向順暢，而且糞便也皆為正常大小。此外，保留性遺屎症的兒童或許會抱怨腹痛，但這種抱怨多不見於非保留性遺屎症的兒童（Boles et al., 2008; Bongers, Tabbers, & Benninga, 2007）。

保留性遺屎症之治療方案

保留性遺屎症常見的治療方案結合醫療程序及行為介入方案，且經研究證實有效（Campbell et al., 2009; Friman et al., 2006）。出現遺屎症的兒童應先經醫療評估，再接受治療，這是為了事先排除任何生理成因，例如判斷是否有其他疾病症狀，或是腸子先天畸形等。若的確有生理成因，可能同時會出現發燒、噁心、嘔吐、腹脹及體重下降等症狀（Montgomery & Navarro, 2008）。不過話說回來，遺屎症鮮少是生理因素所導致，根據研究，約有 95% 的遺屎症病例及 99% 的非遺屎症病例，皆未有生理成因（Kuhn et al., 1999），但重要的是這點仍應有所確認，才進到下一階段。此外，醫師可跟家長討論是否要用到任何醫療介入方案。由於孩子的結腸通常會存有大量糞便，常常需要進行數次灌腸法，將其清理乾淨。要注意的

是，灌腸應於醫師指引下進行，且應早於行為介入方案執行，這是因為孩子若仍嚴重便祕，這些方案的成效也會有限。另外，醫師也可推薦孩子使用軟便劑或輕瀉劑，幫助排便順暢。

再來，家長應接受相關飲食教育，了解哪些飲食需要調整。遺屎症的兒童除了需要攝取適當的纖維，也要多多食用水果及蔬菜。家長料理食物時，也可於上頭撒點小麥胚芽或麩皮，並鼓勵孩子多攝取水分。他若原本食用較多乳製品，也應加以減少。家長若有相關問題，可與營養師諮詢，由對方協助調整孩子的飲食。

遺屎症治療方案中的行為介入療法會包括定期蹲馬桶，以及給予在馬桶排便的兒童獎勵。定期蹲馬桶除了得以鼓勵孩子多多使用馬桶，也可協助他建立「可能排便時要去廁所」的習慣。在相關的治療方案中，定期蹲馬桶都是很重要的元素，若未接受此項練習的孩子，往往進步有限或根本沒有進步（Brooks et al., 2000）。他們每天多半應蹲二至四次廁所，選在他們最可能排便的時段進行，譬如早上起床或用餐完畢後。每次蹲馬桶時，孩子應待上五至十分鐘，該過程應有趣好玩，譬如他可以一邊看書、玩玩具或聽音樂。當然，他坐在馬桶上時應是輕鬆舒適，雙腳必須碰得到地板，但若這點有難度的話，家長可使用便椅，或是於馬桶旁置放小凳子，讓他有地方放腳。接下來孩子若順利排便，即可獲得獎勵。此外，家長一天應進行數次「褲子乾不乾淨」的檢查，若孩子沒有大在褲子上，也可獲得獎勵。不過如前所述，家長就算發現孩子弄髒褲子，仍應以鎮定且就事論事的態度處理後續事宜，孩子自己要至水槽或浴缸清洗內衣褲（若有需要，父母可幫忙），並清理自己身上的髒汙，最後更換新的衣物。家長不要口頭上斥責孩子，也不要祭出懲罰，鎮定且就事論事的回應及語調會帶來較好的效果（Friman et al., 2006）。表單 5.7 為提供家長使用的遺屎症治療方案講義，而表單 5.8 則是家長可用於追蹤治療進度的記錄表，不妨作

為參考。

拒絕使用馬桶／非保留性遺屎症之治療方案

如前所述，保留性遺屎症是較常見的遺屎症類型，但孩子出現遺屎症狀，可能未必是為便祕所致。在幼兒族群中，拒絕使用馬桶是相當常見的問題。研究便指出，家長在訓練孩子使用馬桶時，孩子常會表示抗拒，這些兒童在一般人口中約占 20%，但其中僅有四分之一會長期受此問題影響，並且需要進一步介入治療（van Dijk et al., 2007）。這些不願坐上馬桶的兒童可能性情固執，也可能有其他行為或情緒上的困難，或是因為過去不好的排便經驗，而對廁所／馬桶產生負面聯想，又或是過去曾有不好的如廁經驗，例如家長對於如廁一事常祭出嚴苛或懲罰成性的教養方式（Friman et al., 2006）。導致非保留性遺屎症發生的機制，至今仍不明朗。目前各界的共識認為這是一項多因素的病症，其中包括未曾順利接受如廁訓練、情緒或行為上有困難，以及（或是）否認或忽略自身想要如廁的正常及生理訊號等因素（Bongers et al., 2007）。

如果孩子害怕上廁所或使用馬桶，可將如廁過程結合更多正向刺激，方法之一便是定期讓孩子經歷正向的蹲馬桶經驗（Boles et al., 2008）。這一類型的蹲馬桶跟前述相去不遠，但其目的不是要鼓勵孩子排便，而是要減少他們對於馬桶的焦慮感。因此，剛開始幾次蹲馬桶時，可讓孩子穿著尿布或其他衣物，而且時間應盡量簡短，例如一分鐘之內，等到他漸漸熟悉自在，再行增加時間。此外跟方才所述一樣，孩子坐在馬桶上應是舒服自在，而且整體氛圍及環境應有趣好玩，可以讓他聽聽音樂，或是帶書進去看等。再來，這些蹲馬桶的經驗也應與正向的親子互動結合。舉例來說，家長在此時段不該嘮叨個不停，也不應責罵孩子，而是要以正向且兒童導向的方式跟他互動來往。

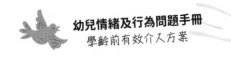

　　在某些案例中，個案兒童可能會極度抗拒這種按時的蹲馬桶活動，因此會需要更為漸進地去塑造他的行為。根據 Kuhn 等人（1999）發表的研究，他們建議家長在初始階段應親自示範適當的如廁行為，接下來再讓孩子於廁所中或附近從事各式有趣的活動，例如跟孩子一起在廁所門口玩他最喜歡的遊戲等。活動地點會漸漸移向馬桶，最終目標是讓孩子一邊坐在馬桶上，一邊從事他所喜愛的活動。更多有關焦慮及恐懼相關症狀的治療方案（例如系統減敏法），請見第四章。

　　一旦孩子克服了如廁的「恐懼」，家長便可著手訓練他該怎麼在馬桶中排便。嚴格安排的如廁計畫是治療非保留性遺屎症兒童的基石所在（Bongers et al., 2007）。如前所述，家長應制定規則，讓孩子每天固定蹲馬桶二至四次，而且於此期間不應繼續穿著尿布。此外，在此期間進行的正向活動都不應中斷，而只要孩子排便於馬桶中，即應獲得激勵（Boles et al., 2008）。

餵食／進食問題

　　幼兒可能出現各式各樣的餵食及進食障礙症（其中部分是因為併發症之故），但本章僅會著重於家有學齡前和幼兒園年紀兒童的父母較常碰到的困難。首先，我們會先談談該怎麼推廣健康的飲食習慣，又該如何避免兒童肥胖。再來，我們會探討如何介入處理愛挑食及拒食的孩子。此外，我們也會討論異食症及反芻症的治療方案，還有用餐時的不當行為（例如大發脾氣等）及較為嚴重的飲食障礙症。至於後兩者的治療方式，請參照第三章針對外顯問題的相關治療方案。

✲ 推廣健康飲食習慣

幼童發展飲食及體能活動模式時，常會模仿及學習父母的種種行為，因此處處皆看到社會學習理論的痕跡。舉例來說，若家長保持健康飲食，而且固定運動，孩子也較可能模仿相似的行為。此外，家長要負責構建孩子身處的環境，讓他們得以從事不同程度的體能活動、使用電子產品，以及攝取特定食物。換言之，孩子仰賴父母提供他們良好的家庭環境，發展健康的生活習慣。

要達成「推廣健康飲食習慣」的目標，關鍵的第一步便是確保孩子時時吃得到許多健康的食物，並且難以接觸垃圾食物。研究也指出，持續有機會攝取健康食物的幼兒，未來也較可能喜歡並攝取這一類型的食物（Anzman, Rollins, & Birch, 2010）。根據數據顯示，即便是幼兒的飲食也常常糖分、脂肪及鹽分過高，而且其中太少水果、蔬菜及複合式碳水化合物（Institute of Medicine, 2011）。有鑑於此，家長應限制孩子食用糖果、洋芋片及含糖飲料等不營養的食物，並改為全麥食品、水果、蔬菜及低脂的乳製品[1]。家長也要培養孩子口渴喝水的習慣，而非果汁或汽水等高糖飲品。

另外，家長也應採取回應式餵食（responsive feeding）的方法，幫助孩子依照自身的內在飢餓及飽足感，管控自己的飲食行為（Black & Aboud, 2011）。研究顯示，幼兒多少有能力管控自己攝取的進食量（Institute of Medicine, 2011）。如果家長過於嚴格限制垃圾食物、總是提供大量可口食物，或堅持孩子要把盤中每樣食物都吃完，反而可能限制了孩子自我管控的能力。在回應式餵食中，家長會提供孩子適量的健康食物，

---

1 譯註：亦有研究指出兩歲前的幼兒應攝取全脂乳製品。參考美國羅伯特・伍德・詹森基金會（Robert Wood Johnson Foundation）集多個專家學會所擬定的「Healthy Drinks, Healthy Kids」指南。

並讓孩子自己決定要吃多少。他們應維持定時定量的飲食，一天通常要有三餐及二至三次的點心時間，以免太餓或太飽。用餐過程間，家長應在旁陪吃，以便觀察孩子的飲食行為，並提醒他注意自己是否還肚子餓或是太飽。若採用適合兒童尺寸的碗盤、餐具及食物量（例如將三明治切成四塊），也可幫助孩童學會控管自己的進食量。家長也可從旁協助孩子盛裝自己的食物，指引他一次該盛多少量，例如：「你先舀一杓就好，吃完如果還餓可以再吃。」

此外，家長還要確保孩子每天從事足夠的體能活動，這是因為兒童肥胖跟體能活動多寡可說是息息相關。美國國家科學院醫學研究所（Institute of Medicine）於 2011 年發布的報告，便建議嬰幼兒每天應至少活動三小時。若要達成這項目標，家長應限制孩子使用電子產品，此舉不但可減少孩子坐著不動的時間，也能讓他們較少接觸到食物或飲料的廣告。根據目前估計，學齡前兒童每天約莫使用四小時的電子產品，而當前的建議使用時間則為每日一至二小時（Pooja, Zhou, Lozano, & Christakis, 2010）。家長應致力於打造適當的家庭文化，涵蓋上述種種的生活建議，一方面增加孩子對於這種改變的接受程度，也讓他們得以維繫新的飲食習慣及生活方式。

✹ 常見餵食問題

用於處理餵食問題的主要介入方案，其中包含行為改變的相關方法。不論問題起因為何，有餵食困難的兒童往往因為不恰當的餵食行為，而獲得增強。舉例來說，他若有吐出食物的行為，家長可能會加以評論或試圖糾正，儘管這種關注實屬負面，但還是會帶給孩子增強。此外，家長有時會因為孩子不喜歡眼前食物而表現不悅，索性順從他的意思，或是因為他調皮搗蛋，而讓他離開當下的餵食情境（Adamson et al., 2013）。上述這些

事件不是進一步造成孩子的餵食問題，就是使其惡化。有鑑於此，行為改變的相關方法應是最常見且有效的介入方案，而其中動用的行為原理包括以正增強促成適當的餵食行為、消除不當餵食行為的增強物，或是祭出輕微的厭惡後果，皆是頗為簡單明瞭且具實證研究基礎的方法。

有些餵食障礙具有生理因素，所以個案兒童有持續出現餵食問題，應先經過醫療評估。行為相關的介入方案仍會是治療方案的一部分，但也不妨考慮其他的介入方案。對於發展中的兒童來說，餵食問題跟環境常是關係密切，所以評估過程應著重於判別適當及不適當餵食行為的前事及後果。當然，於此之前，我們應確定孩子已經過醫療評估，而且並未發現有醫學上的問題。這些問題行為發生時的情境及孩子正在從事何種行為，都應先有所掌握，並且提出操作上的定義。臨床專業人員也應詢問家長對於孩子的行為有何回應、孩子喜歡或不喜歡哪些食物，以及其他飲食相關的議題等（Babbitt et al., 1994; Kedesdy & Budd, 1998; Linscheid, 2006）。若欲了解可問家長哪些問題，請見表 5.1。上述此項評估所取得的資訊，能幫助臨床專業人員抓出導致餵食困難的後效，並設計相對應的介入方案。

若要改善孩子的飲食模式，改變用餐時候的環境或許是最基本且最易實施的行為介入方案。舉例來說，家長可將用餐地點安排於同一空間，例如飯廳或是廚房飯桌，並提供孩子一張穩固好坐的椅子，例如高腳椅或附有安全帶的增高座椅，以及去除電子用品、玩具等分心事物（Kedesdy & Budd, 1998; Silverman & Tarbell, 2009）。孩子用餐的分量也應按照他的發展階段適當分配，至於餵食時程則特別設計，以促進胃口並減少他想要抗拒食物的動機。舉例而言，用餐時間應固定下來，而且孩子不得於餐與餐之間吃零食，以免影響正餐胃口。研究也指出，餵食困難與長度超過半小時的用餐時間有顯著相關（Benjasuwantep, Chaithirayanon, & Eiamudomkan, 2013），因此用餐時間應以半小時或半小時以內為佳。用餐結束後，家長

表 5.1　針對孩子飲食問題詢問家長之晤談問題

---

1. 敘述孩子在飲食方面有何特定問題行為。
2. 這些問題持續多久了？
3. 您先前是否設法處理這些問題行為？採取了哪些措施？其中哪些方式最為成功，哪些則作用有限？
4. 孩子進食時間多長（例如他在餐桌旁會待上多久）？他一餐的進食量通常為多少？
5. 孩子是自己進食嗎？若否，誰會餵他吃東西？若是，他自己進食時是否有任何問題？
6. 孩子會於一天的哪些時刻進食（點心及正餐皆包括在內）？
7. 在上述時段中，孩子通常吃些什麼？進食地點在哪？
8. 孩子喜歡或不喜歡哪些食物？他是否特別偏好某些口感或特定種類的食物？他會固定忽略或吐出哪些食物？
9. 是否有特定情境、食物等會引發孩子的餵食問題？請詳述。
10. 孩子出現問題飲食行為時，您有何反應？
11. 提供一則近來您與孩子有關餵食的互動案例。詳述情境、孩子的行為，以及您所採取的行為。
12. 描述您家中一般用餐的情形。
13. 您對孩子是否有其他行為上的疑慮？

註：參考 Kedesdy 與 Budd (1998)及 Silverman 與 Tarbell (2009)。

應避免孩子在下一次點心時間或正餐前進食，不論他是吃多吃少皆然。如此一來，孩子若是用餐「失敗」，便得以體會飢餓的自然後果（natural consequence），並因而提升他下一餐好好吃的動機（Silverman & Tarbell, 2009）。

　　針對餵食問題，相當常見且受人推薦的行為介入方案，即是對恰當的餵食行為給予正向關注。換言之，孩子若以恰當方式進食，便應獲得家長的讚美及關注。如果孩子的手足亦同桌吃飯，並且表現出恰當的用餐行為，家長也該給予正增強。不過，孩子若出現不當舉止，家長則應暫時忽略他，等他表現良好再恢復關注。介入方案初始，只要孩子每出現一次適

當的飲食行為，便可給予一次正增強。隨著他表現漸入佳境，增強也可慢慢減少（Linscheid, 2006）。

孩子喜歡的食物也可作為獎勵，鼓勵他多加進食。這項介入方案以普馬克原則（Premack principle；以高可能性的行為去增強低可能性的行為）為基礎，常常與後效讚美（contingent praise）及社會關注（social attention）一起被推薦使用。在此介入方案中，孩子只要先吃幾口蘿蔔（不喜歡的食物），便可接著吃幾口披薩（喜歡的食物）。非實體增強物也可幫助孩子塑造適當的飲食行為。舉例而言，他若表現良好，便可贏得某些特權，像是邀請朋友來家中過夜或晚一點上床睡覺。

除了針對孩子的適當飲食行為給予正增強，諸如短暫隔離等輕微適度的懲罰也可用於處理不當行為，例如吐出食物、拒食和大發脾氣等。然而，要是孩子根本不喜歡吃飯，暫時隔離反而會成為他逃避的好藉口。因此若要使用暫時隔離，務必同時祭出可增進孩子食慾的策略，例如定時餵食、點心／正餐時間之間不得吃東西等，並且針對恰當的飲食行為實行強大的正增強（Kedesdy & Budd, 1998; Linscheid, 2006）。此外，例如撤走孩子喜歡的食物、取消他喜歡的特權等，也是常見於應對不當飲食行為的負面後果。表單 5.9 為提供給家長使用的講義，綜整上述的各項治療方案，不妨參考。

對於正常發展的兒童來說，以正增強因應適當行為，再以負面後果對付不當行為，基本上便足以克服任何問題。但若換作是發展遲緩或餵食問題較為嚴重的兒童，還需要其他方法輔助，其中包括身體引導（physical guidance），例如下巴提示法（jaw prompting），意即臨床專業人員或家長要將食物送入孩子口中，並同時以拇指及食指托住他的下巴。等到孩子咀嚼並嚥下食物後，才將其下巴鬆開（Williams, Field, & Seiverling, 2010）。前述提過的「後效契約」也是可用的負增強策略，其中由家長將餐具、食物

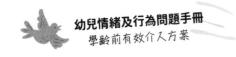

或飲品舉到孩子嘴邊，並忽略及阻止一切不當行為，直到他接受該食物或飲料才會移開（Linscheid, 2006; Williams et al., 2010）。至於將檸檬汁噴入孩子嘴中及過度矯正（例如他吐出食物後，就讓他一再清理髒汙之處）皆是可用的懲罰技巧。當然，除非正增強與輕微適當的懲罰（如暫時隔離）無效，否則不推薦使用上述幾種厭惡技巧（Kedesdy & Budd, 1998; Williams & McAdam, 2013）。另外，針對大多數正常發展的兒童，也無須用到這些懲罰方法。

❋ 異食症

如第一章所言，異食症是指「食用不營養且『非食物』的物品」。此病症會對孩子造成危險（例如誤食鉛漆等），因此務必要加以治療。跟其他餵食問題一樣，最為人推薦的治療方案也是行為介入方案，其中或許會用到區辨訓練（discrimination training），教導孩子去辨別何謂食物及何謂非食物，尤其是發展遲緩的兒童更會需要這項訓練。治療異食症時，孩子若食用適當的食物，便獲得增強物，但若他吃非食物的事物，則遭受輕微懲罰，例如暫時隔離便是有效的方法。此外，在孩子臉上噴灑水霧或是朝口中噴灑檸檬汁，都是經研究發現有用的做法（Kedesdy & Budd, 1998; Motta & Basile, 1998; Williams & McAdam, 2013）。有些治療方案也會用到過度矯正，而且頗有成效。舉例來說，若是孩子出現吃了非食物的事物，便需要以軟毛牙刷浸沾於抗菌專用漱口水，並刷上長達數分鐘的牙。接下來也許會再要求他洗臉一段時間，或是花時間整理房間（Stiegler, 2005）。

❋ 反芻症

如第一章所言，反芻症是指「不斷從胃裡反芻食物，並可能重新咀嚼、吞嚥，或吐出來」。儘管咸認反芻障礙症為「良性」（benign）症狀，

也有研究指出這會帶來顯著的負面後果。有反芻症的孩子或許會遭受顯著的功能障礙，其中包括社交困難、缺課，以及牙齒狀況、營養不良、體重下降、脫水等健康相關問題（Chial, Camilleri, Williams, Litzinger, & Perrault, 2003）。有鑑於此，及早發現反芻症的臨床特徵，並且轉介給專業人士進行治療，可說是極其重要的事。

　　跟其他餵食障礙一般，行為介入方案也是因應反芻症的有效方法，其中包括增強非反芻之飲食行為，或是增強特定行為，讓孩子無法從事反芻行為。舉例來說，孩子若用手指去催發反芻，我們或可讓他去從事另一項需要用到雙手的活動，例如畫畫、堆積木、學習怎麼正確使用餐具等，並加以增強該項行為。另外，腹式呼吸等放鬆技巧也是有效的因應之道（Chial et al., 2003）。近來有研究指出，讓兒童在飯後嚼口香糖也有幫助，原因是這可增加吞嚥行為的頻率（Green, Alioto, Mousa, & Di Lorenzo, 2011）。行為治療方案也可納入懲罰手段，但近年來已較不常見且較少人研究，因為這些方法難以維持治療成效，且會帶來負面副作用，以及加劇內傷（如胃腸出血；Lang et al., 2011）。不過，諸如暫時隔離、將檸檬汁噴入孩子口中等輕微懲罰，仍是有用的技巧。亦有研究指出，與其一次給予孩子較多食物量，不妨改變餵食速度，重複給予較小分量的食物，或是允許孩子在用餐時間無限制進食，達到飽足（satiation）的程度，都是曾用來治療反芻症的方法（Lang et al., 2011）。然而，儘管上述技巧皆有一些實證支持，目前佐證其效用的研究仍相當有限，尤其缺乏針對無發展遲緩兒童的相關研究。

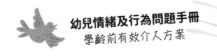

睡眠問題

　　如第一章所言，家有學齡前兒童的家長常常回報孩子有睡眠方面的問題。睡眠問題不但令人痛苦，且可能會使孩子因缺乏適當睡眠而引起其他問題，所以常常需要加以治療。近來一份研究強調了睡眠對於兒童神經發展的重要作用，而神經發展若有問題，也會連帶影響到認知及自我管控的技巧（Turnbull, Reid, & Morton, 2013）。其他研究也指出，睡眠問題常會連結到情緒及行為上的問題（如焦慮、衝動、易激動等）、社交困難（如負面互動、社交參與／動機降低、社交能力下降等），以及認知減損（如學業表現降低、執行功能下降、創意／抽象推理能力減損等）（Reid, Hong, & Wade, 2009; Stores, 2001; Turnbull et al., 2013; Vaughn, Elmore-Staton, Shin, & El-Sheikh, 2015）。兒童時期的睡眠問題也會影響家長的睡眠質與量，成為他們的一大痛苦來源，並進而導致較不有效的教養方式（Owens, 2008）。此外，兒童若有睡眠問題，也可能導致家長的婚姻衝突及家庭功能不彰（Kelly & El-Sheikh, 2011）。因此，若是加以治療睡眠的問題，或有助於減少其他行為及情緒上的問題，改善學業表現，並增進孩子與同儕及家人的關係。臨床專業人員在初次與個案家長晤談時，也應固定詢問孩子是否有睡眠相關的問題，以免幼兒時期的睡眠問題引發了其他行為及情緒上的狀況。

　　在設計並採取介入方案之前，應先全面評估孩子的睡眠相關問題，其中包括與家長晤談（見表 5.2）、記錄個案的睡眠問題（見表單 5.10 及 5.11）。特別要注意的問題，包括個案兒童的就寢時間及例行程序，以及他半夜醒來時家長會不會有所反應。事實上，家長若碰到孩子半夜醒來，常常會立即反應，但這反而是不智地增強了他的睡眠問題。因為孩子將學會並期待，只要自己一放聲大哭，爸媽即會有所回應。不過研究指出，人

表 5.2　針對孩子睡眠問題詢問家長之晤談問題

1. 描述孩子目前的睡眠模式及睡眠困難（如發生了什麼事、何時發生等）。
2. 這些困難出現多久了？
3. 這些問題是否為特定因素造成（如弟妹出生、剛開始去托育機構、父母爭吵等）？
4. 有沒有哪些事情會讓孩子的睡眠問題更糟，或是較為好轉？
5. 孩子夜間醒來或難以入睡時，您會如何因應？
6. 描述孩子日常的就寢狀況，例如是誰哄他睡覺、他幾點就寢、在哪兒睡覺（如自己房間、父母房間等）、家長會陪孩子多久等。
7. 孩子平常上床就寢前，會發生什麼事？
8. 孩子早上幾點起床？他會自己起床嗎？若否，是誰負責叫醒他？用何方式叫醒他？
9. 孩子夜間是否會醒來？若是，請描述整體狀況，例如他多常夜間醒來、家長會做什麼事等。
10. 孩子是否會出現惡夢、夢遊、尿床，或其他睡眠相關的問題？若是，請詳加描述。

註：參考 Stores(2001) 及 Meltzer 與 Crabtree(2015)。

們每晚會醒來約莫二至六次，屬正常狀況，而且若是年紀較小的兒童，次數還會更多（Meltzer & Crabtree, 2015）。如果家長每當孩子醒來就有所回應，而且會陪著他到再次睡著，那麼孩子便永遠學不會自我安撫，未來夜間醒來後，都必須仰賴父母才能睡著。大多數會夜間醒來的孩子，問題不在於維持睡著的狀態，而在於入睡困難（Thomas, Moore, & Mindell, 2014）。

❀ 難以入睡

難以入睡（difficulty initiating sleep）是父母心頭一大憂慮，也是許多兒童睡眠問題相關文獻探討的重點。一般而言，有此項問題的兒童會拒絕上床就寢，或是拖拖拉拉，從事其他活動，晚上若醒來的時候，也常會難

以再次入睡。儘管難以入睡及夜間醒來的問題，會隨著孩子從嬰幼兒期到學齡前階段而漸漸減少，有些學齡前兒童仍會為其困擾，盛行率估計為20% 至 30%（Honaker & Meltzer, 2014）。用於治療這些問題的行為介入方案已經證實極為有效，其中包括建立固定就寢程序、消弱及定時醒來等。接下來會依序介紹這些頗具實證支持的行為介入方案（Meltzer & Crabtree, 2015），並綜整這些方案於表單 5.12，可供家長參考。

建立固定就寢程序

　　建立並實施固定一致的就寢程序，有助於提供環境提示，維持晝夜節律（circadian rhythm），並有效減少睡眠相關的問題行為（Meltzer & Crabtree, 2015）。在初始階段，家長應漸漸將孩子就寢時間調整至他會自然想睡的時段，並且建立一套簡單且放鬆的就寢程序（通常不超過三到五個步驟），準備讓他上床睡覺（Meltzer & Crabtree, 2015）。就寢程序可能包含洗澡、刷牙、念故事或聽輕柔的音樂。臨床專業人員應鼓勵家長在孩子就寢的地方收尾，例如替孩子讀個床邊故事，或在床邊禱告等，如此一來才較能促使他移轉至床上。此一就寢程序搭配上孩子的臥房或睡眠環境，應可營造睡覺的氛圍，也有助於孩子將床鋪與休息及較為緩和的行為連結在一起（Stores, 2001）。一旦孩子沒有嚴重難以入睡的問題，就寢時間及相關就寢程序便可慢慢調回家長所期望的時段（Kuhn & Weidinger, 2000; Mindell, 1999）。

　　不過，幫助孩子將就寢與放鬆活動連結起來，固然是重要之事，但臨床專業人員也要確保家長所建立的就寢程序，不至於無意間妨礙了孩子自主入睡的能力。舉例來說，家長不應搖著孩子入睡、在床上陪著他睡覺，或是讓他含著奶瓶入睡等等。一旦他們習慣成自然，未來身旁沒了這些外力協助，他可能便會難以自行再次入睡。因此，減少這些與家長有關的提

示，有助於孩子夜間醒來後可以自行入睡（Meltzer & Crabtree, 2015; Stores, 2001）。另外，家長也要確認孩子的睡眠環境是否有益於睡眠。臥室應保持安靜，室溫也應加以控制，不要太熱，也不要太冷。孩子的床鋪本身要舒適好躺，尺寸應符合他的年紀，而孩子若有需要的話，也可安放一盞夜燈。臥室內不應有任何科技產品存在，孩子在睡前至少一小時前即應遠離電子產品。如此不但能讓孩子有時間能放鬆、遠離刺激，也可避免藍光影響到褪黑激素的分泌，進而影響睡眠（Wood, Rea, Plitnick, & Figueiro, 2013）。

以消弱為基礎的介入方案

家中孩子若有睡眠問題，以消弱為基礎的介入方案是相當常見的解決策略。這些介入方案作用快速，若使用下述的標準消弱方案，約莫三至五天便能收到成效（Meltzer & Crabtree, 2015）。近來有後設分析指出，諸如以消弱為基礎的策略等行為介入方案，皆具有強大的實證支持，並有助於顯著改善幼兒的入眠時間（sleep-onset latency）、夜間醒來頻率，以及夜間醒來時間等（Meltzer & Mindell, 2014）。在以消弱為基礎的策略中，家長必須一再忽略孩子就寢前及夜間的哭鬧和不配合。其基本概念在於，孩子之所以會出現睡眠問題，是因為他們在就寢時間或夜間醒來時的哭鬧舉動受到正增強，可能是來自父母的關注，或是因為玩遊戲等。如前所述，許多有睡眠問題的兒童會學習到，只要自己一開始哭鬧，家長便會有所回應，而正因為這項連結存在，他們會變得難以自行入睡。有鑑於此，諸如忽略孩子等用以移除正增強的策略，應能減少問題行為的頻率，並幫助孩子學會如何自行入睡。

若要處理幼兒期的睡眠問題，有好幾種可用的消弱方法。在標準的消弱方案中（常被稱為「讓他哭」法），家長會於固定時間送孩子上床，並且忽略過程中的種種尖叫、哭鬧及不配合舉動，一直到隔天早上才會回到

他身邊。孩子第一次哭的時候，家長可以查看他是否安全無虞，但查看的方式應直接明瞭，不要給予孩子太多關注。接下來，家長便要忽略一切哭鬧舉動。這種消弱方案可以很快發揮效果，數天內即可大大減少孩子哭鬧情事，而且操作方式也易於讓家長了解。然而，家長真要貫徹實行消弱方案的時候，可能會碰到困難，因為要忽略孩子哭鬧並非易事，尤其是最初幾晚會發生的消弱陡增，很可能會讓家長按捺不住，進而前去回應、處理該行為。如此作為可能會產生反效果，因為家長會不時增強孩子的哭鬧行為，讓這些行為更加難以消除。因此，臨床專業人員推薦此項治療方案的時候，務必告知家長接下來可能會碰上的情形（如消弱陡增），並讓家長了解這項方法不會對孩子或親子關係造成長期負面效果，使他們不至於太過擔心（Price, Wake, Ukoumunne, & Hiscock, 2012）。

標準的消弱方案雖然極其有效，但有些家長會難以忍受伴隨而來的大量哭鬧。此外，標準的消弱方案可能是某些兒童群體的一大禁忌，例如患有複雜疾病症狀的孩子、極度焦慮的孩子，或有創傷史的孩子等（Meltzer & Crabtree, 2015）。但在這些案例中，仍有不同的消弱方案可供使用。漸進式消弱方案（graduated extinction program）即是一例，該方案奠基於同一原理基礎（不去回應不當行為，進而導致該行為頻率減少），但跟標準方案不同的地方在於，家長不會完全忽略孩子，而是要調整回應孩子的方式。舉例來說，孩子若是大哭起來，家長應漸進地減少自己給予他的關注，而非完全置之不理。這項方案通常較不會引起孩童的強烈情緒反應，因此容易為家長接受，但也可能要花上較長的時間才能看到療效，例如數週不等。

漸進式的消弱方案通常有兩種變化，其一是讓家長忽略孩子的哭鬧舉動，但每隔一定時間便去查看孩子是否安好，例如每十分鐘去一趟等。家長前去查看時，應稍稍安撫一下孩子，例如拍拍他的背、單純跟他道聲

「晚安」，隨後即行離開。通常家長在此期間應避免抱起孩子。此外，每次間隔的時間也應漸漸拉長，例如剛開始每十分鐘便探望一次，但隨著孩子慢慢加強自我安撫的能力，再漸漸變成每十五分鐘，然後是每二十分鐘一次（Honaker & Meltzer, 2014）。比起前述「完全置之不理」的標準消弱方案，漸進式的消弱方案可能更容易為人接受，但也不能忽略「家長返回孩子寢室」一事，有可能會造成孩子哭泣時間拉長，進而影響到他的自我安撫及入睡能力（Meltzer & Crabtree, 2015）。

在另一種漸進式的消弱方案中，每當孩子哭鬧，家長應立即前去查看，但陪伴孩子的時間會漸漸減少（Meltzer & Mindell, 2014; Thomas et al., 2014）。舉例來說，在療程開始之前，家長可能會花上半小時去協助孩子入睡，但療程開始後，時間就減為二十分鐘、十五分鐘、十分鐘，最後只剩短暫互動，變為整個就寢程序中的一個環節。因應每個家長減少時間的速率不一，這項方法可能會比其他消弱方案來得耗時。儘管如此，因為這項方法讓家長可以漸漸收回關注，同時又能稍稍陪伴孩子，所以仍較容易為家長接受。

漸進式的消弱方案也可用於褪除（fade out）家長的存在，換言之，即是慢慢讓家長遠離孩子的床鋪。舉例來說，家長一開始或可坐在床上陪伴孩子，接著移動至床邊的椅子上，再慢慢將椅子往外挪，最後移至臥室門外（Honaker & Meltzer, 2014）。剛開始的幾個晚上，家長可於口頭上安撫孩子，但將身體接觸降至最低，並隨著時間移轉，慢慢降低這些關注。這項方法的另一種變化則是讓家長在孩子臥室中也放一張自己的床。記住，這項方法的實行地點一定是在孩子的臥室中，原因顯而易見。孩子上床後若開始哭泣，家長可以爬上自己的床，並假裝睡著，等到孩子睡著後才離開。孩子夜間若突然醒來哭鬧，就重複這個步驟。家長可以實行這項方法約一週時間，再來就完全抽回關注，不再回應孩子。對於睡覺時習慣

有家長在旁的孩子，或是睡覺時會有分離焦慮症的孩子，這項方法會極為有用（Kuhn & Weidinger, 2000）。

等到孩子夜間睡眠情形穩定下來，家長便可停止上述各項消弱方案。他晚上若因為生病或惡夢而哭泣、醒來，家長仍應視情況給予關注，但除此之外，他們給予的關注應盡量簡短。若睡眠問題之後捲土重來，家長也應即刻重新啟用前述介入方案。此外，家長不妨考慮以正增強策略搭配消弱方案，例如孩子只要整晚都乖乖待在床上，早上起床即可獲得增強物，或是他只要乖乖睡著後，就會有「美夢仙子」前來造訪，並在枕頭底下留給他一項特別的小禮物（Honaker & Meltzer, 2014）。

最後，臨床專業人員應記得告知家長使用消弱方案時，孩子會出現哪些行為，讓他們心理有所準備。其中最要注意的便是「消弱陡增」，也就是當孩子的問題行為遭到忽略後，他們常會有一段行為頻率及強度皆增加的「暴衝期」，之後才又慢慢減弱。另外，有時候介入方案雖看似成功，但接著便會迎來問題行為的「自發恢復」（spontaneous recovery）。在此情況中，孩子一開始會有進步，但隨後便會故態復萌。要是這種「倒退」情形出現，家長應持續實行當前的介入方案，不要回應孩子的哭鬧舉動，否則只會拖延問題行為的消弱過程，並讓問題更加複雜（Meltzer & Crabtree, 2015）。

定時醒來

孩子若晚上醒來後就難以再次入睡，那麼「定時醒來」也是值得推薦的因應策略。家長首先要記錄孩子晚上一般何時會醒來，之後便提早約十五分鐘至半個小時喚醒他，並稍稍安撫一下，程序便如孩子夜間自行醒來一樣。接下來，家長可逐漸拉長他們叫醒孩子前的等待時間，以便讓他學著睡久一點。這項療法聽來有些違反直覺，但家長實際上是藉此塑造孩子

的睡眠型態,逐漸教導他要睡久一點的時間。如此一來,他的睡眠時間會漸漸拉長,而自發醒來的情況也會遭到排除(Honaker & Meltzer, 2014; Kuhn & Weidinger, 2000)。

睡眠通行證

若孩子夜間會醒來並離開臥室,Friman 等人(1999)提出的「睡眠通行證」(bedtime pass)也是可以利用的治療方案。在此方案中,孩子睡前會拿到一張睡眠通行證,可用索引卡(index card)或其他形式的紙張製作。孩子每晚可用這張通行證去進行一項「在臥室外頭」的活動,但活動的範疇會限制在出去喝水、上廁所等,而且他使用通行證完畢後,便必須繳回給爸媽保管。另外,一旦通行證使用完畢後,無論孩子怎樣哭鬧或要求其他事物,家長皆應加以忽略。若孩子夜間會醒來很多次,那麼一開始不妨考慮多給他幾張通行證,之後再慢慢減少數量。要是他早上起來時還沒用完通行證,可以此換取立即的小獎勵(Honaker & Meltzer, 2014)。

❋ 警醒障礙症

睡眠驚嚇(sleep terror)和夢遊都屬於幼兒會出現的警醒障礙症狀,它們有相似的特色,包括定向感喪失(disorientation)、難以喚醒,還有事後記不得該事件等。這些行為會在睡眠周期的特定時段發生,通常是入睡後一至三小時左右,也就是孩子脫離慢波睡眠(slow-wave sleep)之際。不過這些病症似乎會隨年歲增長而改善,研究便指出,孩子到了青春期後,這些病症多半會完全消失或顯著減少,原因極可能是慢波睡眠也會隨年紀而減少(Meltzer & Crabtree, 2015)。接下來會依序綜整上述問題,並且提供相關可用的介入解決方案,另外表單 5.13 也有一份可供家長參考的講義。

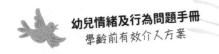
睡眠驚嚇

　　夜驚或睡眠驚嚇是幼兒期常見的症狀，估計兩歲半至六歲兒童的盛行率為 40%（Petit, Touchette, Tremblay, Boivin, & Montplaisir, 2007）。出現睡眠驚嚇的孩子多半會睜開雙眼、突然坐起，並開始尖叫或哭泣。他們通常看來懼怕不已，也會表現出恍惚及困惑的情緒。但儘管表現如此誇張，家長上前安撫的時候，他們並不會有所回應。事實上，有些兒童歷經夜驚的時候，要是有人試圖安慰他，他反而可能出現暴力舉動（Modi, Camacho, & Valerio, 2014）。另外，旁人如果此時想要提供安慰或喚醒孩子，也可能會拖長整個事件（Meltzer & Crabtree, 2015）。一般而言，這些事件會在幾分鐘內自然解決，孩子也很快會睡著，早上起來後也不存在相關記憶。

　　由於這些症狀多會隨年歲增長而減少，並且不會造成兒童自身的負面影響，所以不會需要過多外力介入。不過，這些事件仍會造成家庭困擾，也可能讓家長嚇得心驚膽跳，因此家長仍不妨稍作調整，減少睡眠驚嚇的發生頻率。缺乏睡眠或不尋常的壓力，都可以讓睡眠驚嚇（和其他警醒障礙症）更為惡化。家長應當確保孩子遵循固定的就寢程序、睡眠時間充足，而且若是可能的話，也要加以處理出現在他生活中的不尋常壓力來源。此外，讓家長與孩童了解睡眠驚嚇的本質，且讓家長知道睡眠驚嚇並不意味孩子有潛在的心理問題，也是適當的做法。孩子在經歷睡眠驚嚇時，如果外人想要喚醒或安撫他，可能會引發激動焦躁的反應及生理上的攻擊行為，所以臨床專業人員應告知家長，除非有危及孩子安全的情況，否則他們宜避免輕易介入（Modi et al., 2014）。定時醒來也可能減少夜驚的頻率。臨床專業人員要教導家長，使用這項策略時至少要觀察孩子的睡眠模式兩週，以判斷他的夜驚現象是否有其規律。若有，家長每晚可提早於夜驚前十五分鐘至半小時溫柔地喚醒孩子，再讓他慢慢睡著。根據研

究，這種定時醒來的策略應持續二至四週，而且每晚都要執行（Meltzer & Crabtree, 2015）。

睡眠驚嚇與惡夢不同，後者多於午夜後發生，除了可能驚醒孩子，醒來後也常常記得夢中的內容。根據研究，多達 75% 的幼兒偶爾會經歷惡夢（American Academy of Sleep Medicine, 2014），但就跟警醒障礙症一樣，惡夢會隨著年歲增長而逐漸減少（Meltzer & Crabtree, 2015）。壓力會讓惡夢變得頻繁，但通常來說，惡夢不過是正常發展歷程的一部分（Schroeder & Gordon, 2002）。在嚴重的案例中，孩子可能會因為惡夢而不敢上床就寢，或是對睡覺一事感到焦慮不已。要是出現這種反應，可以動用第四章提到的焦慮症治療方案。舉例來說，減敏法便能用於消除惡夢內容所帶來的焦慮及恐懼感。如果孩子是因為白天接觸到了令他恐懼的刺激物，才導致晚上做惡夢，那麼家長便應減少他與該刺激物的接觸頻率（Schroeder & Gordon, 2002）。一般而言，惡夢唯一需要的「治療方案」，即是家長要在惡夢發生當下前去安撫孩子。如果孩子的惡夢太過頻繁，以至於影響到自身睡眠，不妨考慮用意象排演法（imagery rehearsal therapy）。該療法通常會以繪畫為媒介，幫助孩子將夢境改為較溫和或令人愉悅的內容，並在白天時段與惡夢過後立即排演新的夢境內容，幫助孩子專注於較為正面的意象，並且讓他覺得自己得以掌控夢境內容。

夢遊

根據研究，約有 17% 至 40% 的兒童會出現夢遊現象（Meltzer & Crabtree, 2015）。夢遊的兒童可能只會從事比手畫腳等簡單動作，但也可能出現在家中四下走動或穿衣服等較複雜的行為。由於夢遊有其危險，家長應加以保護孩子，避免他們受傷。舉例來說，通往外面的門窗要緊閉鎖上，而要是方便的話，孩子的臥室也應安排於一樓，或是沒有向下樓梯的

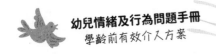
樓層。此外，家長不妨考慮安裝一些機關，用於通知他們孩子醒來了。例如，他們可以在孩子的臥室門口安裝幾個鈴鐺，只要他一推開房門，就會發出聲響。家長跟夢遊中的孩子互動時，不應對他們大聲喊叫或搖晃他們，而是要溫柔地把他引導回臥室。根據研究，前面談過的定時醒來可用於減少夢遊發生的頻率（Modi et al., 2014）。

本章摘要

　　本章回顧如廁、餵食或睡眠等日常生活問題，並介紹相關的介入方案。這些問題常會造成幼兒壓力，並且讓父母擔心。家長一開始多半不會跟心理健康專業人員諮詢這些問題，但受過行為介入方案訓練的專家會是很好的幫手。這是因為我們若要治療上述的病症，有實證支持的相關介入方案皆是奠基於行為改變技巧，其中包括增強恰當的行為，例如鼓勵孩子從事適當的飲食行為、孩子在馬桶中排便即可得到讚美及實體增強物等，以及忽略不當行為，或為此祭出輕微的厭惡後果，例如忽略孩子就寢時的哭鬧、因應不當飲食行為而運用暫時隔離等。當然，孩子若出現本章所論及的問題，雖然不表示未來會出現精神病症，但若能及早提供相關治療，仍可顯著降低親子間的問題互動，並且避免孩子經歷壓力沉重的社交及情緒體驗。

日間遺尿日誌

日期	發生時間	詳細狀況	家長反應

日間遺尿治療日誌

日期	檢查褲子			尿溼事件		
	時間	有無尿溼 (是/否)	獎勵 (是/否)	時間	情況	回應

夜間遺尿日誌

	就寢時間	有無尿床（是／否；記錄次數）	尿床範圍大小	家長反應	何時醒來
週日					
週一					
週二					
週三					
週四					
週五					
週六					

夜間遺尿與警報器日誌

	就寢時間	有無尿床（是／否；記錄次數）	尿床範圍大小	有無遵循警報器程序（是／否）	遵循程序或沒有尿床有無得到獎勵（是／否）	何時醒來
週日						
週一						
週二						
週三						
週四						
週五						
週六						

尿床治療方案：尿床警報器（給家長的教戰守則）

尿床警報器是有效治療兒童尿床的方法。坊間多數警報器的體積小，並內建一顆感應器，主要置放於孩子的內褲中，再另外連接到孩子肩上或腰間的警報裝置，只要感應器偵測到遺尿情事，警報裝置便會發出聲響。不過，如果要讓這項方法發揮作用，家長必須要積極參與治療過程。以下列舉幾個要點，可供參考。

夜間

1. 確認孩子每晚就寢前有適當安裝上警報器。
2. 警報器響起時，家長應立刻前往孩子的房間。剛開始的時候，孩子多半不會被警報器喚醒，所以需要爸媽來協助叫醒。
3. 一旦孩子完全醒來，請他自行卸下警報器，並至馬桶完成排尿。即便他表示自己不想上廁所了，也仍要請他至少去試試看。
4. 如果尿床影響範圍太大，請協助孩子更換床單。但若是影響範圍不大，不妨放上一塊毛巾，等早上再行更換。另外，孩子也要換好衣服，並把弄溼的衣服放到適當的地方，例如洗衣籃。
5. 請孩子重新裝上警報器，回去睡覺。
6. 夜間若有必要的話，請重複上述步驟。

早上

1. 如果孩子夜間未有尿床，應該給予讚美。
2. 如果孩子夜間未有尿床，或是有尿床但確實遵循程序，應該給予他小小的獎勵。這點非常重要，不只是夜晚沒有尿床值得獎勵，有好好遵守程序也是一樣。
3. 填寫進度記錄表，以追蹤進展。

重要事項

1. 孩子尿床時，務必要保持中立，不要對孩子生氣，或是因此懲罰他。這項治療方案一定會發揮作用，只是需要一些時間和耐心。

（尿床治療方案 1-2）

2. 剛開始用警報器的時候，孩子可能不會被警報聲喚醒。這實屬正常現象，不應擔心。不過，要是孩子沒有起床，就必須由家長負責喚醒，也正因如此，家長必須待在聽得到警報聲的場所，或是用嬰兒監視器（或類似裝置），才聽得見警報聲響。

3. 最終，孩子聽到警報聲便會自己起來，而爸媽會注意到尿床的尿溼範圍越來越小，最後尿床的量會少到僅能剛好觸發警報器。接下來，就連尿床情況也會越來越少。

4. 孩子應持續使用警報器，直到他連續十四天皆無遺尿情事才能停止。不過，如果他未來又有尿床情況，則應立即重新啟用警報器，等他連續十四天都表現良好再停止。

（尿床治療方案 2-2）

尿床治療方案：尿床警報器（給兒童的教戰守則）

　　尿床警報器可以幫助你學會控制尿床情況，這個警報器不會電你，也不會傷害你，但要是你尿床的話，就會響起警報聲，提醒你去上廁所。如果要讓警報器發揮作用，很重要的是你晚上要注意到警報聲，並且立刻醒來。以下是給你參考的教戰守則，希望幫助你向尿床說再見。

1. 每晚睡前將警報器安裝好，如果遇到困難，去請爸媽或其他大人幫忙。
2. 警報器響起就要醒來，以免尿床。重要的是，你只要一聽到警報聲，就要馬上起來。
3. 醒來後要關閉警報器。
4. 到洗手間試著上廁所。
5. 換上乾淨內衣及睡衣、更換床單（需要的話，爸媽也可幫忙），並且重新裝好警報器。
6. 如果晚上警報器又響起，重複以上的步驟。
7. 早上起來後，在記錄表做上記號，記下你晚上有沒有尿床。
8. 除非連續十四個晚上都沒有尿床，否則就要一直使用警報器。

　　要徹底解決尿床的情況，可能會需要一點時間，但可千萬別喪氣了，只要持續使用警報器，一定會有好結果！

遺屎症兒童之治療方案

　　遺屎症是指至少四歲的兒童於不適宜的地方排泄糞便，例如衣物上。這種情況多半是長期便祕的後果，這些兒童因為嚴重便祕，可能會無意間漏出糞便。但要謹記在心的是，在絕大多數的案例中，孩子並非故意有此行為，也控制不了排便的反應。不過，只要遵循以下要點，應可在一至兩個月內看到改善。

1. 實行治療方案前，請先帶孩子去找醫師檢查。畢竟，若孩子仍嚴重便祕，且腸中有糞便阻塞，那麼接下來的步驟也難以成功。醫師可能會建議先執行灌腸，把肚子裡的糞便清出來，也可能會請家長給孩子服用輕瀉劑或礦物油，幫助糞便通過腸道。記得，千萬要仔細遵循醫師的建議。

2. 讓孩子每天固定蹲二至四次的馬桶，每次五到十分鐘，選擇時段則是他最可能要上廁所的時候，例如早上一起來、飯後十五至二十分鐘等。廁所及馬桶務必要讓孩子覺得舒適，他的雙腳要能平放在地板或小凳子上，而馬桶的尺寸也要適當。另外，也不妨讓孩子帶自己喜歡的玩具或書本進廁所，讓他一面上廁所，一面也可以做些喜歡的事。

3. 孩子若排便行為恰當，應該獲得獎勵。例如孩子若在馬桶中順利排便，便可得到小小的獎勵。至於獎勵為何，可以有好幾種不同的選項，這樣孩子不會日漸生厭。不只如此，也不妨讓孩子從袋子裡抽出獎勵，或是轉輪盤以決定獎勵為何，替這件事增加幾分樂趣。獎勵不必大，甚至可以包括跟爸媽多多相處、享受特別的點心、多看一點電視等。最後，家長應該要盡快把獎勵交給孩子，至少要在同一天之內。

4. 每天檢查數次孩子的褲子是否有遺屎情況。若有的話，他要負責盡量清理乾淨。首先要洗滌及刷洗弄髒的衣物，再迅速沖個澡，並換上乾淨衣物。如果孩子無法自行清理，家長可能會需要從旁協助。不過，要是孩子並無遺屎情況，便可獲得小小獎勵。

（遺屎症兒童之治療方案 1-2）

5. 確保孩子攝取足夠的營養，以及從事充分的體能活動。孩子若要排便順暢正常，務必要攝取足夠的纖維。家長不妨讓孩子多吃水果蔬菜，並於食物上撒點小麥胚芽或麩皮。此外，孩子雖不必完全禁食乳製品，但也應限制攝取。只要攝取充分纖維及水分，並且固定運動，便有助於促進腸胃正常蠕動。最後，家長也可諮詢營養師，找出適合孩子的飲食。

6. 記錄孩子的進展。家長要跟孩子一起記錄他的排便狀況、蹲廁所次數，以及例行檢查結果，這樣不但有助於雙方追蹤進度，也幫助大家遵守治療計畫。

（遺屎症兒童之治療方案 2-2）

遺屎治療日誌

日期	蹲廁所			例行檢查褲子		
	時間	有無遺屎（是／否）	有無獎勵（是／否）	時間	乾淨與否（是／否）	有無獎勵（是／否）

飲食問題解決方案（給家長的教戰守則）

在幼兒族群中，飲食問題是很常見的事，通常來説，這種問題不會維持太久，也不代表未來會演化成更嚴重的問題。「挑食」是幼兒最常見的飲食問題，他們不是只吃特定幾種食物，就是吃分量極小的食物。不僅如此，這些兒童也常會在用餐時刻出現問題行為。

下面列舉的要點，有助於促進孩子的適當飲食行為。

訂定有規律的用餐及零食時間

- 別放任孩子一整天隨便亂吃東西。

打造令人舒服的用餐環境

- 讓孩子坐得舒服。
- 減少周遭的分心事物，例如關掉電視。
- 提供適合他年紀的食物及分量（可諮詢小兒科醫師或營養師）。

針對適當的飲食行為，提供正向口語關注

- 範例：「很好喔，你有在盤子上吃東西，也有好好跟我們説話，這樣很棒喔！」

以孩子喜歡的食物為獎勵

- 拿孩子喜歡的食物搭配他不喜歡的食物。
- 範例：孩子喜歡葡萄，但不喜歡豌豆，所以不妨告訴他「只要吃一些豌豆，就可以享用一些葡萄」。

訂定獎勵方案

- 訂定用餐時間的規則。
  - 範例：「不要抱怨食物、盤中食物至少要吃一半（假設分量正確），而且不准吐出食物。」
- 孩子若遵守規則，便提供獎勵。
  - 獎勵罐

（飲食問題解決方案 1-2）

一裡面放有增強物（如小玩具、貼紙，或是可跟爸媽共享「特別時刻」的證明等）。

　　一定期加入不同的獎勵。

- 抱持合理的期待。

　　一範例：要是孩子原本只會吃八分之一的食物，千萬別期待他瞬間就會把食物通通吃完。

針對不當的飲食行為，提供相對應的後果

- 如果正向積極的方法無效，或是孩子不但拒絕進食，甚至出現不少哭鬧舉動，可以祭出相對應的後果。

- 後果包括：

　　一當天失去特定的特權（例如當天不准看電視）。

　　一得不到喜歡的食物。

　　一暫時隔離（要注意，若孩子不想用餐，暫時隔離反而會增強不當行為）。

（飲食問題解決方案 2-2）

本表取自《幼兒情緒及行為問題手冊：學齡前有效介入方案》，英文版由 The Gilford Press（2017）出版；中文版由心理出版社（2020）出版。僅供本書購買者個人或教學使用（參照目次頁最後授權複印限制的詳細說明）。

睡眠記錄表

	起床時間	小睡次數	就寢程序開始時間	就寢時間	何時睡著	夜間醒來次數
週日						
週一						
週二						
週三						
週四						
週五						
週六						

夜間醒來記錄表

日期	醒來時間	家長反應		睡著時間
範例：				
週日	11:00 P.M	輕搖安撫，給他喝東西		11:30 P.M.
週日	2:00 A.M	置之不理		2:15 A.M.
週日	4:00 A.M.	在旁陪睡		4:20 A.M.

睡眠問題解決方案

　　如果孩子抗拒就寢（如哭泣、抱怨、想再喝東西等），或是他夜間常常醒來或哭泣，需要爸媽前去安撫，這裡提供幾項治療方案。

建立就寢程序

- 不管要實行什麼方案，都得先完成這件事。
- 訂出標準的就寢時間。
- 睡前十五至三十分鐘開始就寢程序。
- 從事得以放鬆的活動（例如讀一本書）。

完全忽略不當行為

- 就寢程序結束後，便送孩子上床睡覺。
- 孩子上床睡覺後如果開始哭泣，不要回應。

逐步忽略不當行為

- 就寢程序結束後，便送孩子上床睡覺。
- 孩子就寢後，查看他是否有哭或是否半夜醒來。
- 逐步減少查看孩子所花的時間。
   - 範例：家長本來平均跟孩子相處半小時，可以慢慢將其減至二十五分鐘，依此類推。
- 一旦時間到就離開，不要回來（例如二十五分鐘一到就離開）。
- 如果孩子夜間又醒來，重複上述的程序。
- 隨著時間（幾天）過去，慢慢減少查看孩子所花的時間。

快速查看

- 就寢程序結束後，便送孩子上床睡覺。
   - 孩子就寢後如果哭泣或半夜醒來，每五到十分鐘查看他一次。
- 持續每五到十分鐘查看孩子，直到孩子停止哭泣。
- 查看孩子的時候，不要給予多餘的關注。
   - 範例：拍拍孩子的背，幫他拉好被子，道聲：「晚安。」
- 隨著時間過去，慢慢增加每次查看之間的時間。

（睡眠問題解決方案 1-2）

慢慢讓家長抽身

- 家長在孩子房間擺一張自己的床（或椅子）。
- 從最初的位置開始，每晚慢慢遠離孩子的床鋪，目標是一週內移至房間外頭。
- 就寢程序結束後，便送孩子上床睡覺。
- 躺在自己的床上，或坐在椅子上，並忽略哭泣的孩子。
- 孩子睡著後，便離開房間。
- 如果孩子又醒來，重複上述步驟。
- 實行此方案一週後，便搬回自己的房間，忽略哭泣的孩子。

定時醒來

- 記錄孩子晚上通常何時會醒來。
- 就寢程序結束後，便送孩子上床睡覺。
- 提早約十五分鐘至半個小時喚醒孩子。
- 安撫孩子，程序便如孩子夜間自行醒來一樣。
- 逐漸拉長喚醒孩子前的等待時間。

務必記得，事情好轉之前，可能會先急轉直下！

（睡眠問題解決方案 2-2）

睡眠驚嚇／夢遊／惡夢：給家長的講義

睡眠驚嚇

定義：孩子會突然尖叫，看似恐懼不已，即便家長上前安撫也沒有反應。如果這時喚醒孩子，他或許會出現定向感喪失及激動焦躁的反應。對家長而言，這種情況無疑令人煩惱，但孩子通常五分鐘內便會再次睡著，醒來後也不會記得此事。睡眠驚嚇多半發生於入睡後一至三小時左右。

因應之道：確定孩子安全無虞，但不要喚醒他。睡眠驚嚇可能跟缺乏睡眠有關，因此務必讓孩子得到充足睡眠，並遵循適當的就寢程序。壓力過大的時期也可能出現睡眠驚嚇，因此也要找出壓力源，並且加以處理、緩解。

夢遊

定義：夢遊的兒童會離開床鋪，在家中四下走動。好發時段為入睡後一至三小時左右。

因應之道：溫柔地引導孩子回到床鋪即可，不必試圖喚醒他，這點跟處理睡眠驚嚇一樣。有鑑於夢遊或許會造成兒童危險，有些預防受傷的措施要確實做到。家長要確保門窗緊閉、鎖好，而且孩子的房間若不在一樓，記得要在下樓處安裝一道門。此外，家長也可考慮安裝某種警報系統，用於通知他們孩子離開房間了。舉凡鈴鐺、空罐頭，或其他會造成噪音的裝置，都可安裝在孩子的房門上，只要他一推開房門，便會同時喚醒家長。最後，治療夢遊跟睡眠驚嚇一樣，孩子都應獲得充足睡眠，並且盡量緩解壓力來源。

惡夢

定義：惡夢即是令人懼怕的夢境，好發於午夜，並可能會讓孩子驚醒。早上醒來後，孩子多半還會記得這些夢境的內容。

（睡眠驚嚇／夢遊／惡夢 1-2）

因應之道：惡夢發生當下，應適時安撫孩子，讓他有機會談談惡夢內容，但也別逼他非說不可。家長可考慮使用意象排演療法，通常會以繪畫為媒介，幫助孩子將夢境改為較溫和或令人愉悅的內容，並在白天時段與惡夢過後立即排演新的夢境內容，幫助孩子專注於較為正面的意象，並且讓他覺得自己得以掌控夢境內容。

（睡眠驚嚇／夢遊／惡夢 2-2）

Chapter **6**

教室中的學業與行為介入暨支持方案

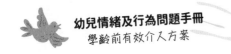

　　過去數十年來，進入托育機構及學前教育單位的幼兒越來越多。根據
美國人口普查局（Census Bureau）的資料，2011 年約有 480 萬名兒童進入有
組織的托育機構或學前教育單位（Laughlin, 2013）。這些兒童的行為技巧與
學科學習前期技能各有不同，在一般的托育機構／學前教育單位（非特教
學校）中，行為的議題通常會比學科學習議題來得引人注意，不過近來也
有越來越多研究者及教育工作者，關注起得以促進學業表現的學科學習前
期技能／前讀寫能力（preliteracy）。根據研究，在幼教環境中，有不成比例
的幼童遭到停學或退學，例如學齡前兒童比 K-12 系統（幼兒園至高三）的
學生還容易面臨退學命運，可能性高了 3.2 倍（Gilliam, 2005）。遭到停學或
退學的幼兒很可能面臨許許多多負面的生命事件，其中很多跟往後的就學
或學業表現問題有關，例如高中輟學比例高出十倍、成績不佳及遭到留
級，甚至遭遇牢獄之災等（Lamont et al., 2013）。綜合看來，教育工作者若
要有效協助有學科學習前期技能與行為問題的幼兒，務必要經過妥善訓
練、獲得適當支持協助，並且做好充分準備。其中一項有助於概念化相關
預防暨介入方案的模式，便是所謂的「多層次支持系統」（multi-tiered system
of support, MTSS）。針對學業問題的時候，此模式常稱為「介入反應模式」
（response to intervention, RTI），而針對的若是行為問題，則稱為「正向行為
介入與支持」（Positive Behavioral Interventions and Supports, PBIS）。RTI 模式
和 PBIS 方案近來整合為多層次支持系統，部分是因為人們越發意識到，不
論是學業還是行為上的困難，都必須共同解決，才最可能讓學生成功
（Eagle, Dowd-Eagle, Snyder, & Holtzman, 2015）。多層次支持系統所聚焦的重
點，便是提供高品質的教學及具實證研究基礎的介入方案，針對學生在學
業與行為方面的需求提供協助，並且持續監督他的進展，再依此修改相關
教學或預期目標。本章會分別討論 RTI 模式及 PBIS 方案，以便區分兩者不
同的用途。不過，讀者仍應了解綜整兩者為多層次支持系統所帶來的利

益。首先，我們會介紹多層次支持系統，並討論 RTI 模式如何幫助學齡前兒童的早期讀寫及學業問題。再來會論及 PBIS 方案如何在學前教育單位和幼兒園教室中，協助處理行為上的問題。最後，我們會介紹幼兒適用的「社交情緒學習課程」（social-emotional learning program，亦作「社會情緒學習課程」），這些課程也常會納入多層次支持系統中。

在多層次支持系統的協助之下（見圖 6.1；www.pbis.org），通常會有 80% 的兒童表現或行為舉止符合預期水準，這些人屬於系統中的第一層級，除了在班級情境中給予他們有效的教學及行為管理之外，便不需要其他協助。除此之外，諸如班級或全校層級支持系統等廣泛預防方案，會應

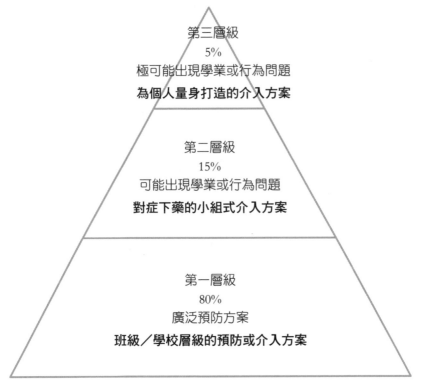

第三層級
5%
極可能出現學業或行為問題
為個人量身打造的介入方案

第二層級
15%
可能出現學業或行為問題
對症下藥的小組式介入方案

第一層級
80%
廣泛預防方案
班級／學校層級的預防或介入方案

▶▶ 圖 6.1　多層次支持系統

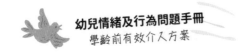

用於第一層級的兒童，針對尚不確定是否存在個人風險的族群廣泛給予預防（O'Connell, Boat, & Warner, 2009）。廣泛預防方案的重點在於，不論個人風險狀態如何，都要對其提供正向且積極主動的服務，讓整個群體（如整間學校或整個班級）得以受益。到了第二層級之後，涵蓋的是有可能出現學業和（或）行為問題的兒童，大約占了 15%。這些兒童會需要更多對症下藥的預防和介入方案，通常是以小組方式進行。至於第三層級則包括極可能出現學業或行為問題的兒童，比例約是 5%，通常會需要為他們量身打造個人化的介入方案，以解決現有問題。

按照多層次支持系統的框架，在前兩個層級所祭出的學業與行為介入方案，可以滿足絕大部分孩童的需求，但要是碰到第三層級的兒童，可能就會需要更為密集的因應策略。美國國立密集介入方案中心（National Center on Intensive Intervention）提供了不少「以資料為基礎的個人化方案」（data-based individualization, DBI）的資訊，可供教學之用，不妨參考（www.intensiveintervention.org）。所謂「以資料為基礎的個人化方案」，包括五項步驟：（1）實行具實證研究基礎的介入方案，但加強其密度與強度；（2）時常監督個案的進展如何，並記錄、蒐集相關資料；（3）若個案的問題未見好轉，應蒐集相關診療資訊，判斷個案是否有特定的缺失或狀況；（4）運用診療後的資訊，進一步滿足個案的需要；（5）繼續監督個案進展、記錄和蒐集相關資料，並且研究是否需要進一步調整介入方案。這一系列過程可說是加強版本的多層次支持系統，並且更著重於要持續監督個案進展，也會更全面地評估個案狀況（包括功能性評量等方法，見第二章）。

針對早期讀寫／學業技巧的 RTI 模式

　　好一段時間以來，用於解決學業問題的 RTI 模式在幼兒園至高中等學校體系皆蓬勃發展。美國在 2004 年修正《障礙者教育改進法案》（Individuals with Disabilities Education Improvement Act, IDEIA）後，RTI 模式在研究文獻及心理學的應用領域（尤其是學校心理學）都是越發受到關注。法案經過修正後，除了讓專家得用 RTI 模式來判斷兒童是否具有特定學習障礙（specific learning disability, SLD），也指出若要診斷兒童具有特定學習障礙，他的智力（intellectual ability）與成就能力（achievement ability）之間並不需要存在顯著差異。當然，RTI 模式在 2004 年前便已有人討論，但法案完成修正後更是讓更多人投入研究。

　　儘管在學齡前階段便出手處理學業相關疑慮，似乎有些言之過早，但從預防勝於治療的觀點來看，這恰恰是理想的時間點。不少研究者都已指出早期讀寫能力相當重要，也表示這些能力與後續的學業成就可謂息息相關。兒童進入幼兒園時，如果早期閱讀技巧已然不佳，通常正式教學開始後也會難以「追上他人進展」。事實上，隨著時間推演，兩者之間的差異恐怕會越變越大（Bingham & Patton-Terry, 2013; Greenwood et al., 2014）。誠然，學齡前階段是實施學業相關介入方案的理想時機，但過去一直少有研究去評估可以促進學齡前兒童早期讀寫能力的相關課程。有鑑於此，美國教育科學院（Institute of Education Sciences, IES）在 2002 年時挹注資金，辦理了學前教育課程評估研究倡議計畫（Preschool Curriculum Evaluation Research, PCER）來評估學前教育的相關課程。該計畫動用一系列的學生及班級方案，最後共評估了十四種相關課程。其中學生的指標包括早期讀寫能力及數學技巧／知識，而班級層級的指標則包括教室品質、師生互動，以及教學實務。另外，評估兒童相關指標的時間分別落在幼兒

園學前班的後期及幼兒園的尾聲[1]。最終結果顯示，十四種課程中僅有兩種在幼兒園學前班階段對學生有正面影響，而幼兒園階段則有四種課程會帶來正面影響，另外也有八種課程有助於增進幼兒園學前班階段的班級相關指標（Preschool Curriculum Evaluation Research Consortium, 2008）。除此之外，經過評估後，用意為增進教師相關職能的「早期閱讀優先計畫」（Early Reading First Program）也呈現令人失望的結果，原因是該計畫僅對兒童的字型及字母知識有正面影響，但對音韻覺識（phonological awareness）或口語技巧卻無此影響（Jackson et al., 2007）。不過，研究者並未因此判定學齡前階段的介入方案沒有效果，而是呼籲專家若要處理個案的早期學業問題，應借助 RTI 模式為他量身打造適合的方案（Greenwood et al., 2014）。

Greenwood 等人（2014）經美國教育科學院協助，成立了幼兒期介入反應中心（Center for Response to Intervention in Early Childhood, CRTIEC; www.crtiec.org），致力於發展可用於 RTI 模式內的工具，以進一步幫助學齡前的兒童。這群研究者總共找出了三項早期讀寫能力的重點關注目標，分別是：（1）口語與理解力（oral language and comprehension）；（2）音韻覺識；（3）字母知識（alphabet knowledge）。在第二層級及第三層級中，強調的都是音韻覺識及字母知識，但課程有所不同。第二層級的重點在於「更艱深的學術詞彙與推論性問題（inferential question）」，而第三層級所著重的則是「更為基礎的核心字彙與解釋性話語（elaborating utterance）」（p. 254）。另外也有其他研究者與臨床專業人員提出要調整 RTI 模式，但重點仍多半不脫上述三項核心讀寫能力。

舉例來說，Buysse 等人（2013）為學齡前兒童開發的「辨別暨回應 RTI 模式」（Recognition and Response RTI model）已證實可用，並且效果

---

1 譯註：美國幼兒園通常僅為期一年。

良好。不過考慮到早先幾個實效研究仍屬初探性質，還需要更多研究才能蓋棺論定。「辨別暨回應 RTI 模式」跟其他 RTI 模式一樣，除了要評估學生的進展，也要為學生分層別類，提供相對應的實證介入方案。在此模式中，教師每年要負責實施三次形成性評量（formative assessment），一來是監督個案進展，二來則是要確定該動用哪些支持方案。再來，這個模式也跟其他分層系統一般，第一層級需要的是落實有效的核心課程。Buysse 等人指出，每位教師皆應先有效落實核心課程，才能進展到其他環節。另外，他們也建議第一層級的教學可納入對話式閱讀（dialogic reading），意即成人要以各種提示吸引孩子的注意力，讓他能投入閱讀書籍之中，可說是一種互動式的共讀體驗。到了第二層級，經全面篩檢後確定需要額外協助的兒童，會上起小組課程並進行嵌入式學習活動（embedded learning activity），後者同時也會融入小組學習以外的班級活動。至於第三層級，則會用到特別為個案量身設計的「鷹架法」（scaffolding），其中包括示範（由教師親自展示某一反應）、提示（教師運用提示去引出某一反應）、同儕支持，以及指正錯誤。

　　Gettinger 和 Stoiber（2007）也設計了另一個學齡前兒童適用的 RTI 模式，名為「早期閱讀成長與成就示範模型」（Exemplary Model of Early Reading Growth and Exellence, EMERGE）。此模型關注的對象，是正在接受中心本位幼兒計畫（center-based early childhood program）的低收入兒童，其中包括四項與 RTI 模式相同一致的關鍵要素，分別為：（1）實行具實證研究基礎的早期讀寫教學；（2）篩檢、每月監督進度及成效評估；（3）高品質的班級環境；（4）持續不間斷的專業培訓。此外，讓個案的家人參與其中，也是此方案的重要特色。跟「辨別暨回應 RTI 模式」一樣，此方案的第一層級強調要正確實行有研究基礎的讀寫教學，第二層級是小組教學，而第三層級則是個人一對一教學。儘管各層級給予學生的支

持強度不同，但遵循的皆是相似的課程順序。換言之，第二層級及第三層級的教學並無品質上的差異，僅是比第一層級的教學內容來得強度更高而已。初步的成效結果顯示，接受「早期閱讀成長與成就示範模型」的兒童跟控制組的兒童，雖然整個學年下來在早期讀寫及語言任務上皆有進步，但前者的兒童顯然進步幅度更大。

Kaminski、Powell-Smith、Hommel、McMahon 和 Bravo Aguayo（2014）針對較為密集的介入方案，介紹一項適合學齡前兒童的第三層級介入方案，其中著重字母規則及字母與發音之間的連結，並且大致勾勒了這項介入方案的進展過程及相關評估。這便是「閱讀準備早期讀寫介入方案」（Reading Ready Early Literacy Intervention, RRELI），其目的除了加強兒童指認字母的能力，也是訓練他們去產出單字的首音（initial sound），並且嘗試把字母跟發音連結在一起（p. 319）。此介入方案包括三十堂課，其中除了介紹新技巧，也會反覆練習這些技巧。另外，這個方案強調兒童一定要通過「檢核」，確認他們已熟練某項技巧，才能進到下一單元，練習不同的技巧。這項研究的重點是在此介入方案的進展過程，但研究者也指出參與其中的兒童在反覆練習後也確能收到正向成效。不過他們亦指出，這些兒童的反應仍存在差異，例如接受個別化教育計畫（individualized education program, IEP）的兒童收到的成效較其他兒童為少，或許表示此一群體的兒童需要更為密集的介入方案。

RTI 模式的一大重要特色，便是擁有適當的評估工具，可用於判斷兒童是否持續進步，又是否需要第一層級之上的介入協助。第一層級的評估工具務求簡單，以便每年可以進行數次全面篩檢，其中一例便是學前教育早期讀寫指標（Preschool Early Literacy Indicators, PELI; Kaminski, Abbott, Bravo Aguayo, Latimer, & Good, 2014）。此指標是以故事書的形式去評量學生的字母知識、聽力理解、音韻覺識，以及字彙—口語能力。截至目前為止的研

究，皆指出這項篩檢方法具備良好的心理計量特性，而且具診斷效用（Kaminski, Abbott et al., 2014）。學前教育早期讀寫指標是由動態評量團體（Dynamic Measurement Group）所開發[2]，且在 2015 至 2016 學年提供給研究合作夥伴搶先使用（見 dibels.org/peli.html）。另一項評估工具則是「學前教育個人成長及發展指標」（Preschool Individual Growth and Development Indicators, IGDIs; igdis.umn.edu），若要評量 RTI 框架下學齡前兒童的早期讀寫技巧，便會用到此一指標。「學前教育個人成長及發展指標」第二版分別評量學生在音韻覺識、音素混合（sound blending）、相同音節、押韻及頭韻（alliteration）等四大面向的能力（Wackerle-Hollman, Schmitt, Bradfield, Rodriguez, & McConnell, 2015）。Wackerle 等人（2015）概述「學前教育個人成長及發展指標」的發展與相關評估時，即指出此指標對於幼兒群體有足夠的效用及心理測量特性。此外，Moyle、Hielmann 和 Berman（2013）回顧早期學前教育個人成長及發展指標的時候，也綜整了支持其信效度的資料。而第三個適合學齡前兒童的是「音韻覺識暨讀寫篩檢工具」（Phonological Awareness and Literacy Screening, PALS; pals.virginia.edu）的幼兒園學前班版本（PreK; Invernizzi, Sullivan, Meier, & Swank, 2004），用途是辨別出早期讀寫概念上有困難的兒童。此篩檢工具會評量學生的字母知識、音韻覺識、字形概念及書寫等早期讀寫技巧，而相關研究亦指出此篩檢工具具備良好的內部一致性及重測信度，也能預測兒童未來會不會出現閱讀困難（Invernizzi, Landrum, Teichman, & Townsend, 2010; Moyle et al., 2013）。最後，Moyle 等人（2013）比較「音韻覺識暨讀寫篩檢工具」的幼兒園學前班版本，以及「學前教育個人成長及發展指標」後，表示後者

---

2 動態評量團體也是基礎早期讀寫技巧動態指標（Dynamic Indicators of Basic Early Literacy Skills）的設計者，此指標常用於國小層級。

似乎較受地板效應（floor effect）影響，也就是較不適合表現較差或年紀較小的學齡前兒童。不過，有鑑於「學前教育個人成長及發展指標」第二版近來的發展變化，或許會需要更多資料才能下結論。

❋ 小結

眼下有越來越多人投入研究學齡前階段的 RTI 模式與介入方案，因此相關研究應會日益增加，人們也會越來越了解其中哪種模型最適合評量及介入協助幼兒。RTI 的優點在於可為個案量身設計方案，一方面針對需要較多支持的兒童提供協助，另一方面也確保整個班級得到適當的教學，不至於有所偏廢。目前看來，儘管較為廣泛使用 RTI 模式的是 K-12 的教育體系，而非學前教育單位，但這些模式的確也可作為接受學前教育兒童的一大助力。若是得以廣泛應用，或許可以加強這群兒童的能力，讓越來越多人進入幼兒園上課時，便已具備必要的能力。

📖 PBIS 方案

如前所述，PBIS 方案（Horner et al., 2009）是多層級的預防及介入方案，用途是促進學生的利社會行為，並且降低他們的侵擾性行為及成績不佳的情況。綜觀歷史，學校體系面對學生的不當行為，多半是被動回應或祭出懲罰。儘管以懲罰為基礎的策略的確能減少兒童的侵擾性行為，但要是不能貫徹始終，或是少了其他正向基礎的策略輔助，懲罰的效果只會越來越糟，並且無意間招致負面副作用，例如攻擊行為、消沉冷淡，以及逃避／迴避等（Chance, 2013）。PBIS 方案強調教學、示範，以及增強正向／利社會行為，並以這些積極主動的正向策略去幫助兒童管理自己的行為。針對侵擾性行為（如打人、踢人），只要增強與其不相符的正向行為（如

不要動手動腳），便能讓學生慢慢知道這些才是有效率且正常的行為。研究指出，在學前教育與國小階段實施 PBIS 方案，會顯著減少學生的侵擾性行為、停學及退學比率，另外也會提升學業表現及教師的自我效能（Bradshaw, Mitchell, & Leaf, 2010; Muscott et al., 2004; Reinke et al., 2013）。PBIS 方案可在學校層級、班級層級、小組層級，甚至個人層級實施，但這裡會特別討論班級層級的支持方案。另外，我們把提到的技巧綜整為表6.1，不妨參考。

目前來看，宣傳要在國小廣泛實行 PBIS 方案的人，鎖定的多半是學校層級的方案（Bradshaw, Koth, Thornton, & Leaf, 2009）。儘管這些努力確實改善了學校整體的氛圍（Bradshaw et al., 2010），但研究也指出幼兒教育機構及國小的教師，仍然難以管理學生在教室中的不當行為（Benedict, Horner, & Squires, 2007; Reinke et al., 2013）。他們一再表示，班級行為管理是教職最具挑戰的一件事，而且也是他們最少接受訓練的環節（Reinke et al., 2011）。有鑑於此，若要大大提升學生的成效，也必須在班級層級實施 PBIS 方案才行。

表 6.1 班級層級的正向行為介入技巧

- 訂定教室公約
- 訂定教室時間表
- 提供有效教學
- 運用選擇性注意／口頭稱讚
- 運用獎賞式的行為管理計畫，包括代幣制度
- 事前矯正
- 反應代價法（例如取消代幣制度）
- 家庭聯絡簿
- 暫時隔離

🌼 初步考量

　　儘管班級行為介入方案有強大的實證研究基礎（Reinke et al., 2013），但要是沒能貫徹始終，並不會帶來任何行為上的改變，或者至多稍稍改變。遺憾的是，目前的文獻指出，在學校中實行的介入方案通常都不盡完整（Forman, Olin, Hoagwood, Crowe, & Saka, 2009）。因此，若要說服且鼓勵教師動用 PBIS 方案，必須要有明確的目標，並且態度堅決。「教室檢查計畫」（「家庭檢查計畫」的變化版本，見第三章）可作為班級層級的諮詢模型，一方面提供支持，另一方面則盡可能確保相關的介入及支持方案可以貫徹實行（Reinke et al., 2008）。「教室檢查計畫」跟「家庭檢查計畫」一樣，是以動機訪談技巧去激勵教師，具體策略包括根據行為策略實施的成效，向教師提供有關班級行為的回饋與意見；訂定一系列的介入方案選項；教師求助時提供建議，但也鼓勵他們自己做決定；支持教師的自我效能，同時指出他們現有的優勢；最後則是提供成功案例，讓他們了解其他教師確實用此方案改變學生的行為（Reinke et al., 2008）。

🌼 訂定教室公約

　　要在班級中實行全面的 PBIS 方案，首要之務就是訂定有效的班級管理策略，其中很重要且根本的一件事，就是要有一系列的規則清楚告訴學生哪些行為合乎期待，並且適合出現在教室裡頭。不過，為了避免師生頭昏腦脹，規則不應制定太多，通常三至五項便已足夠，另外這些規則也應聚焦於最為重要的班級行為，不能隨意訂定。規則應採正面陳述，告訴學生「該做什麼事」，而非「不該做什麼事」。舉例來說，規則可以是「在走廊請放慢腳步」，而不要說「在走廊請勿跑步」。再來，教師也應公開張貼班級公約（加上視覺輔助，幫助閱讀能力較差的兒童），並且每隔一段時間就和全班共同檢討，看看是否需要調整。舉凡「不要動手動腳」、

「老師帶活動時要坐好」等都是適合學前教育單位的教室規則。不過教師也要注意，教室公約應和學校層級的目標息息相關（例如「友善」、「安全」、「負責任」），以便這些目標與期待能落實在學校的各個層面（Reinke et al., 2013）。舉例而言，「不要動手動腳，或是拿東西去弄別人」便是體現「安全」這項目標的良好班級公約。此外，教師也可以定期替學生上一些簡短課程，讓他們知道何謂「正向行為」，並且時不時提醒他們注意自身行為有無符合期待。

❋ 訂定教室時間表

教師除了制定班級公約外，也要訂定出一套按部就班、步驟明確的例行事項，以便促進有效率且積極主動的學習環境。研究指出，學生在活動與活動之間的過渡期較容易出現不當行為，而這種策略或許特別有效於減少此種情況（Hemmeter, Ostrosky, & Corso, 2012）。教師訂定班級時間表後，應該要貫徹始終、盡量縮短活動之間的過渡期，並且教導學生每個例行事項的步驟順序，包括哪些行為才屬恰當等。至於訂定時間表的時候，教師也應針對每項活動進行工作分析（task analysis），以便確認有哪些步驟應該要完成。工作分析之始，教師要先列出一天之中會進行的所有活動，以及各個活動之間的過渡時間，接著設計一套教案，讓學生可以有效學會每個例行事項的步驟。這是教師常常忽略的重要步驟，因為他們往往認為學生早已知道每項活動或例行事項的步驟為何，但事實未必如此（Hemmeter et al., 2012）。教師也要跟學生解釋及示範各個例行事項的步驟及期望，並且給他們時間加以練習，再給予回饋。舉例來說，教師在教導學生要怎麼排隊離開教室時，可以先敘述「如何正確排隊」，再自己示範一次，並讓學生上來試試看，自己則從旁協助，若看到他們表現良好也可出言讚美。

教師還可以舉辦「你來糾正老師」（Correct the Teacher）和「排隊要排好」（Lining Up Right Game）等活動，進一步幫助學生掌握特定的技巧（McIntosh, Herman, Sanford, McGraw, & Florence, 2004）。在「你來糾正老師」的活動中，學生會以「比讚」或「倒讚」的方式來評判老師的行為。一旦學生比「倒讚」，教師便會點其中一人出來講解正確做法，並且示範給全班看。至於「排隊要排好」則是讓全班一起練習如何正確排隊，如果大家表現良好，即可獲得一點積分。但要是大家表現有誤，積分便歸老師所有，而且全班還要再練習一次。這個遊戲會一直玩到全班連續得到三分為止，屆時教師也可考慮給他們獎勵，例如多給五分鐘的自由遊戲時間等。值得注意的是，即便學生熟練了特定的技巧，教師還是要定期帶他們複習，以免生疏。最後，「排隊要排好」這種活動也可用在其他行為技巧的教學上。

❀ 提供有效教學

另一項重要的班級經營策略便是「有效教學」（effective instruction）。一旦學生有效投入學科教學之中，譬如專心聽講、回答問題等，便較不容易分心或是出現侵擾性行為。研究顯示，如果教學要有效且吸引人，便必須要縝密安排、與學生切身相關，並且講授節奏適當（Simonsen, Fairbanks, Briesch, Myers, & Sugai, 2008）。若要達到這項目標，方法之一就是要增加學生的回應機會（opportunity to respond, OTR）。所謂的「回應機會」即是指會引來學生回應的特定教師行為（Simonsen, Myers, & Deluca, 2010）。從幼兒園至國小三年級的案例，皆證實了增加學生的回應機會，可以收到不少正面效果，其中包括減少學生的侵擾性行為，並且改善他們的專注行為（on-task behavior）、學業投入程度，以及學業成就（Reinke et al., 2013）。根據研究，教師在教學過程中每分鐘應最少引起學生 3.5 次回應，因為這

個數字可說是提升學生參與程度及成就的「觸發點」（Stichter et al., 2009）。不過，因為此研究的目標族群是幼兒園至國中八年級的兒童，若換作是學齡前兒童應會需要更多的回應機會，而舉凡口頭回應、比手畫腳、書面回應及互動式科技工具等形式，都是教師可用來吸引學生回應的方法。

☀ 運用選擇性注意

研究一再顯示，教師若能在教室中給予特定及後效讚美，學生也會較少出現侵擾性行為（Dufrene et al., 2012）。但即便如此，不少教師仍常濫用責罵、少用讚美，尤其要是未受特定訓練更是容易如此（Gable, Hester, Rock, & Hughes, 2009）。有鑑於此，教師應接受訓練，學習如何在班級中有效且一致地使用「選擇性注意」（selective attention），以增強學生的適當及專注行為。一旦教師注意到有孩子遵循班級公約，或是行為表現恰當，便應針對該行為表示讚美，例如：「珍妮佛，妳這樣坐在位子上專心聽課，表現很好。」相反而言，如果孩子出現輕微或偶一為之的不當行為，例如說話或離開座位，教師應予以忽視，等到他重回恰當行為後，例如不再說話或坐回位子上，再立即給予正面回饋。如此一來，教師便可區辨增強學生，讓他們多多表現出理想中的行為。最後，正如第三章提到的親子正負向互動黃金比例，研究者也建議教師應以「每跟學生出現一次負向互動，便要有另外四次正向互動」的原則為目標（Reinke et al., 2013）。

☀ 運用獎賞式行為管理計畫

教師不但要善用讚美，也要考慮落實班級層級的獎賞式行為管理計畫，例如「良好行為遊戲」（Good Behavior Game; Tingstrom, Sterling-Turner, & Wilczynski, 2006）。在此「遊戲」中，全班會分成兩個隊伍，只要有人

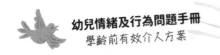

違反班級公約或出現不當行為，他的隊伍就會記上一分，最後哪一隊的分數最低便會獲得「勝利」。不過要是兩隊的分數皆低於某一門檻之下，雙方都可以得到增強物或特殊權利。這項團體的後效計畫也有好幾種不同的變化，舉例來說，教師也可以安排成「表現良好便可獲得分數」，而非「表現不好會得到分數」，甚至結合以上兩者也行。此外，有時候也不必把全班分成好幾個隊伍，而是讓全班便是一個隊伍，讓大家一起為特定的增強物而努力。如果面對的是幼兒，不妨多多使用圖片或簡單的圖表，讓他們一目了然自己還需要多少分數才能贏得增強物。舉例來說，教師可以製作一份圖表，只要隊伍（或全班）得到分數，便可把圖表上的標示物往上移動一格，慢慢接近最終的增強物。

另一項班級層級的行為管理計畫則是「神祕激勵因素介入方案」（Mystery Motivator; Kowalewicz & Coffee, 2014）。這項介入方案的關鍵在於互賴型的團體後效法則（interdependent group contingency），意即讓學生一齊協力達成共同目標，而增強的效果如何則取決於班級整體的表現。神祕激勵因素介入方案也採變動增強時制（variable schedule of reinforcement）、不確定性增強（reinforcement uncertainty，例如學生不知道獎賞為何），並且會立即針對學生的表現給予回饋。在最初版本的神祕激勵因素介入方案中，教師會先製作一份時間表，長度可以是一週或一個月不等，再來任意選擇其中幾天，學生只要在這幾天之中表現出特定的行為，便可獲得未知的增強物。教師可將圖表放在顯而易見的位置，在選定的日子標上記號，並將每個格子貼上便利貼等之後可移去的紙張。每天到了特定的驗收時段，學生若是達成行為目標，教師便會撕去當天的便利貼，看看下面是否有先前所做的記號。如果有記號，學生便可得到由教師選定的未知增強物，但若沒有記號，教師則會口頭稱讚他們達到行為目標，並鼓勵大家繼續加油，下一個學校日還有機會。

如果我們要將此介入方案應用到幼兒群體，可以做出幾項調整。首先，以圖片輔助理解的規則應公布在教室內明顯可見的地方。再來，兒童做出理想行為及得到獎賞之間的時間應盡量縮短，另外也建議採取連續增強時距（continuous schedule of reinforcement），意即孩子每次達成目標皆可得到獎勵。Murphy、Theodore、Aloiso、Alric-Edwards 和 Hughes（2007）曾針對專為學齡前兒童設計的「神祕激勵因素介入方案」進行實證評估，該方案涵蓋十五分鐘的大型團體活動，如果活動結束時，全班只拿到五個或更少的記號（犯規一次會拿到一個記號），便能贏得獎勵。教師會準備一個「神祕箱」，裡面共有十二張貼著獎勵圖片的卡片，等到活動尾聲時，若是大家確實達成目標，他就會從中隨機抽出一張獎勵卡。但要是班級沒有達成目標，教師便要解釋箇中原因，並且鼓勵大家明天再試試看。研究結果顯示，此版本的「神祕激勵因素介入方案」可以大大降低教室中的侵擾性行為。

　　教師也可善用班級層級的代幣增強系統，進一步促進適當行為出現，只是這項策略的相關研究不多，也較少人使用，原因是幼兒的認知程度往往還未達到特定水準。如果要在幼兒群體中有效實行代幣制度，必須注意到他們的發展程度。整個制度應該規則明確（例如清楚的行為目標及何時能夠拿到代幣）、簡單易懂（例如只需要極其基礎的數學知識），並且使用視覺上吸引人的代幣（例如色彩明亮、動物形狀，或是貼紙等）。此外，這個代幣制度務必要讓孩子能定期以代幣換取有形增強物。如果是幼兒群體，從制度啟動以來，至少要每天都能換取獎勵。當然，作為獎勵的有形增強物也要有不同種類，以免孩子日漸生煩，最後變得不感興趣。舉例來說，如果學生每天留有一定數量的代幣，便可換取貼紙作為獎勵，但貼紙換久了不免會感到厭煩，而貼紙也就失去了增強效果。如果能讓孩子自行從多種獎勵中選擇自己所愛，例如貼紙、小玩具、特權等，會有助於

保持這些事物的增強效果。

　　若要實行較為複雜的學校層級行為介入方案，往往會費上教師不少心神與時間。有些研究便發現，多數教師偏好簡易且無須耗用太多時間的策略或介入方案（Briesch, Briesch, & Chafouleas, 2015）。舉一個例子，教師若發現孩子行為表現得宜，可予以簡短的口頭讚美，再簡單把一顆小絨球（pompom）、小彈珠，或是其他視覺上吸引人的代幣放入玻璃罐中，並將玻璃罐放在教室前方，讓大家都能看見。一旦玻璃罐滿了，全班就可得到一項實體增強物，例如下課時間增加、貼紙，或小玩具等。Bahl、McNeil、Cleavenger、Blanc 和 Bennett（2000）也提出了另一種簡單卻有效的行為介入方案：一旦學前教育單位的學生表現得當，便會得到具體稱讚（labeled praise）及笑臉標記，但要是出現不當行為，則會遭到警告，並得到哭臉標記。這些學生會打散成數個組別，每組約四到五人，而最後「笑臉多於哭臉」的組別便可獲得獎勵。該研究的結果指出，這些兒童出現恰當行為的頻率增加，而教師也表示對此介入方案相當滿意。

🌸 因應行為上的違規及嚴重問題行為

　　儘管 PBIS 方案優先使用環境變化及以增強為基礎的策略，來促進利社會的恰當行為，但也提出了一系列因應不當行為的策略，其中包括刻意忽視（見第三章）、事前矯正、以懲罰為基礎的方案（如反應代價法），以及更為密集應用的一般行為技巧。這些策略多半不會用於第一層級的介入方案，但到了第二層級或第三層級，或許可作為較密集的介入方案使用。此外，有鑑於第三層級的介入方案強調要為個案量身設計，例如學校心理工作者等合格人員，或許可在學校系統中的此一層級實行前幾章提到的介入方案。要注意的是，懲罰雖能有效減少問題行為發生的頻率，但絕對不應單獨使用。事實上，前面已經提過，單獨使用懲罰相關的策略幾乎

發揮不了效果，反而可能帶來副作用（Chance, 2013）。因此，這種策略應該納入一套全面完整的行為管理方案之中，與有效的教室管理策略及增強方案一同使用。

非後效增強

雖然介入方案最常用後效注意，但其實也有人去評估非後效的注意／增強的作用，尤其是當其作為嚴重問題行為介入方案的環節時，能夠發揮哪些功效。因為要處理的是較嚴重的問題行為，此類評估多是使用單一個案實驗設計（single-case design）。如果個案會出現不當行為，是為了取得某樣增強物（如注意或刺激等），非後效增強便是要抵銷此行為的功用。研究指出，非後效增強的確能有效解決問題行為，包括收養兒童在身體上的攻擊行為及自我傷害行為（Nolan & Filter, 2012），另外也可因應自閉症青少年的攻擊行為（Gerhardt, Weiss, & Delmolino, 2004）。不過，在這兩項研究之中，非後效增強並非唯一的介入方案，而是還搭配了其他的方法，例如反應代價法及功能性溝通訓練（functional communication training）。

事前矯正策略

事前矯正策略是藉由操縱前事來預防預期之中的問題行為，並且促使兒童表現出恰當的行為（Ennis, Schwab, & Jolivette, 2012）。其中第一步是讓教師找出何種情境最容易引發該問題行為（如一天中的哪個時段、地點、活動等），以及定義何種行為才是恰當之舉。舉例來說，有些學生一聽到老師要大家排隊等下課，便會跳離位子，一路衝到門口。這時，教師應先確定是否有人好好教過他們排隊等下課的正確步驟該怎麼進行，且讓學生有機會實際練習該正確步驟。接下來，教師可以找幾位學生出來當場示範此一步驟，並以口頭提醒全班正確的行為應該為何（例如：「大家要

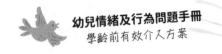

等到自己那一桌被叫到，把椅子放好，並且慢慢走到門口來排隊」）。全班如果順利完成目標，教師則應給予每位學生及全班讚美。

反應代價法

在團體形式的獎勵系統中加入反應代價法，或許可以促進班級介入方案的效能。有人針對學齡前的過動兒進行研究，結果發現僅為恰當行為提供正增強，並不足以持續一致地改變個案的行為（Barkley et al., 2000; Jurbergs, Palcic, & Kelley, 2007）。事實上，若要達成目標，反應代價法也是派得上用場的方法，此方法便是指孩子若出現不當行為，便會失去先前因正增強所獲得的分數、代幣，或是其他增強物。當然，增強與反應代價法皆可獨立使用，但教師也可以結合兩者。換言之，孩子會因為恰當行為而獲得代幣（此為代幣增強系統），但若是出現不當行為則失去這些代幣（此為反應代價法）。舉例而言，在班級層級的代幣系統中，學生表現良好即可獲得小絨球為獎勵，但要是他違反班級公約或出現不當行為，原本的小絨球便會遭到沒收。教師也會明確指出他違反了哪項公約，並從玻璃罐中沒收小絨球以示懲處。在另一項班級層級的反應代價系統中，教師可在圖表上放置鈕扣，以此作為代幣。孩子進行班級活動（長度為十至十五分鐘）時，一開始會拿到五顆小鈕扣及一顆大鈕扣。如果他違反公約，其中一顆小鈕扣就會被沒收，到了活動結束後，要是還有至少三顆鈕扣，便可留著那顆大的鈕扣。一天下來之後，手頭上至少有三顆大鈕扣的孩子便可以此換取一項有形增強物（McGoey & DuPaul, 2000）。Tiano、Fortson、McNeil 和 Humphreys（2005）曾在啟蒙方案的班級實行過反應代價系統。在此研究中，該反應代價系統包含有一塊劃分為四個層級的紙板，前三個層級為陽光普照的「陽光區」，而最底層則是烏雲繚繞的「烏雲區」。每個孩子各會分到代表自己的圖形，要是他們出現不當之舉，就會受到教師

口頭警告，而他們若不見改正，這個圖形就會往下掉一層。不過要是該行為本身具有攻擊或破壞性，教師會不經事先警告直接將他們降級。若到了每天的特定時段，孩子的圖形還位在「陽光區」，便可得到獎賞。不過，這項反應代價系統最後雖然順利實施，但因為隨著時間過去，兒童在各方面的恰當行為皆會自然增加，所以研究者尚無法確定兩者之間的關係。

家庭聯絡簿／簽到簽退法

學齡兒童常用的家庭聯絡簿（home-school note）也可在學前教育實行。這套方法是利用正增強促進恰當行為，其中也可能包含反應代價法的元素，例如因為不當行為而失去在家中享有的某些特權。研究顯示，由於這種介入方案需要的時間及心力有限，學前教師的接受度很高，也認為此方案的可行性相當不錯（Briesch et al., 2015）。家庭聯絡簿的用途在於促進家長與校方的溝通，並讓兒童在學校出現某些行為後，會在家中得到懲罰或獎賞。在常見的家庭聯絡簿系統中，教師會在聯絡簿上評估孩子一天下來的表現，例如他有沒有先舉手再發言，等到家長回家檢查聯絡簿後，再根據孩子在校的恰當或不當行為予以嘉勉或懲罰（Cox, 2005）。若要採用家庭聯絡簿系統，重點在於讓每位參與其中的人應付得來。換言之，聯絡簿涉及的內容不該過於複雜，以至於處理起來要曠日費時。事實上，最顯著的問題應優先處理。舉例來說，如果孩子不懂得分享事物，導致跟別人玩耍時常會出現問題，這時家庭聯絡簿首先要處理的問題即是：「玩耍時要懂得跟其他人分享。」聯絡簿上所涵蓋的要是教師可輕易觀察到的行為，而且敘述這些行為時應正面陳述。

家庭聯絡簿的設計各有不同，圖 6.2 便是其中一例，而表單 6.1 則是空白版本的家庭聯絡簿。在圖 6.2 中，一天會被切分為好幾個時段，不過這些時段也可以「活動種類」為區分，例如圓圈活動（circle time）、下課

兒童姓名：約翰·史密斯

目標行為	9:00-10:00 A.M.		10:00-11:00 A.M.		11:00 A.M.-12:00 P.M.		12:00-1:00 P.M.		1:00-2:00 P.M.	
	有	沒有	有	沒有	有	沒有	有	沒有	有	沒有
分享玩具	✓		✓		✓		✓		✓	
不要動手動腳		✓	✓			✓	✓		✓	
遵守規則	✓		✓			✓	✓		✓	

贏得獎勵需要幾個「有」：＿10 個＿

實際得到多少個「有」：＿12 個＿

獎勵：＿可以決定晚餐要吃什麼。＿

評語：＿約翰今天表現很好！＿

教師簽名：＿安德森老師＿

▶▶ 圖 6.2　家庭聯絡簿範例

休息時間、午餐時段等。在聯絡簿的左側列有三項目標行為，教師可以觀察孩子是否出現該目標行為，並在對應時段勾選「有」或「沒有」。不過教師除了記錄這些事件外，也要提供質性的評語。舉例來說，教師可以寫道：「喬爾，你今天有分享玩具、遵守規則，做得非常好！不過，要小心別動手動腳。」

另外如果不用「有／沒有」的二分法，也可以採取評分系統（總分為 1 至 3 分，1 表示「從未如此」、2 表示「偶爾」、3 表示「總是如此」），或是直接用笑臉／哭臉示意，也會是對學齡前兒童很有效的方式。教師可以接著設下「門檻」，規定孩子要得到多少「分數」（如圖 6.2 的例子）才能在家中得到獎勵。此分數一開始應設得稍低，好讓孩子容易嘗到成功的滋味，而隨著時間過去，可以再逐漸拉高這個門檻分數。相當重要的是，如果孩子得到了門檻以上的分數，家長務必要予以獎勵。另外一件重要的事，則是一定要讓孩子把家庭聯絡簿帶回家。若對象是已屆學齡的兒童，教師常常會加入反應代價法的元素，意即孩子若沒有把聯絡簿帶回家，或是拿到的分數極低，當晚就會失去某些特權。如果是學齡前及幼兒園年紀的兒童，教師通常會較為積極主動，確定聯絡簿的確送到家長手中。舉例來說，教師可直接將聯絡簿放到孩子的資料夾或書包中，確保他每天都會帶回家。每當孩子回家時，家長也要主動積極地詢問家庭聯絡簿有沒有帶回來，或是直接檢查他的書包。如果孩子順利達成目標，家長應予以讚美，並盡快給予他應得的增強物。在某些情況中，增強物可能不大適合當下提供，例如晚餐後給孩子吃他喜歡的點心，但家長還是要讚美孩子，並告知之後一定會落實承諾。最後，隨著孩子在這幾項目標行為上表現越來越好，教師可以考慮換上新的目標行為。

簽到／簽退法（Check-In/Check-Out）是專門設計來處理較嚴重的問題，其中會動用到概念類似家庭聯絡簿的每日分數卡（point card）。在此

介入方案中，教師每天剛開始時會要學生先「簽到」，並鼓勵他們達成每一天的行為目標。一整天下來，教師會用一張行為分數卡來給予學生回饋。到了下午學生便會「簽退」，讓教師檢查他的行為分數卡，並帶回家給家長看。有研究回顧簽到／簽退法的相關文獻，並指出這項方法能有效因應兒童的問題行為，尤其遇到因他人注意而延續的行為更有效果。

暫時隔離

暫時隔離是幼兒教育有時會用到的附加管教策略。儘管教師多半不喜歡實行暫時隔離，而且其中也涉及一些道德及法律問題，例如最少限制環境（least restrictive environment）、將孩子排除於教室太久、讓孩子進行長時間的暫時隔離等問題都需要加以考量。但只要使用得當，這項方法仍可在學前教育發揮作用。教師在執行排除性的暫時隔離前，應先確定是否要遵循最少限制環境的行為介入方案，因為如此一來，他可能需要先取得家長或學校委員會同意，才能實施這項方案。Ritz、Noltemeyer 和 Green（2014）曾介紹學前教室中會用到的行為管理策略，其中便包括了暫時隔離。研究提到，讓兒童待在教室中應是第一優先，不推薦使用會讓兒童離開教室的暫時隔離。最合適的做法是不准孩子參與目前的班級活動，但也不讓他離開教室，就在室內進行暫時隔離。此種暫時隔離包括完全排除及部分排除，前者意指孩子不得參與或旁觀進行中的活動，而後者則代表孩子不得參與進行中的活動，但仍可在旁觀看。一般而言，每次需要祭出這項策略時，最不會干擾到他人的方式便是較好的方式（Ritz et al., 2014）。

教師祭出暫時隔離前，要記得先跟學生說明清楚。說明應盡量簡短，但也要清楚表示孩子只要出現不當行為（依現行班級公約而定），就會面臨暫時隔離的懲罰。另外，教師也要向全班示範暫時隔離的內容，以及要怎麼做才能解除隔離的狀態。不管如何，只要孩子違反教室公約，教師務

必要言出必行，祭出暫時隔離的處罰。在某些情況中，教師或許得中斷教學，好把犯規的孩子送去暫時隔離（Turner & Watson, 1999）。當然，若要執行暫時隔離，教室有至少兩位成人會是較好的做法。不過若有助教在場，他必須採取跟教師一樣的規則及程序，不要有意見相左的情況發生。

在教室中實施暫時隔離時，應選在「既讓孩子不行參與現行活動，但教師又能輕易監督到他」的地點。至於暫時隔離的最佳時間長度，目前未有定論，但多數人會建議不要隔離太長的時間（Ritz et al., 2014）。有鑑於此，第三章提到的「每長一歲多一分鐘，最多不超過五分鐘」的準則，應該頗為適合教室中進行的暫時隔離。如果孩子一再想要離開暫時隔離的場所，教師應該要加以阻止，並確保他有好好接受處罰。不過從現實層面來說，要是沒有助教（或其他成人）從旁協助，幾乎可說是難以實現。因此，有人或許會用障礙物擋住孩子離開的路線，只是這又牽涉到物資調動及設備的問題，例如要拿什麼來做障礙物等，算不上是最理想的方案（Turner & Watson, 1999）。一旦暫時隔離結束，應由教師、助教或其他成人前去讓他出關（Ritz et al., 2014）。

✳ 小結

處理並治療幼兒在學校出現的侵擾性行為，對於他未來的長期發展相當重要。這些孩子要是沒有行為方案從旁支持，未來更可能會遭到停退學、學業成就低下，以及面臨各式各樣負面的生命事件。綜觀歷史，學校體系長期皆以懲罰來管理學生的行為，但此方法已證實效果不佳。PBIS是具有實證研究基礎的方案，其中借用正向的前事來處理學生的不當行為，並以行為後果與獎勵的策略來促進學生的利社會及恰當行為。比起學校層級的 PBIS 方案，目前探討 PBIS 班級方案的文獻並不多，但班級亦是能有效落實此一方案、執行這些策略的場所。教師不妨多多使用上述討

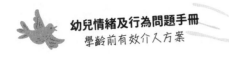

論過的策略，藉此讓孩子更常出現期望的行為。

社交情緒學習課程

　　根據定義，社交情緒學習（social and emotional learning, SEL）課程為設計來教導學生社交及情緒技巧的系統性教學，一方面可作為預防措施，另一方面也是針對 K-12 學生心理健康問題的早期介入方案（Greenberg et al., 2003）。社交情緒學習課程多用在學校中的第一層級及第二層級，目的是要增強自我管理、社會覺察（social awareness）、人際技巧、自我覺察，以及負責任的決策等五大社交─情緒的核心能力（CASEL, 2008）。**自我管理**指的是孩子控管自身行為及情緒以達到目標的能力，**社會覺察**包含了解並同理他人，**人際技巧**是指孩子與他人合作、管控衝突，以及發展關係的能力，而**自我覺察**指的是辨認自身情緒、優勢及面臨挑戰的能力，最後**負責任的決策**則是孩子面對自身的個人及社會行為與互動時，必須做出合乎道德且有建設性的決策。社交情緒學習課程的前提建立於「這些技巧就像其他學科一樣需要學習，而且對於兒童的情緒、行為、學業和健康皆有重大影響」。此外，美國多州採行的《各州共同核心標準》（Common Core State Standards, CCSS）也納入了學生社交及情緒健康的相關標準，目的是希望他們在學業及社交─情緒上準備就緒，足以面對今日的大學，並足以開展良好的未來職涯。在學齡前及幼兒園階段，所謂的社交情緒技巧包括如何傾聽他人及輪流開口說話、如何問答問題以尋求幫助或資訊，以及如何清楚傳達自身想法及感受。畢竟，隨著學生向上攻讀，人們會期待他們能吸納他人的視角、跟同儕齊心合作完成任務，以及解決彼此的想法不合，而這些事情無疑都要用到社交及情緒相關的能力（Common Core State Standards Initiative, 2015）。

因為兒童的一天多是待在學校，教室便成了他們學習社交及情緒技巧的理想場所（Jones & Bouffard, 2012）。Shastri（2009）曾指出，學校可以利用跨領域的方法去治療及預防較為輕微的心理健康議題，並找出可能面臨較大心理健康挑戰的學生，這點可說是與前述的分層系統相互呼應。這些班級或學校層級的社交情緒學習方案除了幫助各個層級的兒童，也向未來問題發生風險較大或當前已為相關問題所苦的孩子伸出援手，觸及到學校中的每一個孩子。

🌼 社交情緒學習課程之好處

在學校體系中實施社交情緒學習課程，已是許多研究證實有用的事情，尤其 K-12 這段期間更是如此。有研究綜整分析 213 項學校層級的初級社交情緒學習課程，結果發現參與其中的 K-12 學生顯著提升了自己的社交—情緒技巧、行為，還有態度。值得注意的是，這些學生的學業表現也有所進步，整體上升了 11 個百分位數（Durlak, Weissberg, Dymnicki, Taylor, & Schellinger, 2011）。Dymnicki、Sambolt 和 Kidron（2013）也發現，參加社交情緒學習課程的學生除了提升自身韌性，溝通能力、團隊合作能力、組織能力、問題解決能力，以及衝突解決能力皆有所改善。另外有研究的評定量表也指出，參加社交情緒學習課程的學齡前兒童不但減少了問題行為，也較常表現出理想的社交及情緒行為（Schultz, Richardson, Barber, & Wilcox, 2011）。

🌼 常見社交情緒課程

適合用於學校體系中的社交情緒課程可說是多之又多，此部分會回顧一些涵蓋學前教育、幼兒園及小學早期，或是專門為這幾個階段設計的相關課程。

驚奇歲月

「驚奇歲月」（The Incredible Years, 2013; incredibleyears.com）是為家長、教師及兒童設計的一系列全方位訓練課程。其主要目的是要改善兒童的社交及情緒功能，並且降低問題行為出現的機率。第三章已經介紹過驚奇歲月的家長版本，而教師則可用驚奇歲月的學校版本〔即「恐龍學校課程」（Dinosaur School program）〕，作為班級層級的社交及情緒學習與預防方案。恐龍學校課程共有六十堂課程，每週上二至三次，並且依照兒童的發展程度分為三個層級（第一級為三至五歲；第二級為五至六歲；而第三級則為七至八歲）。此課程的重點在於培養兒童的同理心、社交技巧，還有問題解決能力，因此欲實踐的目標包括改善親子互動、預防／減少兒童的行為或情緒問題，並且要加強兒童的問題解決技巧、情緒控管技巧等相關能力（The Incredible Years, 2013）。

相關研究亦支持恐龍學校課程的效用。舉例來說，有項學校本位研究表示，參加過恐龍學校課程的學前教育、幼兒園及國小一年級學生，後來社交技巧、情緒控管及專注程度比起對照組的兒童皆有所改善，其中改善程度最大的是原本被視為「高風險」的學生群體（Webster-Stratton, Reid, & Stoolmiller, 2008）。另外，恐龍學校課程也對學前教育中的班級氣氛與教師行為，帶來了正向的效果（Raver et al., 2008）。

實行恐龍學校課程的時候，若要發揮最大的效用，絕對少不了教師培訓。理想而言，教師進行此一課程的時候，應同時接受正規訓練及專家的教練式指導（Reinke et al., 2012）。為了確保課程得以成功，Cresswell（2014）不但建議家長、學校教職人員及兒童要主動積極參與其中，也建議要持續給予教師支持，投注資源給他們接受訓練及指導，並且讓其他人也能認同這個課程。換言之，恐龍學校課程若要有效發揮作用，不但需要

教師投入訓練，也需要學校教職員工、家長及學生等人的高度參與及認同。實施此課程所需要的教師培訓課程及教材，皆提供個人購買。

第二步

「第二步」（Second Step; www.cfchildren.org/second-step）為另一社交技巧課程，適用族群為四至十四歲的兒童，也就是可從學前班一路用至國中，其中每個年級皆有專屬的課程規劃，目的是要加強他們的韌性及社交能力，並減少衝動、高風險及攻擊性的行為。此一課程以認知行為原則為根基，並納入社會訊息處理（social information processing）、社會學習理論，以及同理心研究等元素。「第二步」著重三大教學單元：同理心訓練、衝動控制與問題解決，以及情緒管理，每個單元約有五至九堂課程，每週會上一至二次課。在為四到五歲兒童所設計的學齡前學習課程（Early Learning Program）中，兒童會學習同理心、情緒管理、學習技巧、友誼技巧及問題解決能力，以及幼兒園過渡期適應技巧等。每堂課通常會先介紹一項當週概念（例如：「如何了解他人感受」），並以故事卡、影片及討論問題等策略，呈現一則與此概念有關的故事。學前與幼兒園的專屬課程共有二十八週課程，每週會有幾項特定目標，例如要讓孩子學會傾聽技巧、辨認他人情緒、學會放鬆技巧，以及學會如何邀請他人一同玩耍等。

Sprague 等人（2001）曾做過一項研究，他們找了十五間學校、年級介於 K-8 時期的兒童，其中九間學校為治療組，六間為控制組，並檢視學校層級的廣泛行為練習計畫加上「第二步」課程，能否增加他們的利社會行為和促進其安全。結果顯示，治療組的國小皆表示他們發出的學生偏差行為轉介通知（office discipline referral）大幅下降，而且各年級的學生接受治療一年後，也更加認識了「第二步」的原則（Sprague et al., 2001）。Hart 等人（2009）也發現國小學生接受「第二步」的衝動控制與問題解決

課程前後，社交及情緒的知識確有提升。然而，目前尚無研究探討「第二步」課程，對於確定有情緒困擾的兒童究竟有無效果，這方面還有待其他研究補足缺口（U.S. Department of Education, 2013）。

促進另類思考策略

「促進另類思考策略」（Promoting Alternative Thinking Strategies, PATHS; Channing Bete Company, 2015）亦為全方面的社交情緒課程，適用對象為K-6 階段的學生，實施者為教師，不同年級會有不同的課程設計。其中教材涵蓋社交技巧、衝突解決、情緒覺察，以及自我控制等。

研究發現，促進另類思考策略課程可加強國小年紀學生的情緒覺察及問題解決技巧，並且減少他們的外顯問題（Greenberg, Kusché, Cook, & Quamma, 1995）。此外，研究也指出促進另類思考策略課程，可以增強國小學生的衝動控制能力，以及提升其口語流暢度（Riggs, Greenberg, Kusche, & Pentz, 2006）。在學前教育的層級中，接受過另類思考策略課程的兒童不但情緒知識較高，教師也評說他們在社交上比控制組來得熟練，比較不會有所退縮（Domitrovich, Cortes, & Greenberg, 2007）。不過，教師訓練及支持也是重中之重。教師若上課時要完美呈現課程教材，需要先參加兩場工作坊。另外，如果教師能夠完整實施此一課程，且有強力行政方面的支持，課程產生的效果也會較強（Kam, Greenberg, & Walls, 2003）。

與他人連結：如何教出社交及情緒能力

「與他人連結」（Connecting With Others; Richardson, 1996）也是適合在學校推行的社交情緒學習課程。此課程以不同年齡層為分野，其中幼兒園至國小二年級教材的目的在於幫助學生學會解決衝突、尊重差異，以及學習容忍及接納他人。課程共有三十堂課，可以分為六大技巧單元，像是

「自我及他人概念」、「社會化」、「問題解決及衝突化解」、「溝通」，還有「分享」、「同理與照護他人」。舉凡放鬆技巧、說故事、示範、教練式指導、行為演練（behavioral rehearsal）、增強、創意表達，以及自我教導等技巧，都是該課程會用到的教學策略。

研究發現，「與他人連結」課程能有效增強兒童的社交及情緒能力。Schultz 等人（2011）曾以 BASC-2 及「與他人連結」的研究量表進行前後測，結果發現接受過「與他人連結」K-2 課程的學齡前兒童在後測時，BASC 評定量表顯示他們的情緒及行為症狀皆有所改善，效果量屬中等（0.45〜0.63）。另外，由教師填答的「與他人連結」研究量表也顯示，兒童對於社交─情緒的知識也有所提升。不過，我們還需要更多成效研究，以進一步了解此課程對幼兒的效果如何。

贏在起跑點

「贏在起跑點」（Strong Start）社交情緒課程的幼兒園學前班版本（Merrell, Whitcomb, & Parisi, 2009）及 K-2 版本（Merrell, Parisi, & Whitcomb, 2007）相當簡單易行，教師、學校心理工作者，以及校內的心理健康照護專家毋須太多訓練即可付諸實行。此課程主要是作為預防措施及早期介入方案，鎖定的對象包括正常發展的學生、可能存在風險的學生，以及確定具有情緒困擾的學生。依照年級不同，這一系列課程共分為五組不同的教材，例如有「贏在起跑點」幼兒園學前班版本、「贏在起跑點」K-2 版本、「優質兒童」（Strong Kids）小三至小五版本、「優質兒童」小六至八年級版本，以及「優質青少年」（Strong Teens）九年級至高三版本。這些「優質兒童」及「贏在起跑點」課程著重於建立學生的社交─情緒和應對技巧，並且提升他們的韌性。

「贏在起跑點」的幼兒園學前班版本（Merrell et al., 2009）及 K-2 版本

（Merrell et al., 2007）皆可在不少情境中有效實行，例如一般學校及特教學校、團體輔導，或是涉及教育的青年治療設施。課程的教材不但價格便宜，而且易於使用。這兩版本的「贏在起跑點」課程涵蓋相似的課程內容，包括理解感受、情緒管理、應對焦慮情緒、同理心訓練，以及衝突解決等議題。課程除了用到的書中教材，另外就是教室中的常見事物，例如紙筆等，其中唯一比較少見的便是作為「吉祥物」的填充動物玩偶，目的是要用於角色扮演及情境演練。課程內容會處理社交與情緒健康相關的具體目標，教學方式按部就班、短小精悍，且有部分內容是已準備就緒，不至於讓教師耗費太多額外心力。反覆演練及複習先前教過的教材，有助於鞏固所學知識。

　　根據研究顯示，「優質兒童」課程的效果顯著，例如學生的情緒知識提升，以及負向行為及情緒症狀減少等（Marchant, Brown, Caldarella, & Young, 2010）。另外，Kramer、Caldarella、Christensen 和 Shatzer（2011）也檢視 67 所實施「贏在起跑點」K-2 版本的幼兒園，結果根據師長的前後測評定量表及訪談，發現學生的利社會行為顯著提升，內隱問題行為也顯著下降。六週後追蹤評定時，這些成效也依然存在。不論是教師抑或是家長的評比，皆顯示學生的利社會行為出現有意義的變化，效果量分別為極大及中等。不僅如此，探討「贏在起跑點」幼兒園學前班版本的研究也得出相似的結果。根據研究，治療組在接受介入方案後內隱問題行為顯著減少，而其中症狀減少最顯著的組別為「治療＋補強教學課程」（d = 1.43）。相較而言，控制組的內隱問題分數並未有統計上顯著的變化（d = .023）。有鑑於此，幼兒園學前班版本「贏在起跑點」等社交情緒課程，的確可以幫助存在風險的學生，而且不必一一辨別及治療這些學生（Gunther, Caldarella, Kerth, & Young, 2012）。

小結

此一部分所回顧的社交情緒學習課程，皆能增進孩子的社交及情緒知識與覺察能力，而且常常可以減少負向行為或內隱症狀。有些課程會需要較多訓練、支持或是相關教材，所以臨床專業人員必須審慎挑選出最適合該情境的社交情緒課程。處理在校兒童的社交及情緒需求非常重要，而相關研究的初步成果也支持臨床專業人員，針對幼兒在團體或學校情境實行這些課程，不過若要進一步認識課程對幼兒群體的成效，還需要更多研究。

📖 本章摘要

本章介紹了班級層級可用的早期學業及行為支持。首先談的是處理學齡前兒童讀寫與學業問題的 RTI 模式，當中也討論了支持此種介入方案的相關研究。另外，我們也談到了 PBIS 方案等適用於學前教育及幼兒園教室內的方案。最後，我們則是綜整了適合學齡前及幼兒園年紀兒童的社交情緒學習課程，並提供相關研究佐證此一年齡區間的群體確實可運用這些課程。總結而言，這些早期學業及行為介入方案雖然尚未成熟，但目前為止的文獻皆是予以支持，並且建議可用來預防相關問題，或是作為早期介入的因應之道。

表單 6.1

家庭聯絡簿

兒童姓名：_____

目標行為	有	沒有	有	沒有	有	沒有	有	沒有	有	沒有	有	沒有

贏得獎勵需要幾個「有」：_____

實際得到多少個「有」：_____

獎勵：_____

評語：_____

教師簽名：_____

Chapter 7

轉介議題與結論

　　本書旨在提供讀者實際可用的指南，引領他們認識幼兒相關的評估方式及實證介入方案。書中提到的介入方案皆採最佳實務做法，並且實際可行，讓心理健康工作者擁有解決這些兒童常見問題的工具。然而，幼兒面臨的問題，有時不單是一個人所能解決，也不是單一環境所能緩解，或許還需要不同或更為密集的介入方案輔助。這時，就會需要將個案幼兒轉介給其他專業人士。本章會討論臨床專業人員遇到哪些狀況時，應該要尋求額外協助，並且綜整轉介的相關程序。

轉介程序

　　任何心理健康專業工作者，都不應跳脫自身的專業訓練或能力，並且應認知何時該尋求轉介機會，以便讓孩子或家庭獲得最佳利益。轉介的原因很多，其中包括需要非心理健康專業人士的協助，或是需要更學有專精的心理健康專家參與療程，又或是現階段的環境無法實行更密集的介入服務等。臨床專業人員決定是否要將孩子轉介出去的時候，可先諮詢每位參與療程的人，不論對方是教師、特教工作者、托育機構人員，還是任何固定協助孩子的人，都可以分享自身的觀察及看法，幫助臨床專業人員了解兒童的整體表現。要是療程已然展開，也需要考量最為近期的療效成果如何，以便做出準確的最終判斷。最重要的是，臨床專業人員務必要詢問家長的意見，畢竟他們多是最終拍板決定將孩子轉介給外部專家的人。

轉介對象

　　兒童若遇上顯著的情緒或行為挑戰，許多專家皆能提供相關協助，但轉介過程務必要顧慮到孩子的身心理健康。接下來會列舉常見的轉介對

象，而取決於問題種類及嚴重程度，也可考慮將孩子轉介給物理治療師、語言病理學家，或是職能治療師等專家。

🌸 初級照護從業人員

面對行為出現問題的幼兒，臨床專業人員常會需要把他轉介給初級照護從業人員，或是向幼兒的初級照護者諮詢了解情況。此初級照護從業人員可能是小兒科醫師，也可以是家醫科醫師。除此之外，專科護理師或碩博士學歷以上的進階護理師（advanced practice nurse）也可提供初級照護服務。在美國絕大多數的州，上述從業人員多半可以提供與醫師相同的門診服務，包括開立處方藥等。如果兒童抱怨神經或生理上不適，或是出現與內在病症有關的行為舉止，我們必須先行評估，排除他可能有內隱問題，才能祭出行為介入方案。通常幼兒若心生焦慮或憂鬱，除了會抱怨身體有狀況，也會附帶出現心理上的症狀，可能包括像是頭痛、腹痛、腿痛、睡眠障礙及食慾不振等狀況（Domènech-Llaberia et al., 2004），在極端案例中，甚至會涵蓋自我傷害行為（de Zulueta, 2007）。另外，研究也早已指出壓力及焦慮，與免疫功能下降及慢性生理疾病有所關聯（Burgess & Roberts, 2005），因此孩子要是生理上有狀況，初級照護從業人員可評估他是否患有疾病，而若確定患病，可以進一步控制，以免長期下來衍生其他問題，或是因此併發其他生理上的疾病。

如果孩子正在服用精神科藥物，也可能需要與初級照護從業人員諮詢。心理健康臨床專業人員手頭上有關於個案的進度資料，可以提供有關個案行為的重要資訊（尤其是在學校環境中的行為），幫助初級照護從業人員判斷該藥物是否達到理想效果。

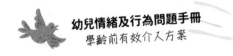
💠 兒童精神科醫師

　　要是兒童有較複雜的精神問題，並且需要醫學協助，那麼或許便得將他轉介給兒童精神科醫師。所謂的兒童精神科醫師（child psychiatrist），便是受過精神科專業訓練，且受認證可治療心理健康相關障礙症的醫師。他們受過訓練，知道如何診斷評估相關精神病症及進行精神治療，不過主要工作仍多是開立精神科藥物。事實上，若藥物與治療雙管齊下，也許更能幫助出現嚴重精神狀況的兒童。舉例來說，嚴重焦慮、失眠、不專注、心情起伏不定及憂鬱等症狀，除了可由密集的心理健康療法緩解，也可藉精神科藥物治療。研究便顯示，若個案兒童出現嚴重的心理症狀，兩者並行的策略可以提升治療的成效（Varley, 2006）。因此若有需要，不妨諮詢兒童精神科醫師，或是其他醫師及心理健康從業人員，例如精神衛生專科護理師（psychiatric mental health nurse practitioner, PMHNP）也會是心理健康／精神狀況較複雜兒童的合適轉介對象。

💠 碩士級治療師

　　若要提供兒童情緒上的支持，舉凡婚姻與家庭治療師（Marriage and Family Therapist, MFT）、合格診療社會工作師（Licensed Clinical Social Worker, LCSW），或是合格專業臨床諮商師（Licensed Professional Clinical Counselor, LPCC）等碩士級治療師，也是可以考慮轉介的心理健康從業人員。婚姻與家庭治療師及專業臨床諮商師，皆有心理學或輔導諮商的碩士學位，主攻項目為個人諮商輔導，而診療社會工作師則有社工的碩士學位，也就是所謂的「社會工作碩士」（Master of Social Work, MSW）。這三種專業人員都符合資格，可以幫助情緒困擾的兒童，但挑選相關專業人士協助時，仍要仔細了解對方的背景、訓練，以及專業是否合適。舉例來說，該治療師應該要專精於照護幼兒、接受過適當訓練，並有相關的經驗，以便妥善處

理個案的問題。

✳ 合格臨床心理師

所謂合格臨床心理師，必須在臨床心理學上擁有博士學位（PhD 或 PsyD）。心理師除了提供治療服務，也受過相關訓練，可以提供心理教育及社交—情緒評量，進一步確保診斷正確無誤，並確保後續的治療得以順利進行。要是兒童的病症表現特別複雜，或是目前的治療方案效果不佳，又或是兒童的問題超出目前專業人士的能力，或許可考慮轉介給合格的臨床心理師。

此外，若個案兒童的病症過於複雜，甚至出現心理共病症狀，難以接受醫療診斷或治療，或是未能好好遵循療程，或許便要轉介給兒童臨床心理師處理。兒童臨床心理師通常會發展不同的專精項目，大學或醫學院也會針對特定問題領域開設專科門診，而大城市中的學校與醫學院更是如此。舉例來說，天普大學（Temple University; childanxiety.org/wps）、耶魯醫學院（Yale School of Medicine; medicine.yale.edu/childstudy），以及加州大學洛杉磯分校（UCLA; www.semel.ucla.edu）等學校都會開設兒童焦慮的專科門診。作為臨床專業人員，知道自己執業地區有哪些可供轉介的專科服務，可說是相當重要。

📖 住院治療與其他住院情境

如果兒童的行為明顯對自己或他人造成危險，或許需要將他送至治療精神病症的相關機構。當然，很少幼兒會需要走到住院這一步，但還是要指出的確有機構會治療此一年齡區間的群體。協助治療此個案兒童的心理健康專家或醫師，可以幫忙進行轉介，並協助他適應住院生活。然而，要

是孩子仍持續出現傷人傷己的行為，任何嚴重擔心他安危的成人或許要撥打緊急電話（例如撥打 119），通知有關單位前來協助。另外，如果兒童並未出現會傷人傷己的危險行為，但卻為嚴重的情緒及行為困擾所苦，而且一般門診也無法妥善處理這些問題，那麼也可將他轉介給部分住院（partial hospitalization）或日間治療的方案。舉凡住院治療、部分住院等密集的心理健康服務，可以管控及調整兒童的服藥，有助於穩定個案兒童的狀態，另外也可提供密集的治療及其他介入方案，幫助兒童與家人做好返家及返校讀書的準備。

轉介管道

對許多學校心理工作者、輔導諮商人員及家長來說，要找到適合轉介的心理健康從業人員或精神科醫師不是件容易的事。接下來這一部分，便是要探討有哪些可用的相關管道，能協助大家找到適合的轉介對象。

醫療保險

如果家長要用醫療保險支付心理健康的相關評估與治療，務必先打通電話給保險公司。這通電話的目的，是要了解該地區有哪些合格的專業人士可以提供評估及治療幼兒的服務。家長要確保他們求助的對象跟保險公司有簽訂合約，以免屆時公司不受理保險，導致家長必須自行承擔一切醫療服務的費用。同理，領有美國低收入戶醫療救助保險（Medicaid）的家庭，也得至特定的機構就診，通常是社區的心理健康機構，否則保險可能不會支付相關費用。若家長選擇不求助簽約的保險公司，或是無法負擔相關費用（例如自付額或部分負擔金額等），許多社區也提供價格低廉的選項。另外，很多大學也有實習門診會提供價格便宜的相關服務，而且這些

服務若是屬某個研究計畫的一環，甚至可能完全免費。

✳ 初級照護從業人員

照顧個案幼兒的初級照護從業人員，通常會很了解孩子的相關歷史，並且和家長也已建立關係。這些初級照護從業人員多有一系列轉介對象的名單，而他們的員工則可協助家長處理轉介程序，並確保相關服務確實到位。此外，有些保險公司也會要求首次心理健康評估與治療的轉介，必須由初級照護從業人員建議，因此尋找他們幫忙不失為良好且合乎邏輯的第一步。

✳ 治療師協會及網路搜尋

若要尋找心理健康從業人員，地方、州立及國立的治療師協會是寶貴的資訊來源。他們通常可以提供特定領域專家的資訊，並且告知該專家擅長治療何種群體。「美國心理學會」（American Psychological Association）的網站有提供各州相關協會的連結（www.apa.org/about/apa/organizations/associations.aspx）。不同州的協會雖然提供的資訊不盡相同，但都會提供該州從業人員的部分資訊，不妨參考。其他專業組織則有符合該組織專業的治療師名單，例如「認知行為治療協會」（Association for Behavioral and Cognitive Therapies）便提供網站（www.findcbt.org/xFAT/index.cfm）讓人搜尋相關專業的治療師。另外，線上資源會是很好的起點，讓專家及家長得以尋找更有效的療法，並且找出哪些專家提供此種治療服務。effectivechildtherapy.org 及 infoaboutkids.org 這兩個網站都有提供相關資源。[1]

---

1 譯註：國內或可參考「有愛無礙」網站（http://www.dale.nthu.edu.tw）的相關資源與資料。

❀ 口耳相傳

尋找優秀心理健康從業人員的一大妙招，便是四處打聽。不管是其他家族成員或學校員工推薦的轉介對象，或是某位熟知特定心理健康從業人員專業及行事風格的朋友，都會是珍貴無比的資訊來源。此外，沒什麼比個人經驗來得重要。心理健康從業人員若要治療孩子，必然會跟家長密切互動，所以確定家長與對方相處融洽可說是相當重要。換言之，要找到能正確評估孩子心理健康需求、且能提供相應治療的專家，不妨「貨比三家不吃虧」。最重要的是，這位專家必須經驗豐富，懂得如何有效地和幼兒建立融洽關係，因為幼兒族群在治療關係中的需求，可是與成人有很大的不同。若能確保心理健康從業人員、個案兒童，以及家長之間關係良好，便會大大影響到後續治療和評估的成效。因此，家長做出最終決定前，不妨多拜訪幾位心理健康的專家，確認找到的是合適人選。

📖 結論與最佳實務做法

一般來說，若要評估及介入治療有情緒、社交或行為問題的幼兒，多管齊下的方式是最受推薦的實務做法。首先，我們要多方蒐集資訊及進行評估，以求完整且正確地了解個案兒童的問題所在，不要無意間汙名化或過度診斷了正常的兒童行為。接下來則要將具實證研究基礎的介入方案，引入家庭及學校的環境。總歸而言，本書不但介紹了這些最佳的實務做法，也提到若一般學校、家庭或門診的介入方案無法解決孩子的挑戰，後續該如何幫助這些孩子度過難關。

參考文獻

Achenbach, T. M., & Rescorla, L. A. (2000). *Manual for ASEBA Preschool Forms and Profiles*. Burlington: University of Vermont.

Achenbach, T. M., & Rescorla, L. A. (2001). *Manual for the ASEBA School-Age Forms and Profiles*. Burlington: University of Vermont.

Achenbach, T. M., & Rescorla, L. A. (2009). *Multicultural supplement to the Manual for the ASEBA Preschool Forms and Profiles*. Burlington: University of Vermont.

Adamson, M., Morawska, A., & Sanders, M. R. (2013). Childhood feeding difficulties: A randomized controlled trial of a group-based parenting intervention. *Journal of Developmental and Behavioral Pediatrics, 34*, 293–302.

Altman, D. (2014). *The mindfulness toolbox: 50 practical tips, tools and handouts for anxiety, depression, stress and pain*. Eau Claire, WI: PESI Publishing and Media.

American Academy of Child and Adolescent Psychiatry. (2007). Practice parameters for the assessment and treatment of children and adolescents with anxiety disorders. *Journal of the American Academy of Child and Adolescent Psychiatry, 46*, 922–937.

American Academy of Sleep Medicine. (2014). *International classification of sleep disorders: Diagnostic and coding manual* (3rd ed.). Darien, IL: Author.

American Psychiatric Association. (2013). *Diagnostic and statistical manual of mental disorders* (5th ed.). Arlington, VA: Author.

Anderson, S. E., & Whitaker, R. C. (2010). Household routines and obesity in US preschool-aged children. *Pediatrics, 12*), 420–428.

Angold, A., & Egger, H. L. (2004). Psychiatric diagnosis in preschool children. In R. DelCarmen-Wiggens & A. Carter (Eds.) *Handbook of infant, toddler and preschool mental health assessment* (pp. 123–139). New York: Oxford University Press.

Anzman, S. L., Rollins, B. Y., & Birch, L. L. (2010). Parental influence on children's early eating environments and obesity risk: Implications for prevention. *International Journal of Obesity, 34*, 1116–1124.

Armstrong, A. B., & Field, C. E. (2012). Altering positive/negative interaction ratios of mothers and young children. *Child and Family Behavior Therapy, 34*, 231–242.

Arndorfer, R. E., Allen, K. D., & Aliazireh, L. (1999). Behavioral health needs in pediatric medicine and the acceptability of behavioral solutions: Implications for behavioral psychologists. *Behavior Therapy, 30*, 137–148.

Axelrod, M. I., Tornehl, C., & Fontanini-Axelrod, A. (2014). Enhanced response using a multicomponent urine alarm treatment for nocturnal enuresis. *Journal for Specialists in Pediatric Nursing, 19*, 172–182.

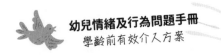
Azrin, N. H., & Foxx, R. M. (1974). *Toilet training in less than a day.* New York: Simon & Schuster.

Babbitt, R. L., Hoch, T. A., Coe, D. A., Cataldo, M. F., Kelly, K. J., Stackhouse, C., et al. (1994). Behavioral assessment and treatment of pediatric feeding disorders. *Developmental and Behavioral Pediatrics, 15,* 278–291.

Bahl, A. B., McNeil, C. B., Cleavenger, C. J., Blanc, H. M., & Bennett, G. M. (2000). Evaluation of a whole-classroom approach for the management of disruptive behavior. *Proven Practice, 2,* 62–71.

Baird, D. C., Seehusen, D. A., & Bode, D. V. (2014). Enuresis in children: A case-based approach. *American Family Physician, 90,* 560–568.

Barkley, R. A. (2013). *Defiant children: A clinician's manual for assessment and parent training* (3rd ed.). New York: Guilford Press.

Barkley, R. A., & Murphy, K. R. (2006). *Attention-deficit hyperactivity disorder: A clinical workbook* (3rd ed.). New York: Guilford Press.

Barkley, R. A., Shelton, T. L., Crosswait, C., Moorehouse, M., Fletcher, K., Barrett, S., et al. (2000). Multi-method psychoeducational intervention for preschool children with disruptive behavior: Preliminary results at posttreatment. *Journal of Child Psychology and Psychiatry and Allied Disciplines, 41,* 319–332.

Barlow, J., Smailagic, N., Huband, N., Roloff, V., & Bennett, C. (2014). Group-based parent training programmes for improving parental psychosocial health. *Cochraine Database of Systematic Reviews, 5,* CD002020.

Barnes, J. C., Boutwell, B. B., Beaver, K. M., & Gibson, C. L. (2013). Analyzing the origins of childhood externalizing behavioral problems. *Developmental Psychology, 49,* 2272–2284.

Bauermeister, J. J., Canino, G., Polanczyk, G., & Rohde, L. A. (2010). ADHD across cultures: Is there evidence for a bidimensional organization of symptoms? *Journal of Clinical Child and Adolescent Psychology, 39,* 362–372.

Beauchemin, J., Hutchins, T. L., & Patterson, F. (2008). Mindfulness meditation may lessen anxiety, promote social skills, and improve academic performance among adolescents with learning difficulties. *Complementary Health Practice Review, 13,* 34–35.

Beckwith, L. (2000). Prevention science and prevention programs. In C. H. Zeanah (Ed.), *Handbook of infant mental health* (2nd ed., pp. 439–456). New York: Guilford Press.

Benedict, E. A., Horner, R. H., & Squires, J. K. (2007). Assessment and implementation of positive behavior support in preschools. *Topics in Early Childhood Special Education, 27,* 174–192.

Benham, A. L. (2000). The observation and assessment of young children including use of the infant–toddler mental status exam. In C. H. Zeanah (Ed.), *Handbook of infant mental health* (2nd ed., pp. 249–265). New York: Guilford Press.

Benjasuwantep, B., Chaithirayanon, S., & Eiamudomkan, M. (2013). Feeding problems in healthy young children: Prevalence, related factors and feeding practices. *Pediatric Reports, 5,* 38–42.

Berkovitz, M. D., O'Brien, K. A., Carter, C. G., & Eyberg, S. M. (2010). Early identification and intervention for behavior problems in primary care: A comparison of two abbreviated versions of Parent–Child Interaction Therapy. *Behavior Therapy, 41,* 375–387.

Bingham, G. E., & Patton-Terry, N. (2013). Early language and literacy achievement of early reading first students in kindergarten and 1st grade in the United States. *Journal of Research in Childhood Education, 27,* 440–453.

Black, M. M., & Aboud, F. E. (2011). Responsive feeding is embedded in a theoretical framework of responsive parenting. *Journal of Nutrition, 141,* 490–494.

Blissett, J., Meyer, C., & Haycraft, E. (2011). The role of parenting in the relationship between childhood eating problems and broader behaviour problems. *Child: Care, Health and Development, 37*(5), 642–648.

Bluth, K., & Wahler, R. G. (2011). Parenting preschoolers: Can mindfulness help? *Mindfulness, 2,* 282–285.

Bohnert, K. M., & Breslau, N. (2008). Stability of psychiatric outcomes of low birth weight: A longitudinal investigation. *Archives of General Psychiatry, 65,* 1080–1086.

Bogels, S., & Restifo, K. (2014). *Mindful parenting: A guide for mental health practitioners.* New York: Norton.

Boles, R. E., Roberts, M. C., & Vernberg, E. M. (2008). Treating non-retentive encopresis with rewarded scheduled toilet visits. *Behavior Analysis in Practice, 1,* 68–72.

Bongers, M. E., Tabbers, M. M., & Benninga, M. A. (2007). Functional nonretentive fecal incontinence in children. *Journal of Pediatric Gastroenterology and Nutrition, 44,* 5–13.

Bor, W., Sanders, M. R., & Markie-Dadds, C. (2002). The effects of the Triple P-Positive Parenting Program on preschool children with co-occurring disruptive behavior and attentional/hyperactive difficulties. *Journal of Abnormal Child Psychology, 30*, 571–587.

Bornstein, M. (2013). Parenting and child mental health: A cross-cultural perspective. *World Psychiatry, 12*, 258–265.

Bornstein, M. H., Hahn, C., & Suwalsky, J. D. (2013). Language and internalizing and externalizing behavioral adjustment: Developmental pathways from childhood to adolescence. *Development and Psychopathology, 25*, 857–878.

Bosquet, M., & Egeland, B. (2006). The development and maintenance of anxiety symptoms from infancy through adolescence in a longitudinal sample. *Development and Psychopathology, 18*, 517–550.

Boylan, K., Vaillancourt, T., Boyle, M., & Szatmari, P. (2007). Comorbidity of internalizing disorders in children with oppositional defiant disorder. *European Child and Adolescent Psychiatry, 16*, 484–494.

Bradshaw, C. P., Koth, C. W., Thornton, L. A., & Leaf, P. J. (2009). Altering school climate through school-wide positive behavioral interventions and supports: Findings from a group-randomized effectiveness trial. *Prevention Science, 10*, 100–115.

Bradshaw, C. P., Mitchell, M. M., & Leaf, P. J. (2010). Examining the effects of schoolwide positive behavioral interventions and supports on student outcomes: Results from a randomized controlled effectiveness trial in elementary schools. *Journal of Positive Behavior Interventions, 12*, 133–148.

Bradstreet, L. E., Juechter, J. I., Kamphaus, R. W., Kerns, C. M., & Robins, D. L. (2016). Using the BASC-2 parent rating scales to screen for autism spectrum disorder in toddlers and preschool-aged children. *Journal of Abnormal Child Psychology.* [EPub ahead of print]

Bratton, S. C., Ray, D., Rhine, T., & Jones, L. (2005). The efficacy of play therapy with children: A meta-analytic review of treatment outcomes. *Professional Psychology: Research and Practice, 36*, 376–390.

Brazelton, T. B. (1962). A child-orientated approach to toilet training. *Pediatrics, 29*, 121–128.

Breaux, R. P., Harvey, E. A., & Lugo-Candelas, C. I. (2014). The role of parent psychopathology in the development of preschool children with behavior problems. *Journal of Clinical Child and Adolescent Psychology, 43*, 777–790.

Brennan, L. M., Shaw, D. S., Dishion, T. J., & Wilson, M. (2012). Longitudinal predictors of school-age academic achievement: Unique contributions of toddler-age aggression, oppositionality, inattention, and hyperactivity. *Journal of Abnormal Child Psychology, 40*, 1289–1300.

Briesch, A. M., Briesch, J. M., & Chafouleas, S. M. (2015). Investigating the usability of classroom management strategies among elementary schoolteachers. *Journal of Positive Behavior Interventions, 17*(1), 5–14.

Brooks, R. C., Copen, R. M., Cox, D. J., Morris, J., Borowitz, S., & Sutphen, J. (2000). Review of the treatment literature for encopresis, functional constipation, and stool-toileting refusal. *Annals of Behavioral Medicine, 22*, 260–267.

Brown, F. L., Whittingham, K., Boyd, R. N., McKinlay, L., & Sofronoff, K. (2014). Improving child and parenting outcomes following paediatric acquired brain injury: A randomised controlled trial of stepping stones triple P plus acceptance and commitment therapy. *Journal of Child Psychology and Psychiatry, 55*, 1172–1183.

Brown, H. E., Pearson, N., Braithwaite, R. E., Brown, W. J., & Biddle, S. J. (2013). Physical activity interventions and depression in children and adolescents. *Sports Medicine, 43*, 195–206.

Brown, M. L., Pope, A. W., & Brown, E. J. (2011). Treatment of primary nocturnal enuresis in children: A review. *Child: Care, Health and Development, 37*, 153–160.

Bub, K. L., McCartney, K., & Willett, J. B. (2007). Behavior problem trajectories and first-grade cognitive ability and achievement skills: A latent growth curve analysis. *Journal of Educational Psychology, 99*, 653–670.

Bufferd, S. J., Dougherty, L. R., Carlson, G. A., & Klein, D. N. (2011). Parent-reported mental health in preschoolers: Findings using a diagnostic interview. *Comprehensive Psychiatry, 52*, 359–369.

Bulotsky-Shearer, R. J., Dominguez, X., & Bell, E. R. (2012). Preschool classroom behavioral context and school readiness outcomes for low-income children: A multilevel examination of child- and classroom-level influences. *Journal of Educational Psychology, 104*, 421–438.

Burgers, R., Reitsma, J. B., Bongers, M. J., de Lorijn, F., & Benninga, M. A. (2013). Functional nonretentive fecal incontinence: Do enemas help? *Journal of Pediatrics, 162*, 1023–1027.

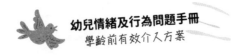
Burgess, A. W., & Roberts, A. R. (2005). Crisis intervention for persons diagnosed with clinical disorders based on the stress-crisis continuum. In A. R. Roberts (Ed.), *Crisis intervention handbook: Assessment, treatment and research* (pp. 120–140). New York: Oxford University Press.

Burlaka, V., Bermann, E. A., & Graham-Bermann, S. A. (2015). Internalizing problems in at-risk preschoolers: Associations with child and mother risk factors. *Journal of Child and Family Studies, 24,* 2653–2660.

Butler, J. F. (1976). The toilet training success of parents after reading *Toilet Training in Less Than a Day. Behavior Therapy, 7,* 185–191.

Butler, R. J., Golding, J., Northstone, K., & The ALSPAC Study Team. (2005). Nocturnal enuresis at 7.5 years old: Prevalence and analysis of clinical signs. *BJU International, 96,* 404–410.

Butzer, B., Day, D., Potts, A., Ryan, C., Coulombe, S. Davies, B., et al. (2014). Effects of a classroom-based yoga intervention on cortisol and behavior in second-and third-grade students: A pilot study. *Journal of Evidence-Based Complementary andAlternative Medicine, 20,* 41–49.

Buyse, E., Verschueren, K., & Doumen, S. (2011). Preschoolers' attachment to mother and risk for adjustment problems in kindergarten: Can teachers make a difference? *Social Development, 20,* 33–50.

Buysse, V., Peisner-Feinberg, E. S., Soukakou, E., LaForett, D. R., Fettig, A., & Schaaf, J. M. (2013). Recognition and response: A model of response to intervention to promote academic learning in early education. In V. Buysse & E. S. Peisner-Feinberg (Eds.), *Handbook of response to intervention in early childhood* (pp. 69–84). Baltimore: Brookes.

Campbell, L. K., Cox, D. J., & Borowitz, S. M. (2009). Elimination disorders: Enuresis and encopresis. In M. C. Roberts & R. G. Steele (Eds.), *Handbook of pediatric psychology* (4th ed., pp. 481–490). New York: Guilford Press.

Campbell, S. B. (1995). Behavior problems in preschool children: A review of recent research. *Child Psychology and Psychiatry and Allied Disciplines, 36,* 113–149.

Campbell, S. B. (2002). *Behavior problems in preschool children: Clinical and developmental issues* (2nd ed.). New York: Guilford Press.

Carballo, J. J., Baca-Garcia, E., Blanco, C., Perez-Rodriguez, M. M., Jimenez Arriero, M. A., Artes-Rodriguez, et al. (2010). Stability of childhood anxiety disorder diagnoses: A follow-up naturalistic study in psychiatric care. *European Child and Adolescent Psychiatry, 19,* 395–403.

Carter, A. S., Wagmiller, R. J., Gray, S. O., McCarthy, K. J., Horwitz, S. M., & Briggs-Gowan, M. J. (2010). Prevalence of DSM-IV disorder in a representative, healthy birth cohort at school entry: Sociodemographic risks and social adaptation. *Journal of the American Academy of Child and Adolescent Psychiatry, 49,* 686–698.

CASEL. (2008). Social and emotional learning (SEL) and student benefits: Implications for the safe schools/healthy students core elements. Retrieved from *https://safesupportivelearning.ed.gov/resources/social-and-emotional-learning-and-student-benefits-implications-safe-schoolhealthy.*

Catani, C., Mahendren, K., Ruf, M., Schauer, E., Elbert, T., & Neuner, F. (2009). Treating children traumatized by war and tsunami: A comparison between exposure therapy and meditation-relaxation in North-East Sri Lanka. *BMC Psychiatry, 9,* 1–11.

Chacko, A., Wymbs, B. T., Chimiklis, A., Wymbs, F. A., & Pelham, W. E. (2012). Evaluating a comprehensive strategy to improve engagement to group-based behavioral parent training for high-risk families of children with ADHD. *Journal of Abnormal Child Psychology, 40,* 1351–1362.

Chance, P. (2013). *Learning and Behavior* (7th ed.). Belmont, CA: Thomson Wadsworth.

Chang, H., Shaw, D. S., Dishion, T. J., Gardner, F., & Wilson, M. N. (2014). Direct and indirect effects of the family check-up on self-regulation from toddlerhood to early school-age. *Journal of Abnormal Child Psychology, 42,* 1117–1028.

Channing Bete Company. (2015). PATHS program results. Retrieved from *www.channing-bete.com/prevention-programs/paths/results-recognition.html.*

Chaste, P., & Leboyer, M. (2012). Autism risk factors: Genes, environment, and gene-environment interactions. *Dialogues in Clinical Neuroscience, 14,* 281–292.

Chawarska, K., Klin, A., & Volkmar, F. R. (Eds.) (2010). *Autism spectrum disorder in infants and toddlers: Diagnosis, assessment, and treatment.* New York: Guilford Press.

Chial, H. J., Camilleri, M., Williams, D. E., Litzinger, K., & Perrault, J. (2003). Rumination syndrome in children and adolescents: Diagnosis, treatment, and prognosis. *Pediatrics, 111,* 158–162.

Child Welfare Information Gateway. (2014). *Mandatory reporters of child abuse and neglect.* Washington, DC:

U.S. Department of Health and Human Services, Children's Bureau. Retrieved from *www.childwelfare. gov/pubPDFs/manda.pdf.*

Choby, B. A., & George, S. (2008). Toilet training. *American Family Physician, 78,* 1059–1064.

Chorpita, B. F., & Southam-Gerow, M. A. (2006). Fears and Anxieties. In E. J. Mash & R. A. Barkley (Eds.), *Treatment of childhood disorders* (3rd.ed., pp. 271–335). New York: Guilford Press.

Christakis, D. A., & Zimmerman, F. J. (2007). Violent television viewing during preschool is associated with antisocial behavior during school age. *Pediatrics, 120,* 993–999.

Christensen D. L., Baio J., Braun K. V., Bilder, D., Charles, J., Constantino, J. N., et al. (2016). Prevalence and characteristics of autism spectrum disorder among children aged 8 years—Autism and Developmental Disabilities Monitoring Network, 11 sites, United States, 2012. *MMWR Surveillance Summaries, 65,* 1–23.

Chronis, A. M., Chacko, A., Fabiano, G. A., Wymbs, B. T., & Pelham, W. E. (2004). Enhancements to the behavioral parent training paradigm for families of children with ADHD: Review and future directions. *Clinical Child and Family Psychology Review, 7,* 1–27.

Clark, R., Tluczek, A., & Gallagher, K. C. (2004). Assessment of parent-child early relational disturbances. In R. DelCarmen-Wiggens & A. Carter (Eds.) *Handbook of infant, toddler and preschool mental health assessment* (pp. 25–60). New York: Oxford University Press.

Coatsworth, J. D., Duncan, L. G., Greenberg, M. T., & Nix, R. L. (2010). Changing parent's mindfulness, child management skills and relationship quality with their youth: Results from a randomized pilot intervention trial. *Journal of Child and Family Studies, 19,* 203–217.

Cohen, J. A., Mannarino, A. P., Berliner, L., & Deblinger, E. (2000). Trauma-focused cognitive behavioral therapy for children and adolescents: An empirical update. *Journal of Interpersonal Violence, 15,* 1202–1223.

Combs-Ronto, L., Olson, S., Lunkenheimer, E., & Sameroff, A. (2009). Interactions between maternal parenting and children's early disruptive behavior: Bidirectional associations across the transition from preschool to school entry. *Journal of Abnormal Child Psychology, 37,* 1151–1163.

Common Core State Standards Initiative. (2015). Development process. Retrieved from*www.corestandards. org/about-the-standards/development-process.*

Conduct Problems Prevention Research Group. (1999a). Initial impact of the Fast Track prevention trial for conduct problems: I. The high-risk sample. *Journal of Consulting and Clinical Psychology, 67,* 631–647.

Conduct Problems Prevention Research Group. (1999b). Initial impact of the Fast Track prevention trial for conduct problems: II. Classroom effects. *Journal of Consulting and Clinical Psychology, 67,* 648–657.

Conduct Problems Prevention Research Group. (2010). Effects of a multiyear universal social-emotional learning program: The role of student and school characteristics. *Journal of Consulting and Clinical Psychology, 78,* 156–168.

Conners, C. K. (2008). *Conners Rating Scales manual.* North Tonawanda, NY: Multi-Health Systems.

Conners, C. K. (2009). *Conners Early Childhood.* North Tonawanda, NY: Multi-Health Systems.

Cooper, S., Valleley, R. J., Polaha, J., Begeny, J., & Evans, J. H. (2006). Running out of time: Physician management of behavioral health concerns in rural pediatric primary care. *Pediatrics, 118,* e132–e138.

Cowart, M., & Ollendick, T. H. (2013). Specific phobias. In C. A. Essau & T. H. Ollendick (Eds.), *The Wiley–Blackwell handbook of the treatment of childhood and adolescent anxiety* (pp. 353–368). West Sussex, UK: Wiley.

Cox, D. D. (2005). Evidence-based interventions using home–school collaboration. *School Psychology Quarterly, 20,* 473–497.

Coyne, L. W., & Murrell, A. R. (2009). *The joy of parenting: An acceptance and commitment therapy guide to effective parenting in the early years.* Oakland, CA: New Harbinger.

Coyne, L. W., & Wilson, K. G. (2004). The role of cognitive fusion in impaired parenting: An RFT analysis. *International Journal of Psychology and Psychological Therapy, 4,* 468–486.

Crane, J., Mincic, M. S., & Winsler, A. (2011). Parent-teacher agreement and reliability on the Devereux Early Childhood Assessment (DECA) in English and Spanish for ethnically diverse children living in poverty. *Early Education and Development, 22,* 520–547.

Cresswell, A. (2014). Delivering Incredible Years programmes: A practice perspective 2. *International Journal of Birth and Parent Education, 2,* 36–38.

Crossen-Tower, C. (2014). *Understanding child abuse and neglect* (9th ed.). Upper Saddle River, NJ: Pearson.

Cyr, M., Pasalich, D. S., McMahon, R. J., & Spieker, S. J. (2014). The longitudinal link between parenting and

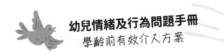
child aggression: The moderating effect of attachment security. *Child Psychiatry and Human Development, 45,* 555–564.

Dasari, M., & Knell, S. M. (2015). Cognitive-behavioral play therapy for children with anxiety and phobias. In H. G. Kaduson & C. E. Schaefer (Eds.), *Short-term play therapy for children* (3rd ed., pp. 25–52). New York: Guilford Press.

Davidson, R. J., Kabat-Zinn, J., Schumacher, J., Rosenkranz, M., Muller, D., Santorelli, S. F., et al. (2003). Alternations in brain and immune function produced by mindfulness meditation. *Psychosomatic Medicine, 65,* 564–570.

Davis, S., Votruba-Drzal, E., & Silk, J. S. (2015). Trajectories of internalizing symptoms from early childhood to adolescence: Associations with temperament and parenting. *Social Development, 24,* 501–520.

de Wolf, M. S., Theunissen, M. H., Vogels, A. G., & Reijneveld, S. A. (2013). Three questionnaires to detect psychosocial problems in toddlers: A comparison of the BITSEA, ASQ:SE, and KIPPPI. *Academic Pediatric Association, 13,* 587–592.

De Young, A. C., Kenardy, J. A., & Cobham, V. E. (2011). Diagnosis of posttraumatic stress disorder in preschool children. *Journal of Clinical Child and Adolescent Psychology, 40,* 375–384.

de Zulueta, F. (2007). The treatment of psychological trauma from the perspective of attachment research. In A. Hosin (Ed.), *Responses to traumatized children* (pp. 105–121). New York: Palgrave Macmillan.

Dishion, T. J., & Patterson, G. R. (1992). Age effects in parent training outcome. *Behavior Therapy, 23,* 719–729.

Domènech-Llaberia, E., Jané, C., Canals, J., Ballespí, S., Esparó, G., & Garralda, E. (2004). Parental reports of somatic symptoms in preschool children: Prevalence and associations in a Spanish sample. *Journal of the American Academy Of Child and Adolescent Psychiatry, 43,* 598–604.

Domitrovich, C. E., Cortes, R. C., & Greenberg, M. T. (2007). Improving young children's social and emotional competence: A randomized trial of the Preschool PATHS curriculum. *Journal of Primary Prevention, 2,* 67–91.

Doobay, A. (2008). School refusal behavior associated with separation anxiety disorder: A cognitive-behavioral approach to treatment. *Psychology in the Schools, 45,* 261–272.

Dowdy, E., Chin, J. K., & Quirk, M. P. (2013). An examination of the Behavioral and Emotional Screening System Preschool Teacher Form (BESS Preschool). *Journal of Psychoeducational Assessment, 31,* 578–584.

Dufrene, B. A., Parker, K. M., Menousek, K., Zhou, Q., Harpole, L. L., & Olmi, D. J. (2012). Direct behavioral consultation in Head Start to improve teacher use of praise and effective instruction delivery. *Journal of Educational and Psychological Consultation, 22,* 159–186.

Dumas, J. E. (2005). Mindfulness-based parent training: Strategies to lessen the grip of automaticity in families with disruptive children. *Journal of Clinical Child and Adolescent Psychology, 34,* 779–791.

Dumenci, L., McConaughy, S. H., & Achenbach, T. M. (2004). A hierarchical three-factor model of inattention–hyperactivity–impulsivity derived from the attention problems syndrome of the Teacher's Report Form. *School Psychology Review, 33,* 287–301.

Duncombe, M. E., Havighurst, S. S., Holland, K. A., & Frankling, E. J. (2012). The contribution of parenting practices and parent emotion factors in children at risk for disruptive behavior disorders. *Child Psychiatry and Human Development, 43,* 715–733.

DuPaul, G. J., Power, T. J., Anastopoulos, A. D., & Reid, R. (1998). *ADHD Rating Scale–IV: Checklists, norms, and clinical interpretation.* New York: Guilford Press.

DuPaul, G. J., Power, T. J., Anastopoulos, A. D., & Reid, R. (2016). *ADHD Rating Scale–5: Checklists, norms, and clinical interpretation.* New York: Guilford Press.

Durand, V. M. (2014). *Autism spectrum disorder: A clinical guide for general practitioners.* Washington, DC: American Psychological Association.

Durlak, J. A., Weissberg, R. P., Dymnicki, A. B., Taylor, R. D., & Schellinger, K. B. (2011). The impact of enhancing students' social and emotional learning: A meta-analysis of school-based universal interventions. *Child Development, 82,* 405–432.

Dymnicki, A., Sambolt, M., & Kidron, Y. (2013). *Improving college and career readiness by incorporating social and emotional learning.* Washington DC: American Institutes for Research. Retrieved from *www. ccrscenter.org/sites/default/files/1528%20CCRS%20Brief%20d9_lvr.pdf.*

Eagle, J. W., Dowd-Eagle, S. E., Snyder, A., & Holtzman, E. G. (2015). Implementing a multi-tiered system of support (MTSS): Collaboration between school psychologists and administrators to promote systems-level change. *Journal of Educational and Psychological Consultation, 25,* 160–177.

Egger, H. L., & Angold, A. (2004). The Preschool Age Psychiatric Assessment (PAPA): A structured parent interview for diagnosing psychiatric disorders in preschool children. In R. DelCarmen-Wiggins & A. Carter (Eds.), *Handbook of infant, toddler, and preschool mental health assessment* (pp. 223–243). New York: Oxford University Press.

Egger, H. L., Erkanli, A., Keeler, G., Potts, E., Walter, B. K., & Angold, A. (2006). Test–retest reliability of the Preschool Age Psychiatric Assessment (PAPA). *Journal of the American Academy of Child and Adolescent Psychiatry, 45*, 538–549.

Ehrenreich-May, J., & Chu, B. C. (2014). Overview of transdiagnostic mechanisms and treatments for youth psychopathology. In J. Ehrenreich-May & B. C. Chu (Eds.), *Transdiagnostic treatments for children and adolescents: Principles and practice* (pp. 3–14). New York: Guilford Press.

Eisenstadt, T. H., Eyberg, S., McNeil, C. B., Newcomb, K., & Funderburk, B. (1993). Parent-child interaction therapy with behavior problem children: Relative effectiveness of two stages and overall treatment outcome. *Journal of Clinical Child Psychology, 22*, 42–51.

Elliott, S. N., & Gresham, F. M. (2008). *Social Skills Improvement System (SSIS)*. San Antonio, TX: Pearson.

Ennis, R. P., Schwab, J. R., & Jolivette, K. (2012). Using precorrection as a secondary-tier intervention for reducing problem behaviors in instructional and noninstructional settings. *Beyond Behavior, 22*, 40–47.

Essau, C., Olaya, B., & Ollendick, T. H. (2013). Classification of anxiety disorders in children and adolscents. In C. A. Essau & T. H. Ollendick (Eds.), *Wiley–Blackwell handbook of the treatment of childhood and adolescent anxiety* (pp. 1–21). Malden, MA: Wiley.

Eyberg, S. M., Nelson, M. M., & Boggs, S. R. (2008). Evidence-based psychosocial treatments for children and adolescents with disruptive behavior. *Journal of Clinical Child and Adolescent Psychology, 37*, 215–237.

Eyberg, S. M., & Pincus, D. (1999). *Eyberg Child Behavior Inventory and Sutter–Eyberg Student Behavior Inventory—Revised: Professional manual*. Odessa, FL: Psychological Assessment Resources.

Ezpeleta, L., Granero, R., Osa, N., Trepat, E., & Doménech, J. M. (2016). Trajectories of oppositional defiant disorder irritability symptoms in preschool children. *Journal of Abnormal Child Psychology, 44*, 115–128.

Fabiano, G. A., Pelham, W. E., Coles, E. K., Gnagy, E. M., Chronis-Tuscano, A., & O'Connor, B. C. (2009). A meta-analysis of behavioral treatments for attention-deficit/hyperactivity disorder. *Clinical Psychology Review, 29*, 129–140.

Fearon, R. P., Bakermans-Kranenburg, M. J., van IJzendoorn, M. H., Lapsley, A., & Roisman, G. I. (2010). The significance of insecure attachment and disorganization in the development of children s externalizing behavior: A meta-analytic study. *Child Development, 81*, 435–456.

Feil, E. G., Severson, H. H., & Walker, H. M. (1998). Screening for emotional and behavioral delays: Early screening project. *Journal of Early Intervention, 21*, 252–266.

Feil, E. G., Walker, H. M., & Severson, H. H. (1995). The early screening project for young children with behavioral problems. *Journal of Emotional and Behavioral Disorders, 3*, 194–202.

Ferguson, C. (2005). Reaching out to diverse populations: What can schools do to foster family–school connections? Austin, TX: Southwest Educational Development Laboratory. Retrieved from *www.sedl.org/pubs/catalog/items/fam103.html*.

Fergusson, D. M., Horwood, L. J., & Ridder, E. M. (2005). Show me the child at seven: The consequences of conduct problems in childhood for psychosocial functioning in adulthood. *Journal of Child Psychology and Psychiatry, 46*, 837–849.

Finkelhor, D. (2007). Developmental victimology: The comprehensive study of childhood victimization. In R. C. David, A. J. Lurigio, & S. Herman (Eds.), *Victims of crime* (3rd ed., pp. 9–34). Thousand Oaks, CA: SAGE.

Flook, L., Goldberg, S., Pinger, L., & Davidson, R. (2015). Promoting prosocial behavior and self-regulatory skills in preschool children through a mindfulness-based kindness curriculum. *Developmental Psychology, 51*, 44–51.

Flora, S. R. (2000). Praise's magic reinforcement ratio: Five to one gets the job done. *Behavior Analyst Today, 1*, 64–69.

Forman, S. G., Olin, S. S., Hoagwood, K. E., Crowe, M., & Saka, N. (2009). Evidence-based interventions in schools: Developers' views of implementation barriers and facilitators. *School Mental Health, 1*, 26–36.

Franz, L., Angold, A., Copeland, W., Costello, E. J., Towe-Goodman, N., & Egger, H. (2013). Preschool anxiety

disorders in pediatric primary care: Prevalence and comorbidity. *Journal of the American Academy of Child and Adolescent Psychiatry, 52,* 1294–1303.

Frey, J. R., Elliott, S. N., & Gresham, F. M. (2011). Preschoolers' social skills: Advances in assessment for intervention using social behavior ratings. *School Mental Health, 3,* 179–190.

Frick, P. J., Barry, C. T., & Kamphaus, R. W. (2010). *Clinical assessment of child and adolescent personality and behavior* (3rd ed.). New York: Springer.

Friedberg, R., Gorman, A., Hollar Witt, L., Biuckian, A., & Murray, M. (2011). *Cognitive behavioral therapy for the busy child psychiatrist and other mental health professionals: Rubrics and rudiments.* New York: Routledge.

Friedman-Krauss, A. H., Raver, C. C., Morris, P. A., & Jones, S. M. (2014). The role of classroom-level child behavior problems in predicting preschool teacher stress and classroom emotional climate. *Early Education and Development, 25,* 530–552.

Friman, P. C., Hoff, K. E., Schnoes, C., Freeman, K. A., Woods, D. W., & Blum, N. (1999). The bedtime pass: An approach to bedtime crying and leaving the room. *Archives of Pediatric and Adolescent Medicine, 153,* 1027–1029.

Friman, P. C., Hofstadter, K. L., & Jones, K. M. (2006). A biobehavioral approach to the treatment of functional encopresis in children. *Journal of Early and Intensive Behavior Intervention, 3,* 263–272.

Funderburk, B. W., Eyberg, S. M., Rich, B. A., & Behar, L. (2003). Further psychometric evaluation of the Eyberg and Behar rating scales for parents and teachers of preschoolers. *Early Education and Development, 14,* 67–81.

Gable, R., Hester, P., Rock, M., & Hughes, K. (2009). Back to basics: Rules, praise, ignoring, and reprimands revisited. *Intervention in School and Clinic, 44,* 195–205.

Garbarino, J., Stott, F., & Faculty of the Erikson Institute. (1992). *What children can tell us.* San Francisco: Jossey-Bass.

Garber, S. W., Garber, M. D., & Spizman, R. F. (1992). *Good behavior made easy handbook.* Glastonbury, CT: Great Pond.

Gerhardt, P. F., Weiss, M. J., & Delmolino, L. (2004). Treatment of severe aggression in an adolescent with autism: Non-contingent reinforcement and functional communication training. *Behavior Analyst Today, 4,* 386–394.

Germer, C. (2009). *The mindful path to self-compassion: Freeing yourself from destructive thoughts and emotions.* New York: Guilford Press.

Gettinger, M., & Stoiber, K. (2007). Applying a response-to-intervention model for early literacy development in low-income children. *Topics in Early Childhood Special Education, 27,* 198–213.

Gil, E. (2010). *Working with children to heal interpersonal trauma: The power of play.* New York: Guilford Press.

Gilliam, J. E. (2013). *GARS-3: Gilliam Autism Rating Scale—Third edition.* Austin, TX: PRO-ED.

Gilliam, W. S. (2005). *Prekindergartners left behind: Expulsion rates in state prekindergarten systems.* New York: Foundation for Child Development.

Gottman, J. M., & Levenson, R. W. (1992). Marital processes predictive of later dissolution: Behavior, physiology, and health. *Journal of Personality and Social Psychology, 63,* 221–233.

Gray, S. O., Carter, A. S., Briggs-Gowan, M. J., Jones, S. M., & Wagmiller, R. L. (2014). Growth trajectories of early aggression, overactivity, and inattention: Relations to second-grade reading. *Developmental Psychology, 50,* 2255–2263.

Green, A. D., Alioto, A., Mousa, H., & Di Lorenzo, C. (2011). Severe pediatric rumination syndrome: Successful interdisciplinary inpatient management. *Journal of Pediatric Gastroenterology and Nutrition, 52,* 414–418.

Greenberg, M. T., Kusché, C. A., Cook, E. T., & Quamma, J. P. (1995). Promoting emotional competence in school-aged children: The effects of the PATHS curriculum. *Development and Psychopathology, 7,* 117–136.

Greenberg, M. T., Weissberg, R. P., O'Brien, M. U., Fredericks, L., Resnick, H., & Elias, M. J. (2003). Enhancing school-based prevention and youth development through coordinated social, emotional, and academic learning. *American Psychologist, 58,* 466–474.

Greenhill, L., Kollins, S., Abikoff, H., McCracken, J., Riddle, M., Swanson, J., et al. (2006). Efficacy and safety of immediate-release methylphenidate treatment for preschoolers with ADHD. *Journal of the American Academy of Child and Adolescent Psychiatry, 45,* 1284–1293.

Greenspan, S. I., & Greenspan, N. T. (2003). *Clinical interview of the child* (2nd ed.). Washington, DC: American Psychiatric Press.

Greenwood, C. R., Carta, J. J., Goldstein, H., Kaminski, R. A., McConnell, S. R., & Atwater, J. (2014). The center for response to intervention in early childhood: Developing evidence-based tools for a multi-tier approach to preschool language and early literacy instruction. *Journal of Early Intervention, 36,* 246–262.

Gregory, A. M., & O'Connor, T. G. (2002). Sleep problems in childhood: A longitudinal study of developmental change and association with behavioral problems. *Journal of the American Academy of Child and Adolescent Psychiatry, 41,* 964–971.

Gresham, F. M., & Elliott, S. N. (2008). *The Social Skills Rating System.* Circle Pines, MN: American Guidance.

Gresham, F. M., Elliott, S. N., Vance, M. J., & Cook, C. R. (2011). Comparability of the social skills rating system to the social skills improvement system: Content and psychometric comparisons across elementary and secondary age levels. *School Psychology Quarterly, 26,* 27–44.

Gresham, F. M., Elliott, S. N., Cook, C. R., Vance, M. J., & Kettler, R. (2010). Cross-informant agreement for ratings for social skill and problem behavior ratings: An investigation of the Social Skills Improvement System—Rating Scales. *Psychological Assessment, 22,* 157–166.

Gresham, F. M., & Lambros, K. M. (1998). Behavioral and functional assessment. In T. S. Watson & F. M. Gresham (Eds.), *Handbook of child behavior therapy* (pp. 3–22). New York: Plenum Press.

Griest, D. L., Forehand, R., Rogers, T., Breiner, J., Furey, W., & Williams, C. A. (1982). Effects of parent enhancement therapy on the treatment outcome and generalization of a parent training program. *Behaviour Research and Therapy, 20,* 429–436.

Groh, A. M., Roisman, G. I., van IJzendoorn, M. H., Bakermans-Kranenburg, M. J., & Fearon, R. P. (2012). The significance of insecure and disorganized attachment for children's internalizing symptoms: A meta-analytic study. *Child Development, 83,* 591–610.

Gross, D., Fogg, L., Young, M., Ridge, A., Cowell, J., Sivan, A., et al. (2007). Reliability and validity of the Eyberg Child Behavior Inventory with African American and Latino parents of young children. *Research in Nursing and Health, 30,* 213–223.

Gunther, L., Caldarella, P., Kerth, B., & Young, K. R. (2012). Promoting social and emotional learning in preschool students: A study of Strong Start Pre-K. *Early Childhood Journal of Education, 40,* 151–159.

Hanf, C. (1969, June). *A two-stage program for modifying maternal controlling during mother–child (M-C) interaction.* Paper presented at the annual meeting of the Western Psychological Association, Vancouver, British Columbia, Canada.

Hanson, R., & Mendius, R. (2009). *Buddha's brain: The practical neuroscience of happiness, love, and wisdom.* Oakland, CA: New Harbinger.

Harari, M. D. (2013). Nocturnal enuresis. *Journal of Paediatrics and Child Health, 49,* 264–271.

Hardy, K. K., Kollins, S. H., Murray, D. W., Riddle, M. A., Greenhill, L., Cunningham, C., et al. (2007). Factor structure of parent- and teacher-rated attention-deficit/hyperactivity disorder symptoms in the Preschoolers with Attention-Deficit/Hyperactivity Disorder Treatment Study (PATS). *Journal of Child and Adolescent Psychopharmacology, 17,* 621–633.

Harnett, P. H., & Dawe, S. (2012). Review: The contribution of mindfulness-based therapies for children and families and proposed conceptual integration. *Child and Adolescent Mental Health, 17,* 195–208.

Harrell-Williams, L. M., Raines, T. C., Kamphaus, R. W., & Denver, B. V. (2015). Psychometric analysis of the BASC-2 Behavioral and Emotional Screening System (BESS) student form: Results from high school student samples. *Psychological Assessment, 27,* 738–743.

Hart, S. R., Dowdy, E., Eklund, K., Renshaw, T. L., Jimerson, S. R., Jones, C., et al. (2009). A controlled study assessing the effects of the impulse control and problem solving unit of the Second Step curriculum. *California School Psychologist, 14,* 105–110.

Hastings, P. D., Helm, J., Mills, R. L., Serbin, L. A., Stack, D. M., & Schwartzman, A. E. (2015). Dispositional and environmental predictors of the development of internalizing problems in childhood: Testing a multilevel model. *Journal of Abnormal Child Psychology, 43,* 831–845.

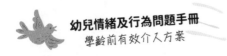

Hayes, S. C., Strosahl, K. D., & Wilson, K. G. (1999). *Acceptance and commitment therapy: An experiential approach to behavior.* New York: Guilford Press.

Hayes, S. C., Strosahl, K. D., & Wilson, K. G. (2012). *Acceptance and commitment therapy: The process and practice of mindful change* (2nd ed.). New York: Guilford Press.

Heberle, A. E., Krill, S. C., Briggs-Gowan, M. J., & Carter, A. S. (2015). Predicting externalizing and internalizing behavior in kindergarten: Examining the buffering role of early social support. *Journal of Clinical Child and Adolescent Psychology, 44,* 640–654.

Heinrichs, N., Kliem, S., & Hahlweg, K. (2014). Four-year follow-up of a randomized controlled trial of triple P group for parent and child outcomes. *Prevention Science, 15,* 233–245.

Hemmeter, M. L., Ostrosky, M. M., & Corso, R. M. (2012). Preventing and addressing challenging behavior: Common questions and practical strategies. *Young Exceptional Children, 15,* 32–46.

Henricsson, L., & Rydell, A. (2006). Children with behaviour problems: The influence of social competence and social relations on problem stability, school achievement and peer acceptance across the first six years of school. *Infant and Child Development, 15,* 347–366.

Heo, K., & Squires, J. (2012). Adaptation of a parent-completed social emotional screening instrument for young children: Ages and Stages Questionnaires–Social Emotional. *Early Human Development, 88,* 151–158.

Hess, R. S., Pejic,V., & Castejon, K. S. (2014). Best practices in delivering culturally responsive, tiered-level supports for youth with behavioral challenges. In P. L. Harrison & A. Thomas (Eds.), *Best practices in school psychology: Student-level services* (pp. 321–334). Bethesda, MD: National Association of School Psychologists.

Higa-McMillan, C. K., Francis, S. E., & Chorpita, B. F. (2014). Anxiety disorders. In E. J. Mash & R. A. Barkley (Eds.), *Child psychopathology* (3rd ed., pp. 345–428). New York: Guilford Press.

Higa-McMillan, C. K., Francis, S., Rith-Najarian, L., & Chorpita, B. F. (2016). Evidence base update: 50 years of research on treatment for child and adolescent anxiety. *Journal of Clinical Child and Adolescent Psychology, 45,* 91–113.

Hirschland, D. (2008). *Collaborative intervention in early childhood: Consulting with parents and teachers of 3- to 7-year-olds.* New York: Oxford University Press.

Hirshfeld-Becker, D. R., Biederman, J., Henin, A., Faraone, S. V., Davis, S., Harrington, K., et al. (2007). Behavioral inhibition in preschool children at risk is a specific predictor of middle childhood social anxiety: A five-year follow-up. *Journal of Developmental and Behavioral Pediatrics, 28,* 225–233.

Hirshfeld-Becker, D. R., Masek, B., Henin, A., Blakely, L. R., Pollock-Wurman, R. A., McQude, J., et al. (2010). Cognitive-behavioral therapy for 4- to 7-year-old children with anxiety disorders: A randomized clinical trial. *Journal of Consulting and Clinical Psychology, 78,* 498–510.

Hofstra, M. B., van der Ende, J., & Verhulst, F. C. (2002). Child and adolescent problems predict DSM-IV disorders in adulthood: A 14-year follow-up of a Dutch epidemiological sample. *Journal of the American Academy of Child and Adolescent Psychiatry, 41,* 182–189.

Honaker, S., & Meltzer, L. (2014). Bedtime problems and night wakings in young children: An update of the evidence. *Paediatric Respiratory Reviews, 15,* 333–339.

Hong, J. S., Tillman, R., & Luby, J. L. (2015). Disruptive behavior in preschool children: Distinguishing normal misbehavior from markers of current and later childhood conduct disorder. *Journal of Pediatrics, 166,* 723–730.

Horner, R., Sugai, G., Smolkowski, K., Todd, A., Nakasato, J., & Esperanza, J. (2009). A randomized control trial of school-wide positive behavior support in elementary schools. *Journal of Positive Behavior Interventions, 11,* 113–144.

Huberty, T. J. (2008). Best practices in school-based interventions for anxiety and depression. In A. Thomas & J. Grimes (Eds.), *Best practices in school psychology V* (pp. 1473–1486). Bethesda, MD: National Association of School Psychologists.

Huberty, T. J. (2010). Anxiety and anxiety disorders in children. In A. Canter, L. Paige, & S. Shaw (Eds.), *NASP Helping Children at Home and School III: Handouts for families and educators* (p. S5H2). Bethesda, MD: National Association of School Psychologists.

Huberty, T. J. (2013). Best practices in school-based interventions for anxiety and depression. In P. Harrison & A. Thomas (Eds.), *Best practices in school psychology: Student-level services* (pp. 349–363). Bethesda, MD: National Association of School Psychologists.

Hughes, J. N., & Baker, D. B. (1990). *The clinical child interview.* New York: Guilford Press.

Hurlburt, M. S., Nguyen, K., Reid, J., Webster-Stratton, C., & & Zhang, J. (2013). Efficacy of the Incredible Years group parent program with families in Head Start who self-reported a history of child maltreatment. *Child Abuse and Neglect, 37,* 531–543.

The Incredible Years. (2013). The incredible year series: Parents, teachers, and children training series. Retrieved from*http://incredibleyears.com/about/incredible-years-series.*

Institute of Medicine. (2011). *Early childhood obesity prevention policies.* Washington, DC: National Academies Press.

Invernizzi, M., Landrum, T. J., Teichman, A., & Townsend, M. (2010). Increased implementation of emergent literacy screening in pre-kindergarten. *Early Childhood Education Journal, 37,* 437–446.

Invernizzi, M., Sullivan, A., Meier, J., & Swank, L. (2004). *Phonological awareness and literacy screening: Preschool (PALS–PreK).* Charlottesville: University of Virginia Press.

Ireland, J., Sanders, M., & Markie-Dadds, C. (2003). The impact of parent training on marital functioning: A comparison of two group versions of the Triple P Positive Parenting Program for parents of children with early-onset conduct problems. *Behavioural and Cognitive Psychotherapy, 31,* 127–142.

Jackson, R., McCoy, A., Pistorino, C., Wilkinson, A., Burghardt, J., Clark, M.,et al. (2007). *National evaluation of Early Reading First: Final report.* Washington, DC: U.S. Government Printing Office. Available at *http://ies.ed.gov/ncee/pdf/20074007.pdf.*

James, S., & Mennen, F. (2001). Treatment outcome research: How effective are treatments for abused children? *Child and Adolescent Social Work Journal, 18,* 73–95.

Jones, S. M., & Bouffard, S. M. (2012). Social and emotional learning in schools: From programs to strategies. *Social Policy Report, 26,* 3–22.

Juntunen, V. R. (2013). *Child abuse sourcebook* (3rd ed). Detroit, MI: Omnigraphics.

Jurbergs, N., Palcic, J., & Kelley, M. L. (2007). School-home notes with and without response cost: Increasing attention and academic performance in low-income children with attention-deficit/hyperactivity disorder. *School Psychology Quarterly, 22,* 358–379.

Kabat-Zinn, J. (1990*). Full catastrophe living: Using the wisdom of your body and mind to face stress, pain, and illness.* New York: Bantam Dell.

Kabat-Zinn, M. (1994). *Wherever you go, there you are: Mindfulness meditation in everyday life.* New York: Hyperion.

Kam, C. M., Greenberg, M. T., & Walls, C. T. (2003). Examining the role of implementation quality in school-based prevention using the PATHS curriculum. *Prevention Science, 4,* 55–63.

Kaminski, J. W., Valle, L. A., Filene, J. H., & Boyle, C. L. (2008). A meta-analytic review of components associated with parent training effectiveness. *Journal of Abnormal Child Psychology, 36,* 567–589.

Kaminski, R. A., Abbott, M., Bravo Aguayo, K., Latimer, R., & Good, R. I. (2014). The Preschool Early Literacy Indicators: Validity and benchmark goals. *Topics in Early Childhood Special Education, 34,* 71–82.

Kaminski, R. A., Powell-Smith, K. A., Hommel, A., McMahon, R., & Bravo Aguayo, K. (2014). Development of a tier 3 curriculum to teach early literacy skills. *Journal of Early Intervention, 36,* 313–332.

Kamphaus, R. W., & Reynolds, C. R. (2015). *BASC-3 Behavioral and Emotional Screening System, 3rd ed. (BESS-3).* San Antonio, TX: Pearson.

Katzmarzyk, P. T., Barreira, T. V., Broyles, S. T., Champagne, C. M., Chaput, J., Fogelholm, M., et al. (2015). Relationship between lifestyle behaviors and obesity in children ages 9–11: Results from a 12-country study. *Obesity, 23,* 1696–1702.

Kazdin, A. E. (2010). Problem-solving skills training and parent management training for oppositional defiant disorder and conduct disorder. In J. R. Weisz & A. E. Kazdin (Eds.), *Evidence-based psychotherapies for children and adolescents* (2nd ed., pp. 211–226). New York: Guilford Press.

Kazdin, A. E. (2012). *Behavior modification in applied settings* (7th ed.). Long Grove, IL: Waveland Press.

Kearney, C. (2006). Dealing with school refusal behavior: A primer for family physicians. *Journal of Family Practice, 55,* 685–692.

Kearney, C. A., & Spear, M. (2013). Assessment of selective mutism and school refusal behavior. In D. McKay & E. A. Storch (Eds.), *Handbook of assessing variants and complications in anxiety disorder* (pp. 29–42). New York: Springer.

Kedesdy, J. H., & Budd, K. S. (1998). *Childhood feeding disorders: Biobehavioral assessment and intervention.* Baltimore: Brookes.

Kehle, T., Bray, M., & Theodore, L. (2010). Selective mutism: A primer for parents and educators. In A. Canter, L. Paige, & S. Shaw (Eds.), *NASP Helping Children at Home and School II: Handouts for families and educators* (p. S8H36). Bethesda, MD: National Association of School Psychologists.

Keith, L. K., & Campbell, J. M. (2000). Assessment of social and emotional development in preschool children. In B. A. Bracken (Ed.), *The psychoeducational assessment of preschool children* (3rd ed., pp. 364–382). Boston: Allyn & Bacon.

Kelly R., & El-Sheikh M. (2011). Marital conflict and children's sleep: Reciprocal relations and socioeconomic effects. *Journal of Family Psychology, 25*, 412–422.

Kiddoo, D. A. (2012). Toilet training children: When to start and how to train. *Canadian Medical Association Journal, 184*, 511–511.

Kim-Cohen, J., Arseneault, L., Newcombe, R., Adams, F., Bolton, H., Cant, L., et al. (2009). Five-year predictive validity of DSM-IV conduct disorder research diagnosis in 4½–5-year-old children. *European Child and Adolescent Psychiatry, 18*, 284–291.

King, N., Heyne, D., Gullone, E., & Molloy, G. (2001). Usefulness of emotive imagery in the treatment of childhood phobias: Clinical guidelines, case examples and issues. *Counseling Psychology Quarterly, 14*, 95–101.

King, N., Tonge, B. J., Mullen, P., Myseron, N., Heyne, D., Rollings, S., et al. (2000). Sexually abused children and post-traumatic stress disorder. *Counselling Psychology Quarterly, 13*, 365–375.

Knell, S. M. (2000). Cognitive-behavioral play therapy for childhood fears and phobias. In H. G. Kaduson & C. E. Schaefer (Eds.), *Short-term play therapy for children* (pp. 3–27). New York: Guilford Press.

Kolko, D. J., & Lindhiem, O. (2014). Introduction to the special series on booster sessions and long-term maintenance of treatment gains. *Journal of Abnormal Child Psychology, 42*, 339–342.

Kollins, S., Greenhill, L., Swanson, J., Wigal, S., Abikoff, H., McCracken, J., et al. (2006). Rationale, design, and methods of the Preschool ADHD Treatment Study (PATS). *Journal of the American Academy of Child and Adolescent Psychiatry, 45*, 1275–1283.

Kowalewicz, E. A., & Coffee, G. (2014). Mystery motivator: A tier 1 classroom behavioral intervention. *School Psychology Quarterly, 29*, 138–156.

Kramer, T., Caldarella, P., Christensen, L., & Shatzer, R. (2011). Social and emotional learning in the kindergarten classroom. Evaluation of the Strong Start curriculum. *Early Childhood Education Journal, 37*, 303–309.

Kuhn, B. R., Marcus, B. A., & Pitner, S. L. (1999). Treatment guidelines for primary nonretentive encopresis and stool toileting refusal. *American Family Physician, 59*, 2171.

Kuhn, B. R., & Weidinger, D. (2000). Interventions for infant and toddler sleep disturbance: A review. *Child and Family Behavior Therapy, 22*, 33–50.

Kwon, K., Kim, E., & Sheridan, S. (2012). Behavioral competence and academic functioning among early elementary children with externalizing problems. *School Psychology Review, 41*, 123–140.

Lahey, B. B., Pelham, W. E., Loney, J., Lee, S. S., & Willcutt, E. (2005). Instability of the DSM-IV subtypes of ADHD from preschool through elementary school. *Archives of General Psychiatry, 62*, 896–902.

Lamont, J. H., Devore, C. D., Allison, M., Ancona, R., Barnett, S. E., Gunther, R., et al. (2013). Out-of-school suspension and expulsion. *Pediatrics, 131*, e1000–e1007.

Lane, B., Paynter, J., & Sharman, R. (2013). Parent and teacher ratings of adaptive and challenging behaviors in young children with autism spectrum disorders. *Research in Autism Spectrum Disorders, 7*, 1196–1203.

Lang, R., Mulloy, A., Giesbers, S., Pfeiffer, B., Dulaune, E., Didden, R., et al. (2011). Behavioral interventions for rumination and operant vomiting in individuals with intellectual disabilities: A systematic review. *Research in Developmental Disabilities, 32*, 2193–2205.

Laughlin, L. (2013). *Who's minding the kids?: Child care arrangements: Spring 2011* (Current Population Reports, P70–135). Washington, DC: U.S. Census Bureau.

Lavigne, J. V., Bryant, F. B., Hopkins, J., & Gouze, K. R. (2015). Dimensions of oppositional defiant disorder in young children: Model comparisons, gender and longitudinal invariance. *Journal of Abnormal Child Psychology, 43*, 423–439.

Lavigne, J. V., LeBailly, S. A., Gouze, K. R., Binns, H. J., Keller, J., & Pate, L. (2010). Predictors and correlates of completing behavioral parent training for the treatment of oppositional defiant disorder. *Behavior Therapy, 41*, 198–211.

Lavigne, J. V., LeBailly, S. A., Hopkins, J., Gouze, K. R., & Binns, H. J. (2009). The prevalence of ADHD,

ODD, depression, and anxiety in a community sample of 4-year-olds. *Journal of Clinical Child and Adolescent Psychology, 38,* 315–328.

Lazar, S. W., Bush, G., Gollub, R. L., Fricchione, G. L., Khalsa, G., Benson, H. (2000). Functional brain mapping of the relaxation response and meditation. *NeuroReport, 11,* 1581–1585.

LeBeauf, I., Smaby, M., & Maddux, C. (2009). Adapting counseling skills for multicultural and diverse clients. In G. R. Walz, J. C. Bleuer, & R. K. Yep (Eds.), *Compelling counseling interventions: VISTA 2009* (pp. 33–42). Alexandria, VA: American Counseling Association.

LeBuffe, P. A., & Naglieri, J. A. (2012). *Devereux early childhood assessment for preschoolers, second edition.* Lewisville, NC: Kaplan Early Learning Company.

Lenze, S. N., Pautsch, J., & Luby, J. (2011). Parent-child interaction therapy emotion development: A novel treatment for depression in preschool children. *Depression and Anxiety, 28,* 153–159.

Levitt, J. M., Saka, N., Romanelli, L. H., & Hoagwood, K. (2007). Early identification of mental health problems in schools: The status of implementation. *Journal of School Psychology, 45,* 63–191.

Lewin, A. B. (2011). Parent training for childhood anxiety. In D. M. McKay & E. A. Storch (Eds.), *Handbook of child and adolescent anxiety disorders* (pp. 405–418). New York: Springer.

Lewis, G., Rice, F., Harold, G., Collishaw, S., & Thapar, A. (2011). Investigating environmental links between parent depression and child depressive/anxiety symptoms using an assisted conception design. *Journal of the American Academy of Child and Adolescent Psychiatry, 50,* 451–459.

Lin, Y., & Bratton, S. C. (2015). A meta-analytic review of child-centered play therapy approaches. *Journal of Counseling and Development, 93,* 45–58.

Linscheid, T. R. (2006). Behavioral treatments for pediatric feeding disorders. *Behavior Modification, 30,* 6–23.

Loeber, R., & Burke, J. D. (2011). Developmental pathways in juvenile externalizing and internalizing problems. *Journal of Research on Adolescence, 21,* 34–46.

Lord, C., Rutter, M., DiLavore, R., Gotham, K., & Bishop, S. (2012). *Autism diagnostic observation schedule, 2nd edition.* Torrance, CA: Western Psychological Services.

Lowenstein, L. (2011). The complexity of investigating possible sexual abuse of a child. *American Journal of Family Therapy, 39,* 292–298.

Luby, J. (2013). Treatment of anxiety and depression in the preschool period. *Journal of the American Academy of Child and Adolescent Psychiatry, 52,* 346–358.

Luby, J. L. (2000). Depression. In C. H. Zeanah (Ed.), *Handbook of infant mental health* (2nd ed., pp. 382–396). New York: Guilford Press.

Lucas, C., Fisher, P., & Luby, J. (1998). *Young-Child DISC-IV Research Draft: Diagnostic Interview Schedule for Children.* New York: Columbia University, Division of Child Psychiatry, Joy and William Ruane Center to Identify and Treat Mood Disorders.

Lundahl, B., Risser, H. J., & Lovejoy, C. (2006). A meta-analysis of parent training: Moderators and follow-up effects. *Clinical Psychology Review, 26,* 86–104.

Lundahl, B. W., Kunz, C., Brownell, C., Tollefson, D., & Burke, B. L. (2010). A meta-analysis of motivational interviewing: Twenty-five years of empirical studies. *Research on Social Work Practice, 20,* 137–160.

Luoma, J. B., Hayes, S. C., & Walser, R. D. (2007). *Learning ACT: An acceptance and commitment therapy skills-training manual for therapists.* Oakland, CA: New Harbinger.

Maggin, D. M., Zurheide, J., Pickett, K. C., & Baillie, S. J. (2015). A systematic evidence review of the check-in/check-out program for reducing student challenging behaviors. *Journal of Positive Behavior Interventions, 17,* 197–208.

Manassis, K. (2013). Empirically supported psychosocial treatments. In C. A. Essau & T. H. Ollendick (Eds.) *Wiley–Blackwell handbook of the treatment of childhood and adolescent anxiety* (pp. 207–228). Malden, MA: Wiley.

Manikam, R., & Perman, J. A. (2000). Pediatric feeding disorders. *Journal of Clinical Gastroenterology, 30,* 34–46.

Marakovitz, S. E., Wagmiller, R. L., Mian, N. D., Briggs-Gowan, M. J., & Carter, A. S. (2011). Lost toy? Monsters under the bed?: Contributions of temperament and family factors to early internalizing problems in boys and girls. *Journal of Clinical Child and Adolescent Psychology, 40,* 233–244.

Marchant, M., Brown, M., Caldarella, P., & Young, E. (2010). Effects of Strong Kids curriculum on students with internalizing behaviors: A pilot study. *Journal of Evidence-Based Practices for Schools, 11,* 123–143.

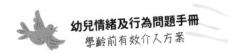
Marchant, R. (2013). How young is too young? The evidence of children under five in the English criminal justice system. *Child Abuse Review, 22*, 432–445.

Marks, I. (2013). *Fears and phobias*. New York: Academic Press.

Martel, M. M., von Eye, A., & Nigg, J. T. (2010). Revisiting the latent structure of ADHD: Is there a 'g' factor? *Journal of Child Psychology and Psychiatry, 51*, 905–914.

Mattila, M., Hurtig, T., Haapsamo, H., Jussila, K., Kuusikko-Gauffin, S., Kielinen, M., et al. (2010). Comorbid psychiatric disorders associated with Asperger syndrome/high-functioning autism: A community- and clinic-based study. *Journal of Autism and Developmental Disorders, 40*, 1080–1093.

Maughan, D. R., Christiansen, E., Jenson, W. R., Olympia, D., & Clark, E. (2005). Behavioral parent training as a treatment for externalizing behaviors and disruptive behavior disorders: A meta-analysis. *School Psychology Review, 34*, 267–286.

Mazza, J. (2014). Best practices in clinical interviewing parents, teachers and students. In P. L. Harrison & A. Thomas (Eds.), *Best practices in school psychology: Data-based and collaborative decision making* (pp. 317–330). Bethesda, MD: National Association of School Psychologists.

McCarney, S. B. (1995a). *The Early Childhood Attention Deficit Disorders Evaluation Scale, home version, technical manual*. Columbia, MO: Hawthorne.

McCarney, S. B. (1995b). *The Early Childhood Attention Deficit Disorders Evaluation Scale, school version, technical manual*. Columbia, MO: Hawthorne.

McCarney, S. B., & Arthaud, T. (2013a). *The Attention Deficit Disorders Evaluation Scale-Fourth Edition, home version, technical manual*. Columbia, MO: Hawthorne.

McCarney, S. B., & Arthaud, T. (2013b). *The Attention Deficit Disorders Evaluation Scale-Fourth Edition, school version, technical manual*. Columbia, MO: Hawthorne.

McCart, M. R., Priester, P. E., Davies, W. H., & Azen, R. (2006). Differential effectiveness of behavioral parent-training and cognitive-behavioral therapy for antisocial youth: A meta-analysis. *Journal of Abnormal Child Psychology, 34*, 525–541.

McConaughy, S. (2013). *Clinical interviews for children and adolescents* (2nd ed.). New York: Guilford Press.

McGinnis, E. (2011). *Skillstreaming in early childhood: A guide for teaching social skills* (3rd ed.). Champaign, IL: Research Press.

McGoey, K. E., & DuPaul, G. J. (2000). Token reinforcement and response cost procedures: Reducing the disruptive behavior of preschool children with attention-deficit/hyperactivity disorder. *School Psychology Quarterly, 15*, 330–343.

McGoey, K. E., DuPaul, G. J., Haley, E., & Shelton, T. L. (2007). Parent and teacher ratings of attention-deficit/hyperactivity disorder in preschool: The ADHD-Rating Scale–IV Preschool Version. *Journal of Psychopathological Behavioral Assessment, 29*, 269–276.

McIntosh, K., Herman, K., Sanford, A., McGraw, K., & Florence, K. (2004). Teaching transitions: Techniques for promoting success between lessons. *Teaching Exceptional Children, 37*, 32–38.

McMahon, R. J., & Forehand, R. L. (2003). *Helping the noncompliant child: Family-based treatment for oppositional behavior* (2nd ed.). New York: Guilford Press.

McNeil, C. B., & Kembree-Kigin, T. L. (2011). *Parent–child interaction therapy: Issues in clinical child psychology* (2nd ed.). New York: Springer.

McWayne, C., & Cheung, K. (2009). A picture of strength: Preschool competencies mediate the effects of early behavior problems on later academic and social adjustment for Head Start children. *Journal of Applied Developmental Psychology, 30*, 273–285.

Meiser-Stedman, R., Smith, P., Glucksman, E., Yule, W., & Dalgleish, T. (2008). The posttraumatic stress disorder diagnosis in preschool- and elementary school-age children exposed to motor vehicle accidents. *American Journal of Psychiatry, 165*, 1326–1337.

Meltzer, H., Vostanis, P., Dogra, N., Doos, L., Ford, T., & Goodman, R. (2009). Children's specific fears. *Child: Care, Health and Development, 35*, 781–789.

Meltzer, L. J., & Crabtree, V. M. (2015). *Pediatric sleep problems: A clinician's guide to behavioral interventions*. Washington, DC: American Psychological Association.

Meltzer, L. J., & Mindell, J. A. (2006). Sleep and sleep disorders in children and adolescents. *Psychiatric Clinics of North America, 29*, 1059–1076.

Meltzer, L. J., & Mindell, J. A. (2014). Systematic review and meta-analysis of behavioral interventions for pediatric insomnia. *Journal of Pediatric Psychology, 39*, 932–948.

Menting, A. T., de Castro, B. O., & Matthys, W. (2013). Effectiveness of the Incredible Years parent training to modify disruptive and prosocial child behavior: A meta-analytic review. *Clinical Psychology Review, 33*(8), 901–913.

Merrell, K. W. (2003). *Preschool and Kindergarten Behavior Scales, 2nd Edition.* Austin, TX: PRO-ED.

Merrell, K. W. (2008a). *Behavioral, social, and emotional assessment of children and adolescents* (3rd ed.). Mahwah, NJ: Erlbaum.

Merrell, K. W. (2008b). *Helping students overcome depression and anxiety: A practical guide* (2nd ed.). New York: Guilford Press.

Merrell, K. W., & Holland, M. L. (1997). Social-emotional behavior of preschool-age children with and without developmental delays. *Research in Developmental Disabilities, 18*(6), 393–405.

Merrell, K. W., Parisi, D. M., & Whitcomb, S. A. (2007). *Strong start: Grades K–2: A social and emotional learning curriculum.* Baltimore: Brookes.

Merrell, K. W., Whitcomb, S. A., & Parisi, D. M. (2009). *Strong Start: Pre-K: A social and emotional learning curriculum.* Baltimore: Brookes.

Mian, N. D., Godoy, L., Briggs-Gowan, M. J., & Carter, A. S. (2012). Patterns of anxiety symptoms in toddlers and preschool-age children: Evidence of early differentiation. *Journal of Anxiety Disorders, 26*(1), 102–110.

Michelson, D., Davenport, C., Dretzke, J., Barlow, J., & Day, C. (2013). Do evidence-based interventions work when tested in the "real world?" A systematic review and meta-analysis of parent management training for the treatment of child disruptive behavior. *Clinical Child and Family Psychology Review, 16*(1), 18–34.

Miller-Lewis, L. R., Baghurst, P. A., Sawyer, M. G., Prior, M. R., Clark, J. J., Arney, et al. (2006). Early childhood externalising behaviour problems: Child, parenting, and family-related predictors over time. *Journal of Abnormal Child Psychology, 34*(6), 891–906.

Mindell, J. A. (1999). Empirically supported treatments in pediatric psychology: Bedtime refusal and night wakings in young children. *Journal of Pediatric Psychology, 24*, 465–481.

Modi, R. R., Camacho, M., & Valerio, J. (2014). Confusional arousals, sleep terrors, and sleepwalking. *Sleep Medicine Clinics, 9*(4), 537–551.

Montgomery, D. F., & Navarro, F. (2008). Management of constipation and encopresis in children. *Journal of Pediatric Health Care, 22*(3), 199–204.

Morris, R. J., Kratochwill, T. R., Schoenfield, G., & Auster, E. R. (2008). Childhood fears, phobias, and related anxieties. In R. J. Morris & T. R. Kratochwill (Eds.), *The practice of child therapy* (4th ed., pp. 93–141). Mahwah, NJ: Erlbaum.

Moss, E., Cyr, C., & Dubois-Comtois, K. (2004). Attachment at early school age and developmental risk: Examining family contexts and behavior problems of controlling-caregiving, controlling-punitive, and behaviorally disorganized children. *Developmental Psychology, 40*(4), 519–532.

Motta, R. W., & Basile, D. M. (1998). Pica. In L. Phelps (Ed.), *Health-related disorders in children and adolescents: A guidebook for understanding and educating* (pp. 524–527). Washington, DC: American Psychological Association.

Moyle, M. J., Heilmann, J., & Berman, S. S. (2013). Assessment of early developing phonological awareness skills: A comparison of The Preschool Individual Growth and Development Indicators and the Phonological Awareness and Literacy Screening—PreK. *Early Education and Development, 24*(5), 668–686.

Mulders, M. M., Cobussen-Boekhorst, H., de Gier, R. P., Feitz, W. F., & Kortmann, B. B. (2011). Urotherapy in children: Quantitative measurements of daytime urinary incontinence before and after treatment. *Journal of Pediatric Urology, 7*(2), 213–218.

Muris, P., & Ollendick, T. H. (2015). Children who are anxious in silence: A review on selective mutism, the new anxiety disorder in DSM-5. *Clinical Child and Family Psychology Review, 18*(2), 151–169.

Murphy, K. A., Theodore, L. A., Aloiso, D., Alric-Edwards, J. M., & Hughes, T. L. (2007). Interdependent group contingency and mystery motivators to reduce preschool disruptive behavior. *Psychology in the Schools, 44*(1), 53–63.

Muscott, A. J., Muscott, H. S., Mann, E., Benjamin, T. B., Gately, S., & Bell, K. E. (2004). Positive behavioral interventions and supports in New Hampshire: Preliminary results of a statewide system for implementing schoolwide discipline practices. *Education and Treatment of Children, 27*(4), 453–475.

Myers, C. L., Bour, J. L., Sidebottom, K. J., Murphy, S. B., & Hakman, M. (2010). Same constructs, different

results: Examining the consistency of two behavior-rating scales with referred preschoolers. *Psychology in the Schools, 47,* 205–216.

Nadler, C. B., & Roberts, M. W. (2013). Parent-collected behavioral observations: An empirical comparison of methods. *Child and Family Behavior Therapy, 35,* 95–109.

National Association of School Psychologists. (2009). *Early childhood assessment* [Position Statement]. Bethesda, MD: Author. Retrieved from *www.nasponline.org/assets/documents/Research%20and%20 Policy/Position%20Statements/EarlyChildhoodAssessment.pdf.*

Neece, C. L. (2013). Mindfulness-based stress reduction for parents of young children with developmental delays: Implications for parental mental health and child behavior problems. *Journal of Applied Research in Intellectual Disabilities, 27,* 174–186.

Nickerson, A., & Fishman, C. (2009). Convergent and divergent validity of the Devereux Student Strengths Assessment. *School Psychology Quarterly, 24,* 48–59.

Nickerson, A., Reeves, M., Brock, S., & Jimerson, S. (2009). *Identifying, assessing and treating PTSD at school.* New York: Springer.

Nock, M. K., & Kazdin, A. E. (2005). Randomized controlled trial of a brief intervention for increasing participation in parent management training. *Journal of Consulting and Clinical Psychology, 5,* 872–879.

Nolan, J. D., & Filter, K. J. (2012). A function-based classroom behavior intervention using non-contingent reinforcement plus response cost. *Education and Treatment of Children, 35,* 419–430.

Normand, S., Flora, D. B., Toplak, M. E., & Tannock, R. (2012). Evidence for a general ADHD factor from a longitudinal general school population study. *Journal of Abnormal Child Psychology, 40,* 555–567.

Norris, M., & Lecavalier, L. (2010). Screening accuracy of Level 2 autism spectrum disorder rating scales: A review of selected instruments. *Autism, 14,* 263–284.

O'Connell, M. E., Boat, T. F., & Warner, K. E. (Eds.). (2009). *Preventing mental, emotional, and behavioral disorders among young people: Progress and possibilities.* Washington, DC: National Academies Press.

Olino, T. M., Dougherty, L. R., Bufferd, S. J., Carlson, G. A., & Klein, D. N. (2014). Testing models of psychopathology in preschool-aged children using a structured interview-based assessment. *Journal of Abnormal Child Psychology, 42,* 1201–1211.

Ollendick, T. H., Davis III, T. E., & Muris, P. (2004). Treatment of specific phobia in children and adolescents. In P. Barrett & T. H. Ollendick (Eds.), *The handbook of interventions that work with children and adolescents: From prevention to treatment* (pp. 273–299). West Sussex, UK: Wiley.

Ollendick, T. H., & King, N. J. (1998). Empirically supported treatments for children with phobic and anxiety disorders: Current status. *Journal of Clinical Child Psychology, 27,* 156–167.

Olson, S. L., Tardif, T. Z., Miller, A., Felt, B., Grabell, A. S., Kessler, D., et al. (2011). Inhibitory control and harsh discipline as predictors of externalizing problems in young children: A comparative study of U.S., Chinese, and Japanese preschoolers. *Journal of Abnormal Child Psychology, 39,* 1163–1175.

Owens, J. (2008). Classification and epidemiology of childhood sleep disorders. *Primary Care: Clinics in Office Practice, 35,* 533–546.

Pandolfi, V., Magyar, C. I., & Dill, C. A. (2009). Confirmatory factor analysis of the child behavior checklist 1.5–5 in a sample of children with autism spectrum disorders. *Journal of Autism and Developmental Disorders, 39,* 986–995.

Parent, J., Forehand, R., Merchant, M. J., Edwards, M. C., Conners-Burrow, N. A., Long, N., et al. (2011). The relation of harsh and permissive discipline with child disruptive behaviors: Does child gender make a difference in an at-risk sample? *Journal of Family Violence, 26,* 527–533.

Parker, S. K., Schwartz, B., Todd, J., & Pickering, L. K. (2004). Thimerosal-containing vaccines and autistic spectrum disorder: A critical review of published original data. *Pediatrics, 114,* 793–804.

Parlakian, R., & Lerner, C. (2007). Promoting healthy eating habits right from the start. *Young Children, 62,* 1–3.

Patterson, G. R. (1982). *Coercive family process.* Eugene, OR: Castalia.

Patterson, G. R., Chamberlain, P., & Reid, J. B. (1982). A comparative evaluation of a parent-training program. *Behavior Therapy, 13,* 638–650.

Paulus, F. W., Backes, A., Sander, C. S., Weber, M., & von Gontard, A. (2015). Anxiety disorders and behavioral inhibition in preschool children: A population-based study. *Child Psychiatry and Human Development, 46,* 150–157.

Perry, N. B., Nelson, J. A., Calkins, S. D., Leerkes, E. M., O'Brien, M., & Marcovitch, S. (2014). Early physiological regulation predicts the trajectory of externalizing behaviors across the preschool period. *Developmental Psychobiology, 56,* 1482–1491.

Petit, D., Touchette, E., Tremblay, R. E., Boivin, M., & Montplaisir, J. (2007). Dyssomnias and parasomnias in early childhood. *Pediatrics, 119,* e1016–e1025.

Piaget, J. (1983). Piaget's theory. In P. H. Mussen (Series Ed.) & W. Kessen (Vol. Ed.), *Handbook of child psychology: Vol. 1. History, theory, and methods* (4th ed., pp. 103–128). New York: Wiley.

Pidano, A. E., & Allen, A. R. (2015). The Incredible Years series: A review of the independent research base. *Journal of Child and Family Studies, 24,* 1898–1916.

Pihlakoski, L., Sourander, A., Aromaa, M., Rautava, P., Helenius, H., & Sillanpää, M. (2006). The continuity of psychopathology from early childhood to preadolescence: A prospective cohort study of 3–12-year-old children. *European Child and Adolescent Psychiatry, 15,* 409–417.

Piotrowska, P. J., Stride, C. B., Croft, S. E., & Rowe, R. (2015). Socioeconomic status and antisocial behaviour among children and adolescents: A systematic review and meta-analysis. *Clinical Psychology Review, 35,* 47–55.

Plotts, C. A., & Lasser, J. (2013). *School psychologist as counselor: A practitioner's handbook.* Bethesda, MD: National Association of School Psychologists.

Polaha, J., Warzak, W. J., & Dittmer-McMahon, K. (2002). Toilet training in primary care: Current practice and recommendations from behavioral pediatrics. *Journal of Developmental and Behavioral Pediatrics, 23,* 424–429.

Pooja, S. T., Zhou, C., Lozano, P., & Christakis, D. A. (2010). Preschoolers' total daily screen time at home and by type of child care. *Journal of Pediatrics, 158,* 297–300.

Posthumus, J., Raaijmakers, M., Maassen, G., Engeland, H., & Matthys, W. (2012). Sustained effects of Incredible Years as a preventive intervention in preschool children with conduct problems. *Journal of Abnormal Child Psychology, 40,* 487–500.

Prelock, P. A., & McCauley, R. J. (Eds.). (2012). *Treatment of autism spectrum disorders: Evidence-based interventions strategies for communication and social interaction.* New York: Brookes.

Preschool Curriculum Evaluation Research Consortium. (2008). *Effects of preschool curriculum programs on school readiness* (NCER 2008–2009). Washington, DC: National Center for Education Research, Institute of Education Sciences, U.S. Department of Education. Available at *www.ies.ed.gov/ncer/pubs/.*

Price, A. M., Wake, M., Ukoumunne, O. C., & Hiscock, H. (2012). Five-year follow-up of harms and benefits of behavioral infant sleep intervention: Randomized trials. *Pediatrics, 130,* 643–651.

Raes, F., Griffith, J. W., Van der Gucht, K., & Williams, M. G. (2014). School-based prevention and reduction of depression in adolescents: A cluster randomized controlled trial of a mindfulness group program. *Mindfulness, 5,* 477–486.

Ramakrishnan, K. (2008). Evaluation and treatment of enuresis. *American Family Physician, 78*(4), 489–496.

Raver, C., Jones, S. M., Li-Grining, C., Metzger, M., Champion, K. M., & Sardin, L. (2008). Improving preschool classroom processes: Preliminary findings from a randomized trial implemented in Head Start settings. *Early Childhood Research Quarterly, 23,* 10–26.

Reedtz, C., Handegard, B. H., & Morch, W. T. (2011). Promoting positive parenting practices in primary care: Outcomes and mechanisms of change in a randomized controlled risk reduction trial. *Scandinavian Journal of Psychology, 52,* 131–137.

Reich, W., Welner, Z., & Herjanic, B. (1997). *Diagnostic Interview for Children and Adolescents-IV (DICA-IV).* North Tonawanda, NY: Multi-Health Systems.

Reichow, B. (2012). Overview of meta-analyses on early intensive behavioral intervention for young children with autism spectrum disorders. *Journal of Autism and Developmental Disorders, 42,* 512–520.

Reid, G. J., Hong, R. Y., & Wade, T. J. (2009). The relation between common sleep problems and emotional and behavioral problems among 2- and 3-year-olds in the context of known risk factors for psychopathology. *Journal of Sleep Research, 18,* 49–59.

Reid, M. J., Webster-Stratton, C., & Baydar, N. (2004). Halting the development of conduct problems in head start children: The effects of parent training. *Journal of Clinical Child and Adolescent Psychology, 33,* 279–291.

Reigada, L. C., Fisher, P. H., Cutler, C., & Warner, C. M. (2008). An innovative treatment approach for children with anxiety disorders and medically unexplained somatic complaints (2008). *Cognitive and Behavioral Practice, 15,* 140–147.

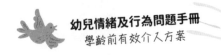
Reinke, W. M., Herman, K. C., & Stormont, M. (2013). Classroom-level positive behavior supports in schools implementing SW-PBIS: Identifying areas for enhancement. *Journal of Positive Behavior Interventions, 15*, 39–50.

Reinke, W. M., Lewis-Palmer, T., & Merrell, K. (2008). The classroom check-up: A classwide teacher consultation model for increasing praise and decreasing disruptive behavior. *School Psychology Review, 37*, 315–332.

Reinke, W. M., Stormont, M., Herman, K. C., Puri, R., & Goel, N. (2011). Supporting children's mental health in schools: Teacher perceptions of needs, roles, and barriers. *School Psychology Quarterly, 26*, 1–13.

Reinke, W. M., Stormont, M., Webster-Stratton, C., Newcomer, L., & Herman, K. C. (2012). The Incredible Years teacher classroom management program: Using coaching to support generalization to real-world classroom settings. *Psychology in the Schools, 49*, 416–428.

Rellini, E., Tortolani, D., Carbone, S., Trillo, S., & Montecchi, F. (2004). Childhood Autism Rating Scale (CARS) and Autism Behavior Checklist (ABC) correspondence and conflicts with DSM-IV criteria in diagnosis of autism. *Journal of Autism and Developmental Disorders, 34*, 703–708.

Reynolds, C. R., & Kamphaus, R. W. (2015). *Behavior Assessment System for Children, Third Edition*. San Antonio, TX: Pearson.

Reynolds, L. K., & Kelley, M. L. (1997). The efficacy of a response cost-based treatment pacakage for managing aggressive behavior in preschoolers. *Behavior Modification, 21*, 216–230.

Richardson, R. C. (1996). *Connecting with others: Lessons for teaching social and emotional competence grades K–2*. Champaign, IL: Research Press.

Riddle, M. A., Yershova, K., Lazzaretto, D., Paykina, N., Yenokyan, G., Greenhill, L., et al. (2013). The Preschool Attention-deficit/hyperactivity disorder Treatment study (PATS) 6-year follow-up. *Journal of the American Academy of Child and Adolescent Psychiatry, 52*, 264–278.

Riggs, N. R., Greenberg, M. T., Kusche, C. A., & Pentz, M. A. (2006). The mediational role of neurocognition in the behavioral outcomes of a social-emotional prevention program in elementary school students: Effects of the PATHS curriculum. *Prevention Science, 71*, 91–102.

Rinaldi, C. M., & Howe, N. (2012). Mothers' and fathers' parenting styles and associations with toddlers' externalizing, internalizing, and adaptive behaviors. *Early Childhood Research Quarterly, 27*, 266–273.

Ritz, M., Noltemeyer, D. D., & Green, J. (2014). Behavior management in preschool classrooms: Insight revealed through systematic observation and review. *Psychology in the Schools, 51*, 181–197.

Robins, D., Casagrande, K., Barton, M., Chen, C., Dumont-Mathieu, T., & Fein, D. (2014). Validation of the Modified Checklist for Autism in Toddlers, Revised With Follow-Up (M-CHAT-R/F). *Pediatrics, 133*, 37–45.

Robins, D., Fein, D., & Barton, M. (2009). Modified Checklist for Autism in Toddlers, Revised with Follow-Up (M-CHAT-R/F). Retrieved from *www.m-chat.org*.

Robson, W. L. M. (2009). Evaluation and management of enuresis. *New England Journal of Medicine, 360*, 1429–1436.

Rogers, J. (2013). Daytime wetting in children and acquisition of bladder control. *Nursing Children and Young People, 25*, 26–33.

Rogers, S. J., & Vismara, L. A. (2008). Evidence-based comprehensive treatments for early autism. *Journal of Clinical Child and Adolescent Psychology, 37*, 8–38.

Rolon-Arroyo, B., Arnold, D. H., & Harvey, E. A. (2014). The predictive utility of conduct disorder symptoms in preschool children: A 3-year follow-up study. *Child Psychiatry and Human Development, 45*, 329–337.

Rowe, R., Costello, E. J., Angold, A., Copeland, W. E., & Maughan, B. (2010). Developmental pathways in oppositional defiant disorder and conduct disorder. *Journal of Abnormal Psychology, 119*, 726–738.

Saklofske, D. H., Janzen, H. L., Hildebrand, D. K., & Kaufmann, L. (1998). Depression in children: Handouts for parents and teachers. In A. S. Canter & S. A. Carroll (Eds.), *Helping children at home and school: Handouts from your school psychologist* (pp. 237–244). Bethesda, MD: National Association of School Psychologists.

Salazar, F., Baird, G., Chandler, S., Tseng, E., O'Sullivan, T., & Howlin, P. (2015). Co-occurring psychiatric disorders in preschool and elementary school-aged children with autism spectrum disorder. *Journal of Autism and Developmental Disorders, 45*, 2283–2294.

Sameroff, A., Seifer, R., & McDonough, S. C. (2004). Contextual contributors to the assessment of infant mental health. In R. DelCarmen-Wiggins & A. Carter (Eds.), *Handbook of infant, toddler, and preschool mental health assessment* (pp. 61–76). New York: Oxford University Press.

Sanders, M. R. (1999). Triple P–Positive Parenting Program: Towards an empirically validated multilevel parenting and family support strategy for the prevention of behavior and emotional problems in children. *Clinical Child and Family Psychology Review, 2*, 71–90.

Sanders, M. R. (2010). Community-based parenting and family support interventions and the prevention of drug abuse. *Addictive Behaviors, 25*, 929–942.

Sattler, J. M. (1998). *Clinical and forensic interviewing of children and families.* San Diego, CA: Author.

Saywitz, K. J., Mannarino, A. P., Berliner, L., & Cohen, J. A. (2000). Treatment for sexually abused children and adolescents. *American Psychologist, 55*, 1040–1049.

Scaramella, L. V., & Leve, L. D. (2004). Clarifying parent-child reciprocities during early childhood: The early childhood coercion model. *Clinical Child and Family Psychology Review, 7*, 89–107.

Scheeringa, M. S., & Gaensbauer T. J. (2000). Posttraumatic stress disorder. In C. H. Zeanah (Ed.), *Handbook of infant mental health* (2nd ed., pp. 369–381). New York: Guilford Press.

Scheeringa, M. S., Zeanah, C. H., & Cohen, J. A. (2011). PTSD in children and adolescents: Toward an empirically based algorithm. *Depression and Anxiety, 28*, 770–782.

Schoenfield, G., & Morris, R. (2009). Cognitive-behavioral treatment for childhood anxiety disorders. In M. J. Mayer, R. Van Acker, J. E. Lochman, & F. M. Gresham (Eds.), *Cognitive-behavioral interventions for emotional and behavioral disorders: School-based practice* (pp. 204–232). New York: Guilford Press.

Schonert-Reichl, K., & Lawlor, M. S. (2010). The effects of mindfulness-based education program on pre and early adolescents' well-being and social and emotional competence. *Mindfulness, 1*, 137–151.

Schonwald, A. (2004). Difficult toilet training. *Pediatrics for Parents, 21*, 3, 12.

Schopler, M., Van Bourgondien, G., Wellman, G., & Love, S. (2010). *Childhood Autism Rating Scale* (2nd ed.). Los Angeles, CA: Western Psychological Services.

Schroeder, C. S., & Gordon, B. N. (2002). *Assessment and treatment of childhood problems: A clinician's guide* (2nd ed.). New York: Guilford Press.

Schultz, B. L., Richardson, R. C., Barber, C. R., & Wilcox, D. (2011). A preschool pilot study of "Connecting with Others: Lessons for Teaching Social and Emotional Competence." *Early Childhood Education Journal, 39*, 143–148.

Schwarz, S. M., Corredor, J., Fisher-Medina, J., Cohen, J., & Rabinowitz, S. (2001). Diagnosis and treatment of feeding disorders in children with developmental disabilities. *Pediatrics, 108*, 671–676.

Semple, R. J., Lee, J., Rosa, D., & Miller, L. F. (2009). A randomized trial of mindfulness-based cognitive therapy for children: Promoting mindful attention to enhance social-emotional resiliency in children. *Journal of Child and Family Studies, 19*, 218–229.

Serra Giacobo, R., Jané, M. C., Bonillo, A., Ballespí, S., & Díaz-Regañon, N. (2012). Somatic symptoms, severe mood dysregulation, and aggressiveness in preschool children. *European Journal of Pediatrics, 171*, 111–119.

Sharma-Patel, K., Filton, B., Brown, E., Zlotnik, D., Campbell, C., & Yedlin, J. (2011). Pediatric posttraumatic stress disorder. In D. McKay & E. A., Storch (Eds.), *Handbook of child and adolescent anxiety disorders* (pp. 303–321). New York: Springer.

Shastri, P. C. (2009). Promotion and prevention in child mental health. *Indian Journal of Psychiatry, 51*, 88–95.

Shaw, D. S., Dishion, T. J., Supplee, L., Gardner, F., & Arnds, K. (2006). Randomized trial of a family-centered approach to the prevention of early conduct problems: 2-year effects of the family check-up in early childhood. *Journal of Consulting and Clinical Psychology, 74*, 1–9.

Shaw, D. S., Keenan, K., Vondra, J. I., Delliquadri, E., & Giovannelli, J. (1997). Antecedents of preschool children's internalizing problems: A longitudinal study of low-income families. *Journal of the American Academy of Child and Adolescent Psychiatry, 36*, 1760–1767.

Shaw, D. S., Leijten, P., Dishion, T. J., Wilson, M. N., Gardner, F., & Matthys, W. (2014). The family check-up and service use in high-risk families of young children: A prevention strategy with a bridge to community-based treatment. *Prevention Science, 16*, 397–406.

Shea, S., & Coyne, L. W. (2011). Maternal dysphoric mood, stress, and parenting practices in mothers of Head Start preschoolers: The role of experiential avoidance. *Child and Family Behavior Therapy, 33*, 231–247.

Shelleby, E. C., & Kolko, D. J. (2015). Predictors, moderators, and treatment parameters of community and

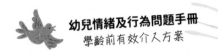
clinic-based treatment for child disruptive behavior disorders. *Journal of Child and Family Studies, 24,* 734–748.

Shelleby, E. C., Shaw, D. S., Cheong, J., Chang, H., Gardner, F., Dishion, T. J., et al. (2012). Behavioral control in at-risk toddlers: The influence of the family check-up. *Journal of Clinical Child and Adolescent Psychology, 41,* 288–301.

Shelton, T. L., Barkley, R. A., Crosswait, C., Moorehouse, M., Fletcher, K., Barrett, S., et al. (2000). Multi-method psychoeducational intervention for preschool children with disruptive behavior: Two-year post-treatment follow-up. *Journal of Abnormal Child Psychology, 28,* 253–266.

Shonkoff, J. P., & Meisels, S. J. (1990). Early childhood intervention: The evolution of a concept. In S. J. Meisels & J. P. Shonkoff (Eds.), *Handbook of early childhood intervention* (pp. 3–31). New York: Cambridge University Press.

Silverman, A. H., & Tarbell, S. (2009). Feeding and vomiting problems in pediatric populations. In M. C. Roberts & R. G. Steele (Eds.), *Handbook of pediatric psychology* (4th ed., pp. 429–445). New York: Guilford Press.

Silverstein, D. M. (2004). Enuresis in children: Diagnosis and management. *Clinical Pediatrics, 43,* 217–221.

Simonoff, E., Pickles, A., Charman, T., Chandler, S., Loucas, T., & Baird, G. (2008). Psychiatric disorders in children with autism spectrum disorders: Prevalence, comorbidity, and associated factors in a population-derived sample. *Journal of the American Academy of Child and Adolescent Psychiatry, 47,* 921–929.

Simonsen, B., Fairbanks, S., Briesch, A., Myers, D., & Sugai, G. (2008). Evidence-based practices in classroom management: Considerations for research to practice. *Education and Treatment of Children, 31,* 351–380.

Simonsen, B., Myers, D., & DeLuca, C. (2010). Teaching teachers to use prompts, opportunities to respond, and specific praise. *Teacher Education and Special Education, 33,* 300–318.

Singh, N., Lancioni, G., Winton, A., Fisher, B., Wahler, R., McAleavey, K., et al. (2006). Mindful parenting decreases aggression, noncompliance, and self-injury in children with autism. *Journal of Emotional and Behavioral Disorders, 14,* 169–177.

Singh, N., Lancioni, G., Winton, A., Singh, J., Curtis, W., Wahler, R., et al. (2007). Mindful parenting decreases aggression and increases social behavior in children with developmental disabilities. *Behavior Modification, 31,* 749–771.

Skalická, V., Stenseng, F., & Wichstrøm, L. (2015). Reciprocal relations between student–teacher conflict, children's social skills and externalizing behavior: A three-wave longitudinal study from preschool to third grade. *International Journal of Behavioral Development, 39,* 413–425.

Slemming, K., Sørensen, M. J., Thomsen, P. H., Obel, C., Henriksen, T. B., & Linnet, K. M. (2010). The association between preschool behavioural problems and internalizing difficulties at age 10–12 years. *European Child and Adolescent Psychiatry, 19,* 787–795.

Smith, J. D., Stormshak, E. A., & Kavanagh, K. (2015). Results of a pragmatic effectiveness-implementation hybrid trial of the Family Check-up in community mental health agencies. *Administration and Policy in Mental Health and Mental Health Services Research, 42,* 265–278.

Spence, S. H., Rapee, R., McDonald, C., & Ingram, M. (2001). The structure of anxiety symptoms among preschoolers. *Behaviour Research and Therapy, 39,* 1293–1316.

Sprague, J., Walker, H., Golly, A., White, K., Myers, D. R., & Shannon, T. (2001). Translating research into effective practice: The effects of a universal staff and student intervention on indicators of discipline and safety. *Education and Treatment of Children, 24,* 495–511.

Squires, J., Bricker, D., & Twombly, E. (2015). *The ASQ:SE2 user's guide: For the Ages & Stages Questionnaires: Social–emotional, 2nd Edition.* Baltimore: Brookes.

Steege, M. W., & Watson, T. S. (2009). *Conducting school-based functional behavioral assessments: A practitioner's guide* (2nd ed.). New York: Guilford Press.

Sterba, S., Egger, H. L., & Angold, A. (2007). Diagnostic specificity and nonspecificity in the dimensions of preschool psychopathology. *Journal of Child Psychology and Psychiatry, 48,* 1005–1013.

Stichter, J. P., Lewis, T. J., Whittaker, T. A., Richter, M., Johnson, N. W., & Trussell, R. P. (2009). Assessing teacher use of opportunities to respond and effective classroom management strategies: Comparisons among high- and low-risk elementary schools. *Journal of Positive Behavior Interventions, 11,* 68–81.

Stiegler, L. N. (2005). Understanding pica behavior: A review for clinical and education professionals. *Focus on Autism and Other Developmental Disabilities, 20,* 27–38.

Strain, P. S., Young, C. C., & Horowitz, J. (1981). An examination of child and family demographic variables related to generalized behavior change during oppositional child training. *Behavior Modification, 5*, 15–26.

Strickland, J., Keller, J., Lavigne, J. V., Gouze, K., Hopkins, J., & LeBailly, S. (2011). The structure of psychopathology in a community sample of preschoolers. *Journal of Abnormal Child Psychology, 39*, 601–610.

Stringaris, A., & Goodman, R. (2009). Three dimensions of oppositionality in youth. *Journal of Child Psychology and Psychiatry, 50*, 216–223.

Stores, G. (2001). *A clinical guide to sleep disorders in children and adolescents.* Cambridge, UK: Cambridge University Press.

Stueck, M., & Gloeckner, N. (2005). Yoga for children in the mirror of the science: Working spectrum and practice fields of the training of relaxation with elements of yoga for children. *Early Child Development and Care, 175*, 371–377.

Suarez, M., & Mullins, S. (2008). Motivational interviewing and pediatric health behavior interventions. *Journal of Developmental and Behavioral Pediatrics, 29*, 417–428.

Tan, T. X., Dedrick, R. F., & Marfo, K. (2006). Factor structure and clinical implications of Child Behavior Checklist/1.5–5 ratings in a sample of girls adopted from China. *Journal of Pediatric Psychology, 32*, 807–818.

Taubman, B. (1997). Toilet training and toileting refusal for stool only: A prospective study. *Pediatrics, 99*, 54–58.

Taylor, L. E., Swerdfeger, A. L., & Eslick, G. D. (2014). Vaccines are not associated with autism: An evidence-based meta-analysis of case-control and cohort studies. *Vaccine, 32*, 3623–3629.

Thomas, J. H., Moore, M., & Mindell, J. A. (2014). Controversies in behavioral treatment of sleep problems in young children. *Sleep Medicine Clinics, 9*, 251–259.

Thomas, R., & Zimmer-Gembeck, M. J. (2007). Behavioral outcomes of parent–child interaction therapy and Triple-P-Positive Parenting Program: A review and meta-analysis. *Journal of Abnormal Child Psychology, 35*, 475–495.

Thome, M., & Skuladottir, A. (2005). Changes in sleep problems, parents distress and impact of sleep problems from infancy to preschool age for referred and unreferred children. *Scandinavian Journal of Caring Sciences, 19*, 86–94.

Tiano, J. D., Fortson, B. L., McNeil, C. B., & Humphreys, L. A. (2005). Managing classroom behavior of Head Start children using response cost and token economy procedures. *Journal of Early and Intensive Behavior Intervention, 2*, 28–39.

Tingstrom, D. H., Sterling-Turner, H. E., & Wilczynski, S. M. (2006). The good behavior game: 1969–2002. *Behavior Modification, 30*, 225–253.

Tonge, B., Brereton, A., Kiomall, M., Mackinnon, A., King, N., & Rinehart, N. (2006). Effects on parental mental health of an education and skills training program for parents of young children with autism: A randomized controlled trial. *Journal of the American Academy of Child and Adolescent Psychiatry, 45*, 561–569.

Toplak, M. E., Sorge, G. B., Flora, D. B., Chen, W., Banaschewski, T., Buitelaar, J., et al. (2012). The hierarchical factor model of ADHD: Invariant across age and national groupings? *Journal of Child Psychology and Psychiatry, 53*, 292–303.

Turnbull, K., Reid, G. J., & Morton, J. B. (2013). Behavioral sleep problems and their potential impact on developing executive function in children. *Sleep, 36*, 1077–1084.

Turner, H. S., & Watson, T. S. (1999). Consultants guide for the use of time-out in the preschool and elementary classroom. *Psychology in the Schools, 36*, 135–148.

Ullebø, A. K., Breivik, K., Gillberg, C., Lundervold, A. J., & Posserud, M. (2012). The factor structure of ADHD in a general population of primary school children. *Journal of Child Psychology and Psychiatry, 53*, 927–936.

U.S. Department of Education. (2013). Second Step. Retrieved from *http://ies.ed.gov/ncee/wwc/intervention-report.aspx?sid=623*.

van Dijk, M., Benninga, M. A., Grootenhuis, M. A., Nieuwenhuizen, A. O., & Last, B. F. (2007). Chronic childhood constipation: A review of the literature and the introduction of a protocolized behavioral intervention program. *Patient Education and Counseling, 67*, 63–77.

Vande Walle, J., Rittig, S., Bauer, S., Eggert, P., Marschall-Kehrel, D., & Tekgul, S. (2012). Practical consensus guidelines for the management of enuresis. *European Journal of Pediatrics, 171*, 971–983.

van Oort, F. A., van der Ende, J., Wadsworth, M. E., Verhulst, F. C., & Achenbach, T. M. (2011). Cross-national comparison of the link between socioeconomic status and emotional and behavioral problems in youths. *Social Psychiatry and Psychiatric Epidemiology, 46*, 167–172.

Varley, C. K. (2006). Treating depression in children and adolescents: What options now? *CNS Drugs, 20*, 1–13.

Vaughn, B. E., Elmore-Staton, L., Shin, N., & El-Sheikh, M. (2015). Sleep as a support for social competence, peer relations, and cognitive functioning in preschool children. *Behavioral Sleep Medicine, 13*, 92–106.

Vaughan, C. (2011). Test review: Childhood Autism Rating Scale (2nd ed). *Journal of Psychoeducational Assessment, 29*, 489–493.

Vollestad, J., Nielson, M. B., & Nielson, G. H. (2012). Mindfulness and acceptance based interventions for anxiety disorders: A systematic review and meta-analysis. *British Journal of Clinical Psychology, 51*, 239–260.

Wacker, D. P., Cooper, L. J., Peck, S. M., Derby, K. M., & Berg, W. K. (1999). Community-based functional assessment. In A. C. Repp & R. H. Horner (Eds.), *Functional analysis of problem behavior: From effective assessment to effective support* (pp. 32–56). Belmont, CA: Wadsworth.

Wackerle-Hollman, A. K., Schmitt, B. A., Bradfield, T. A., Rodriguez, M. C., & McConnell, S. R. (2015). Redefining individual growth and development indicators: Phonological awareness. *Journal of Learning Disabilities, 48*, 495–510.

Walker, H. M., Severson, H. H., & Feil, E. G. (1995). *The Early Screening Project: A proven child find process.* Longmont, CO: Sopris West.

Walker, H. M., Severson, H. H., & Feil, E. G. (2014). *Systematic Screening for Behavior Disorders, 2nd Edition.* Eugene, OR: Pacific Northwest.

Warner, C. M., Colognori, D., Re, K., Reigada, L., Kelin, R., Browner-Elhanan, K., et al. (2011). Cognitive-behavioral treatment of persistent functional somatic complaints and pediatric anxiety: An initial controlled trial. *Depression and Anxiety, 28*, 551–559.

Warner, C. M., Fisher, P. H., & Reigada, L. (2006). Feeling Good: Pediatric anxiety treatment manual. Unpublished Manuscript. In L. C., Reigada, P. H. Fisher, C. Cutler, & C. M. Warner (2008). An innovative treatment approach for children with anxiety disorders and medically unexplained somatic complaints (2008). *Cognitive and Behavioral Practice, 15*, 140–147.

Warren, S. L., & Sroufe, L. A. (2004). Developmental issues. In T. H. Ollendick & J. S. March (Eds.), *Phobic and anxiety disorders in children and adolescents: A clinician's guide to effective psychosocial and pharmacological interventions* (pp. 92–115). New York: Oxford University Press.

Webster-Stratton, C. (2009). Affirming diversity: Multi-cultural collaboration to deliver the Incredible Years parent programs. *International Journal of Child Health and Human Development, 2*, 17–32.

Webster-Stratton, C. (2011). *The Incredible Years parents, teachers, and children's training series: Program content, methods, research and dissemination 1980–2011.* Seattle, WA: Incredible Years.

Webster-Stratton, C., & Hancock, L. (1998). Training for parents of young children with conduct problems: Content, methods, and therapeutic procedures. In J. M. Briesmeister & C. E. Schaefer (Eds.), *Handbook of parent training: Helping parents prevent and solve problem behaviors* (2nd ed., pp. 98–152). New York: Wiley.

Webster-Stratton, C., & Herman, K. (2009). Disseminating Incredible Years series early-intervention programs: Integrating and sustaining services between school and home. *Psychology in the Schools, 47*, 36–54.

Webster-Stratton, C., & Reid, M. (2003). The Incredible Years parents, teachers, and children training series: A multifaceted treatment approach for young children with conduct problems. In A. E. Kazdin & J. R. Weisz (Eds.), *Evidence-based psychotherapies for children and adolescents* (pp. 224–240). New York: Guilford Press.

Webster-Stratton, C., Reid, M., & Hammond, M. (2004). Treating children with early-onset conduct problems: Intervention outcomes for parent, child, and teacher training. *Journal of Clinical Child and Adolescent Psychology, 33*, 105–124.

Webster-Stratton, C., Reid, M. J., & Stoolmiller, M. (2008). Preventing conduct problems and improving school readiness: Evaluation of the Incredible Years Teacher and Child Training Programs in high-risk schools. *Journal of Child Psychology and Psychiatry, and Allied Disciplines, 49*, 471–488.

Weis, R., Lovejoy, M. C., & Lundahl, B. W. (2005). Factor structure and discriminative validity of the Eyberg Child Behavior Inventory with young children. *Journal of Psychopathology and Behavioral Assessment, 27,* 269–278.

Whittingham, K., Sanders, M., McKinlay, L., & Boyd, R. N. (2014). Interventions to reduce behavioral problems in children with cerebral palsy: An RCT. *Pediatrics, 133,* e1249–e1257.

Wichstrøm, L., Berg-Nielsen, T. S., Angold, A., Egger, H. L., Solheim, E., & Sveen, T. H. (2012). Prevalence of psychiatric disorders in preschoolers. *Journal of Child Psychology and Psychiatry, 53,* 695–705.

Wiener, J. S., Scales, M. T., Hampton, J., King, L. R., Surwit, R., & Edwards, C. L. (2000). Long-term efficacy of simple behavioral therapy for daytime wetting in children. *Journal of Urology, 164,* 786–790.

Willard, C. (2014). *Mindfulness for teen anxiety: A workbook for overcoming anxiety at home, at school and everywhere else.* Oakland, CA: New Harbinger.

Williams, D. E., & McAdam, D. (2012). Assessment, behavioral treatment, and prevention of pica: Clinical guidelines and recommendations for practitioners. *Research in Developmental Disabilities, 33,* 2050–2057.

Williams, K. E., Field, D. G., & Seiverling, L. (2010). Food refusal in children: A review of the literature. *Research in Developmental Disabilities, 31,* 625–633.

Willoughby, M. T., Pek, J., & Greenberg, M. T. (2012). Parent-reported attention deficit/hyperactivity symptomatology in preschool-aged children: Factor structure, developmental change, and early risk factors. *Journal of Abnormal Child Psychology, 40,* 1301–1312.

Wolff, J. C., & Ollendick, T. H. (2010). Conduct problems in youth: Phenomenology, classification, and epidemiology. In R. C. Murrihy, A. D. Kidman, & T. H. Ollendick (Eds.), *Clinical handbook of assessing and treatment conduct problems in youth* (pp. 3–20). New York: Springer.

Wolff, N., Darlington, A., Hunfeld, J., Verhulst, F., Jaddoe, V., Hofman, A., et al. (2010). Determinants of somatic complaints in 18-month-old children: The generation R study. *Journal of Pediatric Psychology, 35,* 306–316.

Wood, B., Rea, M., Plitnick, B., & Figueiro, M. (2013). Light level and duration of exposure determine the impact of self-luminous tablets on melatonin suppression. *Applied Ergonomics, 44,* 237–240.

Yule, W., Smith, P., Perrin, S., & Clark, D. M. (2013). Post-traumatic stress disorder. In C. A. Essau & T. H. Ollendick (Eds.), *Wiley–Blackwell handbook of the treatment of childhood and adolescent anxiety* (pp. 451–470). Malden, MA: Wiley.

Zakrzweski, V. (2014). How social–emotional learning transforms classrooms: The Greater Good Science Center. Retrieved from *http://greatergood.berkeley.edu/article/item/how_social_emotional_learning_transforms_classrooms.*

Zelazo, P. D., & Lyons, K. E. (2012). The potential benefits of mindfulness training in early childhood: A developmental social cognitive neuroscience perspective. *Child Development Perspectives, 6,* 154–160.

Zhang, S., Faries, D. E., Vowles, M., & Michelson, D. (2005). ADHD Rating Scale IV: Psychometric properties from a multinational study as a clinician administered instrument. *International Journal of Methods in Psychiatric Research, 14,* 186–201.

Zhang, X., & Sun, J. (2011). The reciprocal relations between teachers' perceptions of children's behavior problems and teacher–child relationships in the first preschool year. *Journal of Genetic Psychology: Research And Theory On Human Development, 172,* 176–198.

Zimmerman, F. J., & Christakis, D. A. (2007). Associations between content types of early media exposure and subsequent attentional problems. *Pediatrics, 120,* 986–992.

Zisenwine, T., Kaplan, M., Kushnir, J., & Sadeh, A. (2013). Nighttime fears and fantasy–reality differentiation in preschool children. *Child Psychiatry and Human Development, 44,* 186–199.

國家圖書館出版品預行編目（CIP）資料

幼兒情緒及行為問題手冊：學齡前有效介入方案／Melissa L. Holland,
Jessica Malmberg, & Gretchen Gimpel Peacock著；吳侑達，孟瑛如譯.
-- 初版. -- 新北市：心理, 2020.06
　　面；　公分. --（障礙教育系列；63164）
　　譯自：Emotional and behavioral problems of young children: effective
interventions in the preschool and kindergarten years, 2nd ed.
　　ISBN 978-986-191-908-9（平裝）

　1.育兒　2.情緒教育　3.兒童心理學

428.8　　　　　　　　　　　　　　　　　　　　　　109006669

障礙教育系列 63164

幼兒情緒及行為問題手冊：學齡前有效介入方案

作　　者：Melissa L. Holland、Jessica Malmberg、Gretchen Gimpel Peacock
譯　　者：吳侑達、孟瑛如
執行編輯：林汝穎
總 編 輯：林敬堯
發 行 人：洪有義
出 版 者：心理出版社股份有限公司
地　　址：231026 新北市新店區光明街 288 號 7 樓
電　　話：（02）29150566
傳　　真：（02）29152928
郵撥帳號：19293172 心理出版社股份有限公司
網　　址：https://www.psy.com.tw
電子信箱：psychoco@ms15.hinet.net
排 版 者：菩薩蠻數位文化有限公司
版式設計圖片來源：Vectors graphics designed by Freepik
印 刷 者：辰皓國際出版製作有限公司
初版一刷：2020 年 6 月
初版二刷：2021 年 9 月
I S B N：978-986-191-908-9
定　　價：新台幣 400 元